中国石油炼油化工与新材料要览

2022

中国石油天然气集团有限公司 编

石油工业出版社

图书在版编目（CIP）数据

中国石油炼油化工与新材料要览. 2022 / 中国石油天然气集团有限公司编. --北京：石油工业出版社，2024.9. --ISBN 978-7-5183-6862-4

Ⅰ.TE62

中国国家版本馆CIP数据核字第20246T1M41号

中国石油炼油化工与新材料要览2022

出版发行：石油工业出版社
　　　　　（北京安定门外安华里2区1号　100011）
　　　　网　　址：www.petropub.com
　　　　图书营销中心：（010）64523731
　　　　编　辑　部：（010）64523623　64523586
经　　销：全国新华书店
印　　刷：北京中石油彩色印刷有限责任公司

2024年9月第1版　2024年9月第1次印刷
710×1000毫米　开本：1/16　印张：14　插页：2
字数：270千字

定价：30.00元
（如出现印装质量问题，请与图书营销中心联系）
版权所有　翻印必究

编 辑 说 明

一、《中国石油炼油化工与新材料要览2022》（简称《要览》）记述中国石油天然气集团有限公司2022年炼油与化工、新材料及其所属企事业主要发展情况和所取得的成就，向广大读者展示中国石油天然气集团有限公司努力实现有质量、有效益、可持续发展，为建设基业长青的世界一流综合性国际能源公司所做出的努力和取得的成就。

二、本册《要览》内容分为3个部分：炼油化工、新材料和炼化与新材料企业概览。

三、本册《要览》所引用的各种数字和资料时间从2022年1月1日至2022年12月31日，个别内容略有延伸。除特别指明外，一般指中国石油天然气集团有限公司统计数字。

四、为行文简洁，《要览》中的机构名称一般在首次出现时用全称加括注简称，之后出现时用简称。中国石油天然气集团有限公司简称"集团公司"，中国石油天然气股份有限公司简称"股份公司"，两者统称"中国石油"。

五、本册《要览》资料翔实、叙述简洁、数据准确，为石油员工以及广大读者了解中国石油天然气集团有限公司年度发展情况提供帮助。

六、希望读者多提供宝贵意见和建议，以便今后能更好地精选内容，为读者服务。

《中国石油天然气集团有限公司年鉴》编辑部

2024年6月

2022年2月8日,中国石油吉林石化公司转型升级项目全面启动仪式以视频方式在吉林石化公司丙烯腈装置项目用地现场和北京中国石油大厦举行(吉林石化公司 提供)

2022年5月20日,中国石油转型升级重要项目——兰州石化公司新建年产3.5万吨特种丁腈橡胶装置建设项目投产(杨国柱 摄)

2022年5月20日,中国石油广东石化公司炼化一体化项目年产50万吨聚丙烯装置建成中交,是全球单线挤压机能力最大的聚丙烯装置(广东石化公司 提供)

2022年9月30日,中国石油日本新材料研究院揭牌仪式在北京和日本东京两地以视频形式举行(常正乐 摄)

2022年,广西石化公司全景(不包含新建炼化一体化项目)(广西石化公司 提供)

2022年,辽阳石化共聚酯PETG产品(辽阳石化公司 提供)

目　　录

第一部分　炼油化工

综述

概述······················ 2
经营业绩·················· 3
广东石化炼化一体化项目试车投产··· 5

炼化生产及主要产品

炼油生产·················· 5
化工生产及主要产品·········· 7

化工产品及炼油特色产品销售

概述······················ 7
统销管理·················· 8
炼油特色产品销售············ 9
化工物流·················· 10
化工品电子销售建设项目······· 10
化工品物流管理系统建设······· 10
原油市场分析··············· 10
化工市场分析··············· 12

炼化工程建设

概述······················ 16
炼化业务发展规划············ 16
炼化工程重点建设项目········· 18
炼化工程基础设计审批管理····· 19
炼化工程建设项目QHSE管理····· 19
竣工验收·················· 21

专业化管理

安全环保·················· 21
生产运行·················· 24
生产优化·················· 25
工艺技术·················· 25
设备管理·················· 27
装置达标·················· 31
质量与标准················ 32
节能节水·················· 32
科技创新·················· 34
信息化管理················ 37
专业技术培训··············· 38

商储油业务

概述······················ 40
经营管理·················· 40
设备与安全管理············· 41

第二部分　新 材 料

概述…………………………… 44
规划编制………………………… 44
项目建设………………………… 44
研发攻关………………………… 44
新材料生产……………………… 45
新产品开发……………………… 45

第三部分　炼化与新材料企业概览

中国石油天然气股份有限公司大庆石化分公司（中国石油大庆石油化工有限公司）

概况…………………………… 48
生产运行………………………… 48
安全环保………………………… 50
科技创新………………………… 50
提质增效………………………… 50
企业改革………………………… 51
企业党建工作…………………… 51

中国石油天然气股份有限公司吉林石化分公司（吉化集团有限公司）

概况…………………………… 52
生产运行………………………… 54
设备管理………………………… 54
计划优化………………………… 54
安全环保………………………… 54
节能减排………………………… 55
挖潜增效………………………… 55
维稳安保………………………… 55
转型升级………………………… 55
科技创新………………………… 56
改革发展………………………… 56
疫情防控………………………… 56

中国石油天然气股份有限公司抚顺石化分公司（中国石油抚顺石油化工有限公司）

概况…………………………… 57
生产运行………………………… 58
设备管理………………………… 58
安全环保………………………… 59
绿色低碳………………………… 59
提质增效………………………… 59
项目建设………………………… 60
科技创新………………………… 60

中国石油天然气股份有限公司辽阳石化分公司（中国石油辽阳石油化纤有限公司）

概况 ………………………… 61
规划发展 …………………… 62
第四次创业新征程 ………… 63
生产运行 …………………… 63
安全环保 …………………… 63
提质增效 …………………… 63
科技创新 …………………… 64
企业改革 …………………… 64
人才队伍建设 ……………… 64
企业党建工作 ……………… 65
关注民生 …………………… 65

中国石油天然气股份有限公司兰州石化分公司（中国石油兰州石油化工有限公司）

概况 ………………………… 66
规划实施 …………………… 67
安全环保 …………………… 67
生产经营 …………………… 68
运维保障 …………………… 68
企业管理 …………………… 69
改革创新 …………………… 69
企业党建工作 ……………… 69
惠民实事 …………………… 70

中国石油天然气股份有限公司独山子石化分公司（新疆独山子石油化工有限公司）

概况 ………………………… 71
生产经营 …………………… 71
重点项目 …………………… 72
深化改革 …………………… 72
安全环保 …………………… 73
产品营销 …………………… 73
科技攻关 …………………… 73
设备运维 …………………… 74
队伍建设 …………………… 74
企业党建工作 ……………… 74
思想文化建设 ……………… 75
主要荣誉 …………………… 75

中国石油天然气股份有限公司乌鲁木齐石化分公司（中国石油乌鲁木齐石油化工有限公司）

概况 ………………………… 75
生产运行 …………………… 77
设备管理 …………………… 77
安全环保 …………………… 78
科技创新 …………………… 78
企业治理 …………………… 79
疫情防控 …………………… 79
企业党建工作 ……………… 80

中国石油天然气股份有限公司 宁夏石化分公司

- 概况 ... 81
- 生产运行 ... 82
- 设备管理 ... 82
- 安全环保 ... 82
- 提质增效 ... 83
- 科技创新 ... 83
- 企业管理 ... 84
- 企业党建工作 ... 84
- 和谐企业建设 ... 85

中国石油天然气股份有限公司 大连石化分公司 （中国石油大连石油化工 有限公司）

- 概况 ... 85
- 生产运行 ... 87
- 设备管理 ... 87
- 安全环保 ... 87
- 挖潜增效 ... 87
- 企业改革 ... 88
- 人才培养 ... 88
- 企业党建工作 ... 88

大连西太平洋石油化工有限公司

- 概况 ... 89
- 生产运行 ... 90
- 设备管理 ... 90
- 计划优化 ... 91
- 安全环保 ... 91
- 节能减排 ... 91
- 挖潜增效 ... 92
- 风险管控 ... 92
- 人才队伍建设 ... 92
- 维稳安保 ... 93

中国石油天然气股份有限公司 锦州石化分公司 （中国石油锦州石油化工 有限公司）

- 概况 ... 93
- 生产运行 ... 94
- 安全环保 ... 95
- 企业管理 ... 95
- 工程建设 ... 95
- 人才强企 ... 96
- 企业党建工作 ... 96

中国石油天然气股份有限公司 锦西石化分公司 （中国石油锦西石油化工 有限公司）

- 概况 ... 97
- 生产运行 ... 97
- 设备管理 ... 98
- 安全环保 ... 98
- 科技创新 ... 99
- 挖潜增效 ... 99
- 企业管理 ... 100
- 队伍建设 ... 100
- 企业党建工作 ... 100

中国石油天然气股份有限公司 大庆炼化分公司

- 概况 ... 101

生产运行……102
安全环保……102
科技创新……103
节能减排……103
队伍建设……104
社会责任履行……104

中国石油天然气股份有限公司哈尔滨石化分公司

概况……105
生产运行……106
设备管理……107
安全环保……107
节能减排……107
提质增效……108
科技创新……108
人才强企……108
依法治企……109
党建工作……109

中国石油天然气股份有限公司广西石化分公司

概况……110
生产运行……110
设备管理……111
经营优化……111
安全环保……111
节能减排……112
挖潜增效……112
工程建设……112
科技创新……113
转型升级项目全面启动仪式成功举办……113

中国石油四川石化有限责任公司

概况……114
生产运行……115
设备管理……116
计划优化……116
安全环保……117
节能减排……117
维稳安保……117
挖潜增效……118
工程建设……118
科技创新……118
催化裂化汽油超深度加氢脱硫—烯烃分段调控转化成套技术应用……119
高性能承压高密度聚乙烯管材专用料关键技术开发与产业化应用……119

中国石油天然气股份有限公司广东石化分公司

概况……120
生产运行……122
设备管理……122
计划优化……122
安全环保……122
节能减排……123
维稳安保……123
挖潜增效……123
工程建设……123
科技创新……123
技术成果展示……124

中石油云南石化有限公司

概况 …………………………… 125
生产运行 ……………………… 126
设备管理 ……………………… 126
安全环保 ……………………… 127
科技创新 ……………………… 127
提质增效 ……………………… 127
转型升级 ……………………… 128
队伍建设 ……………………… 128
为员工群众办实事 …………… 128

中国石油天然气股份有限公司大港石化分公司

概况 …………………………… 129
生产运行 ……………………… 130
安全环保 ……………………… 130
科技创新 ……………………… 131
信息化工作 …………………… 131
标准化工作 …………………… 131
提质增效 ……………………… 132
合规管理 ……………………… 132
企业党建工作 ………………… 132
队伍建设 ……………………… 133
疫情防控及职业健康 ………… 133

中国石油天然气股份有限公司华北石化分公司

概况 …………………………… 134
生产运行 ……………………… 135
全厂大检修 …………………… 135
安全环保 ……………………… 136
科技创新 ……………………… 136
企业治理 ……………………… 136

"双碳""双新" ………………… 137
提质增效 ……………………… 137
健康企业建设 ………………… 138
企业党建工作 ………………… 138
人才队伍建设 ………………… 138
和谐企业建设 ………………… 139

中国石油天然气股份有限公司呼和浩特石化分公司

概况 …………………………… 139
生产运行 ……………………… 140
安全环保 ……………………… 141
装置大检修 …………………… 141
提质增效 ……………………… 141
企业转型升级项目推进 ……… 142
企业依法合规治理 …………… 142
人才队伍建设 ………………… 142
企业党建工作 ………………… 143
和谐企业建设 ………………… 143
企地建设 ……………………… 143

中国石油天然气股份有限公司辽河石化分公司

概况 …………………………… 144
安全环保 ……………………… 145
生产运行 ……………………… 146
产品结构优化 ………………… 146
设备管理 ……………………… 147
深化改革 ……………………… 148
科技创新 ……………………… 148
队伍建设 ……………………… 148
企业党建工作 ………………… 149
企业文化建设 ………………… 149

中国石油天然气股份有限公司长庆石化分公司

概况	150
计划经营	150
生产运行	151
安全环保	151
科技创新	152
提质增效	152
企业管理	152
队伍建设	153
企业党建工作	153
和谐发展	153

中石油克拉玛依石化有限责任公司

概况	154
HSE基础管理	155
安全环保	155
设备管理	155
绿色减排	155
重点项目建设	156
科技创新	156
市场营销	156
管理提升	156
大修改造	156
队伍建设	156
企业党建工作	157
生产运行	157
企业文化建设	157
社会责任	157
疫情防控	158

中国石油天然气股份有限公司庆阳石化分公司

概况	158
安全环保	159
节能减排	160
设备管理	160
工程建设	160
生产运行	161
挖潜增效	161
计划优化	161
维稳安保	162
科技创新	162
技术成果展示	162

中石油燃料油有限责任公司

概况	163
转型发展	164
合规经营	164
QHSE管理	165
营销业务	165
科技创新	165
协调保障	166
提质增效	166
企业党建工作	166

中国石油天然气股份有限公司润滑油分公司

概况	167
深化改革	168
科技创新	168
提质增效	169

公司治理……………………………… 169
企业党建工作………………………… 170

中国石油天然气股份有限公司
东北化工销售分公司

概况…………………………………… 170
市场营销……………………………… 171
调运组织……………………………… 172
企业管理……………………………… 173
新冠肺炎……………………………… 174
企业党建工作………………………… 174

中国石油天然气股份有限公司
西北化工销售分公司

概况…………………………………… 175
市场营销……………………………… 176
产品调运组织………………………… 177
精益管理……………………………… 178
队伍建设……………………………… 178
企业党建工作………………………… 178
思想文化建设………………………… 179
新冠肺炎疫情防控…………………… 180

中国石油天然气股份有限公司
华北化工销售分公司

概况…………………………………… 181
规划目标……………………………… 182
市场营销……………………………… 182
创新驱动……………………………… 182
"三基"建设…………………………… 183
依法合规治企………………………… 183
企业党建工作………………………… 184

中国石油天然气股份有限公司
华东化工销售分公司

概况…………………………………… 185
经营业绩……………………………… 186
营销工作……………………………… 186
改革创新……………………………… 187
电子商务……………………………… 187
厚植服务……………………………… 187
人才建设……………………………… 188
企业党建工作………………………… 188
企业文化……………………………… 189

中国石油天然气股份有限公司
华南化工销售分公司

概况…………………………………… 189
营销工作……………………………… 189
提质增效……………………………… 190
广东石化、吉化揭阳项目准备工作
……………………………………… 191
基础管理……………………………… 191
人才队伍建设………………………… 192
企业党建工作………………………… 192

中国石油天然气股份有限公司
西南化工销售分公司

概况…………………………………… 193
业务发展……………………………… 193
精益营销……………………………… 194
客户服务……………………………… 194
提质增效……………………………… 195
安全环保……………………………… 195

物流保供	195
企业治理	195
改革创新	195
企业党建工作	196
企业文化	197
群团工作	197

中国石油天然气股份有限公司石油化工研究院

概况	197
科技创新	198
技术推广与服务	200
人才队伍建设	201
平台建设	201
基础管理	202
企业党建工作	202

中石油（上海）新材料研究院有限公司

概况	203
治理体系建设	203
"十四五"及中长期发展规划编制	204
组织体系建设	204
人才体系建设	205
科研体系建设	205
战略合作	205
基建工作	206
企业党建工作	206

第一部分

炼油化工

综　述

【概述】　中国石油是国内第二大成品油生产商和石油化工产品供应商。炼油化工与新材料业务是中国石油产业链承上启下、增值创效的重要环节，为上游生产后路畅通和下游产品市场供给提供保障，是提高中国石油竞争力的重要领域。中国石油的炼油、化工生产、化工产品销售和新材料业务由中国石油天然气股份有限公司炼油化工和新材料分公司（简称炼化新材料公司）负责管理。2022年6月底，海外炼化业务实现专业归口管理，新发展规划、新项目评价、计划预算、生产运行、装备材料、数字科技、技术管理、质量、职业健康、安全、环保等业务由炼化新材料公司进行专业化管理，管辖哈萨克斯坦奇姆肯特炼厂、乍得恩贾梅纳炼厂、尼日尔津德尔炼厂、法国拉瓦莱炼厂、新加坡SRC炼厂、苏格兰炼厂、日本千叶炼厂、苏丹化工厂等8家海外炼化企业。8月30日，股份公司根据新材料事业发展和专业公司业务变化情况，将"炼油与化工分公司"正式更名为"炼油化工和新材料分公司"。截至2022年底，炼化新材料公司归口管理34家单位，包括25家炼化企业、6家化工销售公司、燃料油公司、润滑油公司及石油化工研究院，业务指导4家油田炼化企业及8家海外炼化企业。

2007年以前，炼油与化工业务分立运行，其间，完成兰州、大庆地区炼油业务的整合，庆阳石化、宁夏石化划归中国石油；2007年，炼化和销售业务重组整合，形成炼化一体化发展格局；2008年，10家炼化上市企业、未上市企业重组整合，上市和未上市业务实现统一管理；2009年，收购未上市炼化企业与主业关联度高的资产，突出主营业务，减少重复建设，降低管理成本。同年，大庆油田化工有限公司等油田所属炼化业务纳入炼化新材料公司业务管理，炼化业务实现在同一管理模式下的集中发展和专业化管理。2020年6月，为优化生产经营管理，适应业务转型升级，促进炼油小产品和润滑油产销业务高质量发展，股份公司决定将中石油燃料油有限责任公司（简称燃料油公司）和润滑油公司由销售分公司调整到炼油与化工分公司，业务上由炼油与化工分公司归口管理。塔里木石化和独山子石化业务重组。

2007年以来，统筹国内外两种资源，建立与国内资源和四大战略通道相匹配的炼油化工体系，北方重点是调整结构、优化升级、消除隐患，南方是加快布局、规模发展，相继关停9座小炼油厂，关停炼油能力1105万吨/年，建成大连石化、云南石化、抚顺石化、兰州石化、独山子石化、四川石化、广西石化、大连西太平洋石化、华北石化、吉林石化、大庆石化、广东石化12家千万吨级炼油基地，独山子石化、大庆石化、抚顺石化、吉林石化、四川石化、兰州石化、辽阳石化和广东石化8家乙烯生产基地，乌鲁木齐石化、辽阳石化、四川石化和广东石化4家芳烃生产基地等一批特色炼化企业。

"十三五"期间，按照集团公司《落实油气体制改革意见开展相关专题研究工作方案》部署，研究形成《中国石油炼化业务转型升级规划》；适应新时代中国经济发展由高速增长阶段转向高质量发展阶段要求，学习贯彻习近平总书记在辽阳石化视察时的重要指示精神，研究形成《中国石油炼化业务高质量发展规划》；准确把握新发展阶段、新发展理念、新发展格局要求，编制《炼化业务"十四五"发展规划》《炼化公司市场营销工作指导意见》和《落实集团公司营销工作会议精神三年行动实施方案》，确定建成国际知名国内一流化工产品和有机材料贸易商的战略目标。

2022年底，炼化新材料公司资产总额4587.51亿元，同比增长6.7%。用工总量16.5万人，同比减少0.85万人。

2022年，中国石油国内炼油能力2.24亿吨/年，占国内炼油总能力的24%，位居国内第二、世界第三；乙烯产能861万吨/年，占国内总产能的18%，位居国内第二、世界第六。

【经营业绩】 2022年，炼化新材料公司加工原油1.65亿吨，同比减少184万吨，生产成品油1.06亿吨，同比减少318万吨。生产乙烯742万吨，同比增加71万吨，创历史新高。海外炼化企业加工原油3856万吨、生产成品油2867万吨。

经营业绩稳中有升。全年盈利350亿元，保持历史较高水平，其中炼油盈利372亿元、化工亏损22亿元。33家实现盈利，大连石化账面利润90亿元；锦州石化、辽阳石化、锦西石化、克拉玛依石化、长庆石化、宁夏石化、辽河石化、大港石化等8家企业盈利超过20亿元。成本控制效果显著。炼油完全加工费273.2元/吨，低于兄弟企业18元/吨，可比口径下降9元/吨，连续六年实现硬下降。化工完全加工费1656元/吨，可比口径下降21元/吨。亏损治理进展明显。国务院国资委考核的98户全级次企业中，净亏损5户，同比减少7户；亏损面同比下降6个百分点，同比减亏13.7亿元。

安全环保总体受控。三年专项整治计划整改率99.98%；危险化学品集中治理7个治理专项完成4个；应急管理部、国务院国资委现场督导检查问题整改率92%，作业总量同比下降8%；外排口在线数据小时均值累计超标次数同比下降54%；绿色企业由5家增至6家；新冠肺炎疫情防控取得初步胜利，健康企业由2家增至7家，全年非生产性亡人236人，同比下降22%。

平稳运行持续向好。全年装置运行平稳率99.73%，同比提升0.02个百分点；非计划停工21次，同比下降36%，损工时数同比下降17.6%；辽河石化、克拉玛依石化、庆阳石化、华北石化、玉门油田公司炼油化工总厂、呼和浩特石化6家企业完成检修任务。

结构优化不断深入。优化原油采购，降本7亿元。减产汽油749万吨、增产柴油965万吨。生产炼油特色产品1540万吨，同比增长8%，低硫船用燃料油、石蜡、石油焦产量分别同比增长33%、5.4%和6.4%。互供乙烯原料120万吨，互供催化油浆32.8万吨，同比增长15%，互供船用燃料油调和组分15.1万吨，同比增长214%。化工商品总量3260万吨，同比增长2.6%。合成树脂、尿素分别生产1162万吨、254.9万吨，分别同比增长6.2%、5.2%。两套乙烷制乙烯装置产量134万吨。增加汽油出口130万吨、柴油出口230万吨，增效40亿元以上，出口成品油1145万吨。

营销能力显著提升。销售化工产品3735万吨，统销2580万吨，扩销85万吨，出口67万吨，直销率70.2%，超出KPI考核指标1.7个百分点；高端高效牌号化工产品销售55万吨，同比增长10.7万吨，增效5.6亿元。中油e化电商平台正式上线，实现统销化工产品全部在线交易。销售低硫船用燃料油635万吨，同比增加228万吨；销售石油焦363万吨，同比增加21万吨；销售润滑油171万吨，其中特种油同比增加5.3万吨。

转型发展步伐加快。广东石化开工有序推进，吉化揭阳ABS项目进展顺利，吉林石化炼油化工转型升级项目全面开工建设，广西石化炼化一体化项目完成总体设计审查。塔里木二期乙烯可行性研究上报国家发改委，大连西中岛炼化一体化、长庆二期乙烯、兰州石化转型升级、辽阳石化转型升级等项目完成预可行性研究初审评估，南通新材料项目按计划推进。

新事业取得新突破。生产新材料85万吨，同比增长56%；生产化工新产品119个牌号84万吨，产量同比增长126%。加快实施碳达峰行动方案，开展12个专项研究，形成"1+10+N"系列方案。"工业互联网+安全生产"完成试点开发，昆仑ERP系统在大庆石化单轨运行。

管理提升成效突出。炼油综合商品率93.83%，较目标值高0.23个百分点；乙烯收率36.73%，同比提高2.58个百分点；设备设施整体达标率60%以上；同比提质增效量化成效52亿元。改革三年行动目标全面完成，压减二级、三级组织机构 490 个，减幅 11.4%，用工总量 16.5 万人，比年初减少 8484 人，完成法人压减 12 户。

【广东石化炼化一体化项目试车投产】 广东石化炼化一体化项目是集团公司贯彻国家能源安全战略，利用"两种资源"，面向"两个市场"，建立上中下游一体化国际合作模式，建设基业长青世界一流综合性国际能源公司的重要举措，对确保国家能源安全、实现炼化产业转型升级、构建广东省"一带一路"对外开放新格局、推动粤东地区经济发展产生重要影响。该项目 2012 年 4 月动工，总体进度计划历经数次调整，2013 年起项目处于缓建状态。2017 年，集团公司对项目建设规模、生产工艺方案进行重新论证，确定由原规划的 2000 万吨/年炼油改为"2000 万吨/年炼油 +260 万吨/年芳烃 +120 万吨/年乙烯"炼化一体化项目，确定国内加工高硫、含酸、重质原油的绿色、智能、效益型世界级炼化一体化基地定位。2018 年 12 月，项目建设工作重新启动，经过 3 年多工程建设，2022 年 8 月项目 189 个主项单元全部中交，8 月 21 日完成首批内贸俄罗斯原油收储，10 月 26 日常减压Ⅱ套首次引原油备料试车，12 月 18 日全面进入开工投产阶段。

（王翔洲）

炼化生产及主要产品

【炼油生产】 2022 年，中国石油国内炼厂（含广东石化）加工能力 2.24 亿吨，炼化企业主要分布在东北、西北、西南地区，主要加工原油为自产大庆原油、长庆原油、新疆原油，以及进口俄罗斯原油、哈萨克斯坦原油和海上进口原油等。

炼油生产装置主要包括常减压蒸馏、催化裂化、加氢裂化、延迟焦化、催化重整、芳烃分离、加氢精制等。其中：常减压装置 41 套，2022 年总加工量 16250 万吨；催化裂化装置 39 套，总加工量 5622 万吨；加氢裂化装置 17 套，总加工量 2303 万吨；延迟焦化装置 16 套，总加工量 1583 万吨。

炼油产品主要包括液化气、汽油、煤油、柴油、低硫船用燃料油、炼油芳烃、润滑油、石蜡、沥青、石油焦等。

2022年，炼化新材料公司认真落实集团公司党组部署，持续深入开展各种专项工作，积极应对油价波动、疫情反弹、销售不及预期等市场变化，紧紧围绕市场和效益，全方位优化生产经营组织，不断夯实长周期平稳运行基础，以市场为导向、以集团产业链平稳顺畅运行和效益最大化为目标，全力接收上游刚性资源，坚持以销定产、以产定供、以产促销，加强产销联动，紧盯国内成品油消费变化趋势，持续加大产品结构优化力度，把握阶段性市场机会，继续深入开展"减油增化"工作。原油加工量1.65亿吨，同比减少184万吨；成品油产量1.06亿吨，同比减少317.3万吨；汽油产量4351.4万吨，同比减少587.4万吨；柴油产量5364.9万吨，同比增加540.4万吨；航空煤油产量858.1万吨，同比减少270万吨。做好内部生产优化，利用中国石油独有原油资源优势，适应市场需求，主动调整生产，增产低硫船用燃料油、低硫石油焦、石蜡、润滑油等特色产品。2022年船用燃料油业务整体迈上新台阶，生产低硫船用燃料油640万吨，同比增加158.8万吨；生产石油焦363万吨，同比增加22万吨；生产石蜡142万吨，同比增加7.3万吨；生产润滑油167.9万吨，同比减少21万吨（表1）。

表1 2022年国内原油加工量、炼油产品产量

万吨

项　目	2022年	2021年	同比增减
原油加工	16490	16674	-184
汽油、煤油、柴油	10574.4	10891.7	-317.3
其中，汽油	4351.4	4938.8	-587.4
煤油	858.1	1128.3	-270
柴油	5364.9	4824.5	540.4
润滑油	167.9	188.9	-21
石蜡	142	134.7	7.3
沥青	252	352.7	-100.7
石油焦	363	341.0	22
低硫船用燃料油	640	481.2	158.8

2022年，炼化新材料公司主动强化市场研判和产销衔接，推动资源向市场迁移，进一步压减汽油产量、加大生产柴汽比优化调整力度与灵活度，优化内部乙烯原料互供，为生产优化提供空间。生产炼油芳烃395万吨，同比增加

27.8万吨;柴汽比1.01—1.42之间灵活调整;内部乙烯原料互供120万吨,同比减少8.3万吨,其中石脑油互供89.7万吨,占比74.8%,增长3.9个百分点。

【化工生产及主要产品】 化工产品主要包括有机原料、合成树脂、合纤原料及聚合物、合成纤维、合成橡胶和化肥等。

2022年,7家炼化一体化企业(不含广东石化)共有乙烯裂解装置13套,乙烷制乙烯装置2套,聚乙烯(PE)装置22套,聚丙烯(PP)装置29套,丁醇/辛醇生产装置3套,可生产顺丁橡胶、丁苯橡胶、丁腈橡胶、乙丙橡胶和氯磺化聚乙烯五大类橡胶产品的合成橡胶装置11套,化肥生产包括合成氨、尿素、复合肥及丙烯腈装置副产的硫铵,其中尿素装置4套。抓市场机遇,优化计划安排,稳定生产运行,增产高效、高附加值化工产品。乙烯产量创新高,持续保持ABS、丁辛醇、高压聚乙烯、乙丙橡胶、丙烯腈、烷基苯、环氧乙烷等装置高负荷生产。

2022年主要化工产品产量2532.97万吨(表2)。

表2 2022年主要化工产品产量

万吨

项 目	2022年	2021年	同比增减	项 目	2022年	2021年	同比增减
乙烯	741.9	671.3	70.6	尿素	254.9	242.2	12.7
合成树脂	1162	1090.3	71.7	对二甲苯	196.27	203.99	−7.72
合成橡胶	104.4	104.4	0	丁醇	41.4	41.88	−0.48
合成纤维	3.3	2.2	1.1	辛醇	29.6	24.89	4.71

(焦丽菲)

化工产品及炼油特色产品销售

【概述】 2022年,炼化新材料公司持续落实集团公司市场营销工作会议精神和三年行动方案,围绕"市场导向、客户至上、以销定产、以产促销、一体协同、竞合共赢"的工作方针和"六个坚持"的基本遵循,按照"高标准、严要求、上台阶、创一流"的要求，主动适应新时期炼化新材料业务高质量发展的新形势、新部署，加大转型升级和新市场培育，进一步巩固专业能力，实施创新战略、品牌战略、高端化战略、国际化战略，全方位打造竞争优势。强化创新驱动，以推进"六统筹"和实现"两个转变"为工作着力点，提升营销能力和队伍能力，优化完善体制机制，增强活力和动力，推进国际知名、国内一流化工产品和有机材料贸易商建设，为客户成长增动力，为人民幸福赋新能。

全年统销化工产品2580.7万吨，同比增加107.9万吨（其中：合成树脂销量1136.4万吨，同比增加72.6万吨；合成橡胶销量98.1万吨，同比减少1.1万吨；有机产品销量982.8万吨，同比增加15.6万吨）；高端产品销量55.2万吨，同比增长19%；扩销84.7万吨，同比减少85万吨；直销率70.2%，同比提高0.8个百分点；出口67万吨，其中石蜡51.6万吨。全面实现"中油e化"线上交易，全年完成线上交易量2780万吨。

【统销管理】 统筹市场研究。组织制定《推进市场研究工作方案》，确定短期、中期、长期12个研究专题，开展93项课题研究，发布14期《化工市场研究内参》，53期《化工市场研报》，实现市场研究成果共享平台上线运行，提高市场营销引领能力。

统筹客户服务体系建设。对标中国石化、埃克森美孚、巴斯夫等三家同行先进企业，通过第三方机构诊断客户服务短板，成立领导工作小组和工作专班，确定客户服务体系总体思路、研究分析方法、客户分级分类、客户服务要素、功能架构设计、支持保障架构设计等内容，完成化工产品客户服务体系建设框架设计方案起草编制。

统筹优化资源配置，实施"M+3"产销计划滚动优化管理。各化工销售企业根据市场动态每月提报后三个月的需求，炼化新材料公司实施"两上两下"优化机制，配套优化效果事后评价机制，产销协同提质增效。

统筹新产品开发，布局高端新材料。组建52人专家团队，推行新产品开发项目经理制，及时协调解决生产、销售及质量问题，与龙头客户强化战略合作联盟，共同开展产品研发、测试、推广工作。聚焦工程塑料、功能性合成树脂、高性能合成橡胶、特种纤维、高端碳材料、生物可降解材料、专用化学品7类26种新材料研发，2022年新材料产量85.2万吨。

统筹营销策略，日会商、周分析、月总结，及时掌握市场变化，灵活应对市场。每周召开两次会商会，跟踪市场动态和销售情况，研判短期价格走势，确定阶段性销量目标，把控销售节奏，实现当期效益最大化。每周召开两次营销分析会，跟踪各化工销售公司销售价格，通过行业对标、内部对标，促进推价到位；收集市场信息，掌握当期需求旺、效益好的产品，动态优化生产。每月召开产销计划优化会，根据市场需求，坚持以销定产，优化资源流向，议定"M+3"产销方案，改进营销策略，应对市场变化。每月召开经济活动分析会，通报销量、利润、进销率、直销率、比价缩差、量价配合等重点指标完成情况，跟进新材料、高端高效产品的产销进度，分析差距，提出应对措施，保障全年目标实现。

统筹加快数字化转型，"中油e化"电商平台按期投用，所有统销化工产品、所有客户均上线运行、上线交易，竞拍、拼单、闪购、撮合等多种线上交易模式及在线支付、客户服务、物流跟踪等功能，推进数字营销模式的实现。

推进炼化新材料公司由生产型向经营型转变。增强全员市场意识，改变重生产、轻市场的观念，推进管理模式、营销模式、盈利模式转变。做好价本利分析，坚持"事前算赢"，按市场需求变化促生产，按市场经济规律谋发展。

推动化工销售公司由供应商向贸易商转变。印发《炼油与化工分公司扩销贸易管理规定》，规范扩销模式和行为，完善配套管理制度和考核机制。探索期现结合业务，华东化工销售公司、东北化工销售公司试点顺利。加快拓展国际市场，2022年出口化工产品67万吨。

（范学民）

【**炼油特色产品销售**】 2022年，统筹做好润滑油、石蜡、沥青、石油焦等炼油特色产品销售工作，销售燃料油1460万吨（表3），销售润滑油及相关产品171.3万吨（表4）。

表3 炼油特色产品销量

万吨

项　目	2022年	2021年	同比增减
销量	1460	2028.6	-568.6
其中，沥青	561	864.7	-303.7
保税船用燃料油	645	144.9	500.1

表4 润滑油销量

万吨

项　目	2022年	2021年	同比增减
销量	171.3	178	-6.7
其中，车用油	17	21.4	-4.4
工业油	28.8	31.6	-2.8
特种油	62.1	56.8	5.3

（焦丽菲）

【化工物流】 2022年，化工营销系统发运统调产品952.8万吨，同比增加40.7万吨，调运计划完成率99.3%，刚性确保生产企业后路畅通。打造提质增效升级版，6家化工销售公司通过持续推进公路运费招标、优化运输结构、强化仓储管理、加强自备车管理、治理铁路运输亏吨、争取铁路运费优惠政策等44条措施，通过日跟进周讲评月调度跟进和督办，全年降费13631万元，超额完成1563万元。

【化工品电子销售建设项目】 2021年9月化工品电子销售项目试点运行，2022年5月正式上线运行，实现统销化工产品的现货销售、竞拍交易、拼单交易、闪购交易、撮合交易、在线支付、客户服务、物流跟踪等在线交易功能，统销化工产品所有客户均实现在线交易。2022年6家化工销售公司及其下属分公司共完成43.62万笔在线交易，3994家客户访问系统，下单量2780.84万吨，成交金额1976.11亿元。创新开展自动结算功能并上线运行，依托"中油e化"开发价格流程、客户奖励流程、配送流程，将11类不同的订单结算场景，从线下人工结算迁移到线上自动结算，于2022年9月在华北化工销售公司投入试用，效率提高约50%，工作量下降约50%，推送正确率接近100%，结算精准率100%，各功能运行良好，具备在其他五家化工销售公司推广应用条件。

【化工品物流管理系统建设】 2022年，化工品物流管理系统扩展实施，增加合作方仓库对外揽储、贸易商多次过户、铁路自备车异地调剂使用、广西石化"产销物流一卡通"、电子质检单集成、市场库物流配送竞价等拓展功能。以华南化工销售公司和广东石化为试点，开发产品出厂信息协同功能，以化工品物流管理系统为枢纽，有机衔接化工销售ERP、电子销售和广东石化储运物流系统，实现"订单—物流交货计划—物流交货单—车辆预约进厂—装车出库数据采集"业务全流程的线上高效执行，在大幅减少销售企业制单工作量的同时，消除化工销售业务企业库出库环节的数据孤岛现象，实现物流单据电子化流转。按照股份公司年度审计计划，完成项目竣工决算审计及项目档案验收。

（单松辉）

【原油市场分析】 2022年，国际油价在2021年大幅反弹逾50%之后，2022年延续涨势，全年布伦特原油期货均价99.04美元/桶，较2021年上涨40%；WTI原油期货均价94.33美元/桶，较2021年上涨67%。

全年来看，国际油价走势整体呈倒"V"形，上半年基本上处于上升模式，尤其是俄乌冲突爆发后，围绕全球供应紧张的担忧情绪驱动国际基准布伦特油价在3月8日创下年内最高结算价约128美元/桶，但自6月中旬以后，随着市场焦点从供应紧张问题上转向经济放缓导致石油需求疲软的前景上，国际油价处于震荡下跌的趋势,且布伦特油价在12月上旬一度跌至76美元/桶的年内最低结算价水平。

上半年,国际油价保持震荡上升的趋势。年初在全球石油需求从新冠肺炎疫情中逐渐复苏之际,全球石油库存处于多年来的低位,石油输出国组织(OPEC)及其盟友(OPEC+)产油国缺乏增产能力。在这种背景下,一系列的地缘政治及突发事件加剧供应吃紧的担忧情绪,促使布伦特油价从年初约79美元/桶持续稳定攀升至96美元/桶上方。2月24日俄乌冲突爆发后,西方国家针对俄罗斯实施一系列金融和能源行业制裁,由此产生的全球供应紧张的担忧情绪驱动布伦特油价在3月8日创下约128美元/桶的年内高点。随后,中国部分地区采取防疫管控措施,美联储加息举措,以及国际能源署(IEA)的成员国们宣布释放创纪录规模的战略石油储备库存等诸多因素导致国际油价有所回落,但利比亚的抗议活动导致其原油产量下降,欧盟达成对俄罗斯石油实施禁运的制裁协议,美国进入夏季驾驶高峰季节以及随着中国疫情形势好转,防疫管控措施放松,这些利好因素使国际油价在上半年大部分时间内都徘徊在100美元/桶以上的水平。

下半年,国际油价一直处于震荡下跌的走势,布伦特油价从122美元/桶震荡下滑至12月上旬触及的年内低点76美元/桶,因为全球经济放缓将拖曳石油需求的担忧情绪在供应趋紧与需求疲软的两个对立因素影响下占据主导地位。从需求面来看,在通胀飙升、俄乌冲突引发能源危机以及新冠肺炎疫情影响下,全球经济衰退风险上升,进而导致石油需求疲软。此外,多国央行为了抗击通胀相继加息,此举导致美元升值,反过来则打压了油价。从供应面来看,在OPEC+产油国闲置产能有限的背景下,挪威石油工人罢工;俄罗斯对北溪管道维修并减少对欧洲的天然气供应,由此引发气转油需求;伊朗核谈判陷入僵局,伊朗受制裁的原油难以重返市场;飓风"伊恩"导致美国墨西哥湾的石油产量下降;OPEC+产油国从11月起减产200万桶/日,这些令全球石油现货供应收紧,但德鲁日巴石油管道运输业务的迅速重启缓解供应侧的压力,欧盟对俄罗斯石油实施制裁的影响程度弱于先前的预期,因此最初预计欧盟禁令将导致供应趋紧的担忧有所缓解。在这些因素的影响下,布伦特油价震荡下滑,到12月9日已回吐年内全部涨幅。不过,随着中国放松防疫限制措施,市场对2023年石油需求复苏抱有希望,连接美国和加拿大的Keystone输油管道因石油泄漏而关闭的时间较预期长,美国回购原油补充战略石油储备库存,俄罗斯发出减产信号,且禁止向其实施价格上限的国家销售石油等,这些利好因素推动布伦特油价在年底时反弹至约86美元/桶,但布伦特和美国WTI原油期货价格较3月8日创下的年内高点分别下跌32.80%和35.10%（表5、图1）。

表5　2022年基准油种价格变化

美元/桶

基准油种	年平均价格	最高价格	最低价格	价格变化
WTI	94.33	123.70	71.02	52.68
布伦特	99.04	127.98	76.10	51.88
阿曼	96.33	125.77	71.85	53.92

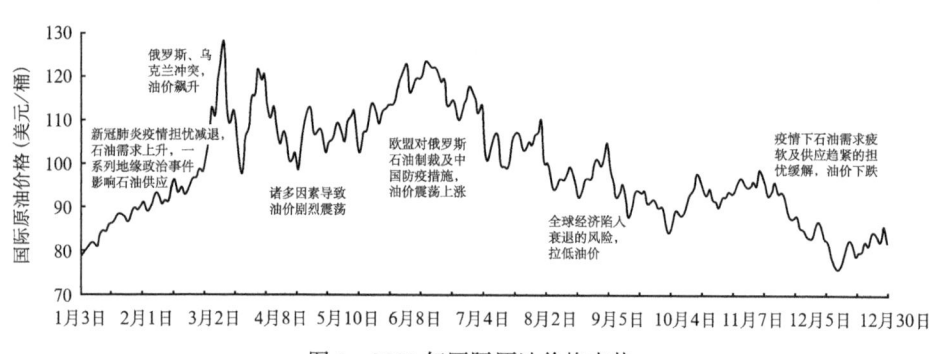

图1　2022年国际原油价格走势

（李　伟）

【化工市场分析】　2022年，国内化工市场走势基本脱离市场基本面，在俄乌冲突、国内新冠肺炎疫情集中暴发、欧美大幅加息等非基本面因素影响下，价格宽幅波动，总体走势前高后底。石化行业高成本向下游制品传递不畅，整体开工率同比下降近10个百分点，市场总体呈现供需两淡局面。

一季度受俄乌冲突影响，国际原油价格高位巨幅震荡，国内化工市场多数品种价格跟随原油价格大幅波动，在成本刚性上涨的支持下，化工产品价格重心上移为主。

二季度国内疫情加重，美联储开始大幅加息，内外需求大幅萎缩，除原油外，大宗商品价格大幅下跌，国内化工市场震荡走低至年初水平。

三季度美联储连续大幅加息，欧美经济衰退基本确定，原油价格回吐俄乌冲突带来的涨幅。国内疫情散发形势依旧严峻，叠加南方高温限电，国内化工市场淡季需求表现尤为突出，加之缺乏成本支撑，石化企业纷纷降价促销，多数品种价格跌至近2年来新低后有所企稳。

四季度是国内石化市场传统的需求旺季，但因市场缺乏热点，市场各方均持谨慎观望态度。10月国内疫情散发和局部区域暴发的态势越发严峻,欧美经济衰退的压力也在不断增加,国际原油价格跌至年初水平,4季度国内化工市场总体低位窄幅整理为主(表6)。

表6 2022年主要化工产品价格变化

元/吨(含税)

产品	平均价格	最高价格	最低价格	价格变化
LDPE	10640	12403	8961	3441
HDPE(拉丝)	8725	9532	8183	1350
HDPE(注塑)	8302	8947	7681	1266
LLDPE	8514	9639	7751	1888
PP(拉丝)	8287	9517	7743	1774
ABS	12602	14874	11235	3638
腈纶短纤(1.67dtex)	17111	18025	15025	3000
顺丁橡胶	12685	12685	9858	2827
丁苯橡胶	11702	12838	10400	2438
精己二酸	11252	14442	8892	5550
甲苯	7360	9043	5621	3422
溶剂级二甲苯	7634	8815	5909	2906
PX	8863	10900	6700	4200
丙烯腈	10869	13725	8663	5062
醋酸	4013	6056	2900	3156
苯酚	10112	11428	7697	3731
乙二醇	4589	5480	3888	1592
辛醇	10518	14340	8025	6315
丁醇	8720	11940	6640	5300

2022年原油以及原料价格上涨带来的成本推动、宏观环境变化带来的外部环境改善和终端需求改善预期影响国内合成树脂市场出现三轮上涨。1月至3月中上旬受能源短缺及地缘政治等因素影响,国际原油价格大幅上涨,带动大宗商品价格大幅上涨,部分油制生产企业降负荷或停车,供应收紧对合成树脂

产品价格上涨形成有力支撑。5月下旬至6月中旬宏观环境改善，大宗商品市场情绪得到提振，期货市场高位运行，现货市场交投气氛改善，市场价格走高。8月中下旬至10月中旬原油价格重回90—100美元/桶区间，给予市场成本及信心支撑，国内石化行业集中检修，供应压力缓解，"金九银十"传统旺季虽然不及预期，但下游刚性需求配合推动价格上涨。10月下旬至年底，国际原油价格下跌至年初水平，挫伤市场心态，下游行业开工率同比下滑，工厂新增订单有限，终端拿货谨慎，对行情支撑较为有限，市场弱势运行（图2）。

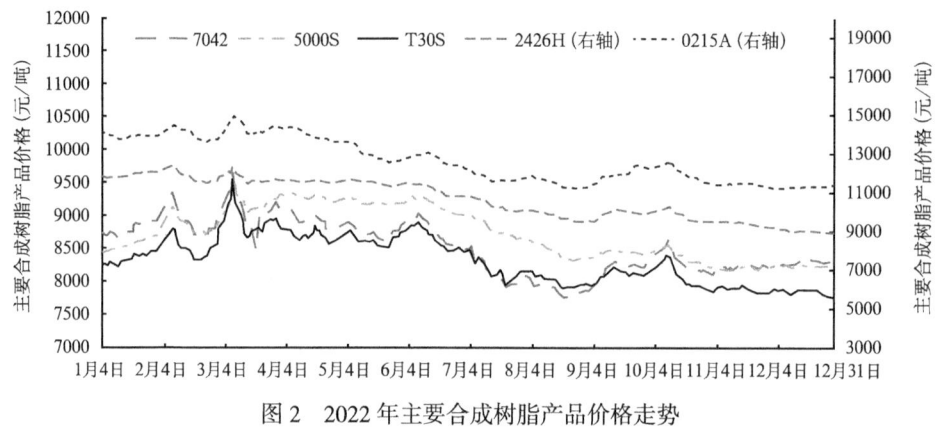

图 2　2022 年主要合成树脂产品价格走势

牌号说明：7042（线性聚乙烯薄膜料）、5000S（低压聚乙烯拉丝料）、T30S（聚丙烯拉丝料）、2426H（高压聚乙烯薄膜料）、0215A（ABS通用料）

2022年合成橡胶价格整体呈现震荡下行走势，高低端价格同比均有所下滑。一季度合成橡胶市场价格区间震荡。由于丁二烯价格低位及供应预期增长、下游全钢轮胎需求平淡等因素影响，价格陆续下滑。随着国际油价上涨、沪胶期货上涨的带动，合成橡胶市场价格反弹，但基本面无明显变化，部分区域物流运输受阻及部分轮胎工厂减停产，导致下游接货意愿不强，部分获利货源顺势倒挂低出，市场价格转而下行。二季度合成橡胶市场价格整体呈现"И"形区间反复震荡。虽多套装置停工减产支撑市场价格陆续推高，但下游需求寡淡、物流运输不畅，均对市场行情形成拖累，市场价格先涨后跌。三季度市场重心明显下移。伴随新产能释放及检修装置陆续恢复，市场供应增加，加之市场正值传统淡季，需求端缺乏有效支撑，丁二烯在供应增加背景下价格探底，对合成橡胶支撑有限，市场价格震荡下行。四季度合成橡胶供应增量对市场心态形成拖累，下游主要轮胎企业开工率同比下降，市场供过于求态势雏形显现，价格重心不断刷新历史低点（图3）。

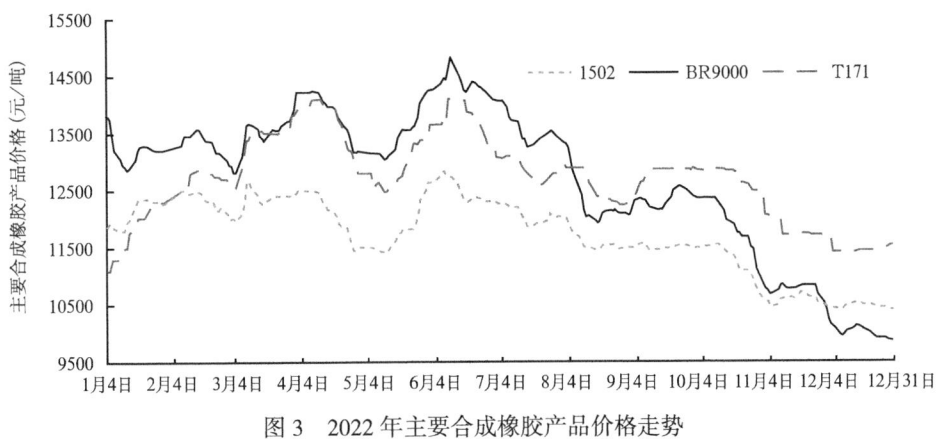

图 3　2022 年主要合成橡胶产品价格走势

牌号说明：1502（丁苯橡胶）、BR9000（顺丁橡胶）、T171（热塑性弹性体）

2022 年国内有机化工产品价格跟随原油价格大起大落，品种间走势有所分化，芳烃类产品强于醇类产品，价格高点出现在二季度，低点在三季度，四季度低位震荡整理为主。石油苯价格先涨后跌。上半年受国际原油价格上涨、产能利用率下降、进口减量、下游需求增加等因素影响，价格一路攀升至年内高点。三季度受国际原油价格回落、进口增量、下游经济性降负荷影响，市场弱势下行。对二甲苯生产价格驱动在成本逻辑和供需逻辑之间不断转换，上半年受成品油高利润带动，对二甲苯生产企业生产积极性不佳，尤其美国企业降量明显，4 月起亚洲大量对二甲苯流入美国，亚洲对二甲苯紧张气氛愈演愈烈，价格也攀升至年内高点，6 月 CFR 中国为 1514.33 美元/吨，现货价格处于近五年的高位。但需求端表现不尽人意，下半年价格呈现震荡形式，在 CFR 中国 950—1200 美元/吨区间运行。乙二醇价格快速上涨后慢速下跌。受国际油价大幅走强，叠加春节后需求恢复，国内乙二醇现货价格快速拉涨，3 月乙二醇走高至年内最高的 5500 元/吨。但 2022 年是乙二醇投产大年，国内供应量持续增加。受新冠肺炎疫情影响，需求端受到沉重打击，供需矛盾持续恶化，华东港口库存持续累库，最高 124.7 万吨。各国通胀压力高涨，美联储持续加息，经济衰退悲观情绪蔓延，市场重心持续下滑，8 月中旬价格降至年内最低 3872 元/吨。之后虽阶段性供需格局改善，然而聚酯需求端表现不佳，传统旺季表现不温不火，港口整体库存维持偏高水平，加之外围不确定因素较多，市场维持弱势盘整为主（图 4）。

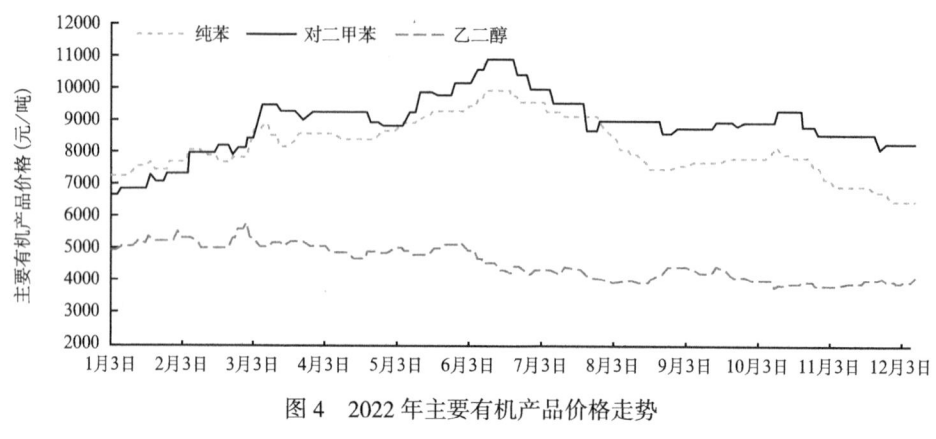

图 4　2022 年主要有机产品价格走势

（单松辉）

炼化工程建设

【概述】　2022 年，炼化新材料公司按照集团公司党组统一部署，锚定建设世界一流炼化业务，遵循"五有""五化""五调整"原则，深入落实炼化业务"十四五"规划，紧扣炼化一体化主题，大力推动"减油增化""减油增特"及"三新""双碳"项目落地实施，持续深化供给侧结构性改革，优化投资结构，保障重点项目投资需求，加快推动炼化业务转型升级和产业迈向中高端，从"燃料型"向"化工产品和有机材料型"转型。

【炼化业务发展规划】　落实集团公司炼化业务转型升级会议要求，开展专题研究完善炼化业务转型升级方案。完成催化裂解布局方案研究，明确中型燃料型企业转型升级路径；完成炼油企业向环保产业转型发展方向研究，初步探索炼化环保产业发展方向和重点；完成碳纤维、新型聚酯等化工新材料布局方案，推进重点新材料加快发展；完成石蜡、石油焦、沥青和润滑油业务发展专项规划初稿，提出未来 5 年炼油特色产品发展目标和主要举措；启动大庆地区炼化转型升级方案、陕甘青宁地区炼化企业转型升级方案、锦州石化和锦西石化转型升级方案，扎实推进区域一体化发展。

2022 年，加快推进重大乙烯项目布局，炼化转型升级步伐升档提速。

（1）开工建设2项。吉林石化炼油化工转型升级项目新建120万吨/年乙烯，1月获得政府核准，2月11日可行性研究报告获得股份公司批复，10月完成总体设计及两个批次基础设计批复，11月12日乙烯装置开工建设；广西石化炼化一体化项目新建120万吨/年乙烯及配套工程，6月21日获得政府核准，7月15日可行性研究报告获得股份公司批复，12月完成总体设计审查，年底具备实质性动工条件。（2）进入可行性研究阶段1项。独山子石化塔里木二期120万吨/年乙烯项目，经过集团公司4次专题会议研讨，11月18日预可行性研究报告获得股份公司批复，12月21日可行性研究报告通过集团公司党组会审议。（3）完成预可行性研究报告初审评估4项。大连西太平洋石化中岛炼化一体化项目新建1000万吨/年炼油+120万吨/年乙烯，预可行性研究报告完成最新修改，经过与大连市多次对接，达成一致意见，于11月20日集团公司与辽宁省签署在辽重点企业转型发展合作框架协议，与大连市签署相关合作框架协议。长庆乙烷制乙烯二期项目11月完成预可行性研究报告初审评估，兰州石化转型升级项目预可行性研究报告12月经炼化新材料公司党委"三重一大"审议通过上报股份公司，辽阳石化转型升级乙烯改造项目12月完成预可行性研究报告初审评估。

持续加快新材料提速工程，推进化工新材料全产业链发展。加快重点新材料项目布局，2022年批复聚丙烯催化剂、医用料及高端电子保护膜料、超纯净超高压电缆基础料、针状焦、电子级异丙醇、百吨碳纤维改造、茂金属聚丙烯、千吨级POE等8个项目可行性研究报告，启动建设；推进电子级DMC、尼龙66、万吨碳纤维项目，完成初审评估。推进新材料合资合作，集团公司和中海石油化学股份有限公司签订合资合作框架协议，启动呼和浩特石化与中国海洋石油天野化工股份有限公司（简称天野化工）聚甲醛项目合资工作，推动实现天野化工聚甲醛AC线复工复产，组织呼和浩特石化完成对天野化工股权收购可行性研究报告的编制和审查，12月20日获得股份公司批复。华北石化参股河南盛源化工科技有限责任公司聚碳酸酯合作项目完成合资公司工商登记，推动13万吨/年聚碳酸酯装置投料开工，1万吨/年改性塑料生产线建设开工。

深入落实集团公司绿色低碳战略，加快推进新能源新事业发展。推进炼化CCUS项目建设，批复大庆石化和吉林石化中高浓度二氧化碳回收项目可行性研究报告，完成庆阳石化、独山子石化、大庆石化和辽河石化低浓度二氧化碳回收项目可行性研究报告审查。有序推动氢能，华北石化完成2022年北京冬奥会供氢任务，四川石化氢提纯7月建成投用，长庆石化氢提纯年底建成，启动克拉玛依石化绿电电解水制氢示范工程可行性研究。开展生物航空煤油项目示范，选择成都作为生物航空煤油生产示范基地，组织四川石化开展可行性研究报告编制，采用石化院自主开发工艺包。科学推进数字化转型，实施兰州石化数字化转型智能化发展试点项目，形成炼化数字化转型可复制可推广的阶段性成果和标准模板，启动独山子石化、广西石化、四川石化、云南石化、长庆石化5家企业数字化转型智能化发展试点建设。

2022年完成框架投资计划92%，确保广东石化炼化一体化、吉化（揭阳）ABS、锦州石化和锦西石化资源替代转型升级等重点项目的投资需求，加快推进在建项目建设。同时，加大项目审查力度，加强投资项目效益效果分析。全年审查批复37个限下项目，平均压减投资9%。落实国家相关部门对健康安全环保要求，重点保障安全环保隐患、老旧装置治理等投资需求，全年完成专项投资计划123%。

（缪 超）

【炼化工程重点建设项目】 2022年，集团公司5项炼化重点工程有序高效推进，4项特色产品项目建成投产。

广东石化炼化一体化项目。项目总投资654.2亿元，建设规模2000万吨/年炼油、120万吨/年乙烯、260万吨/年芳烃，并配套建设原油码头和产品码头、公用工程及辅助设施等。项目于2019年6月开工建设，2022年6月26日两套1000万吨/年常减压装置中交、6月30日120万吨/年乙烯装置中交。截至2022年底，项目41套主体装置，已中交40套（20万吨/年聚丙烯装置2023年中交），主体装置实体工程施工已全部结束，全面进入投料试车阶段。10月26日1000万吨/年常减压装置Ⅱ成功引入原油，12月24日300万吨/年延迟焦化装置Ⅰ顺利产出第一塔焦炭，330万吨/年柴油加氢Ⅰ、120万吨/年航空煤油加氢、80万吨/年焦化石脑油加氢等三套装置一次开车成功，产出合格产品。

吉化（揭阳）分公司60万吨/年ABS及其配套工程。项目总投资64.9亿元，项目建设内容包括60万吨/年ABS、12万吨/年丙烯腈、0.4万吨/年乙腈、5万吨/年甲基丙烯酸甲酯、15万吨/年废酸再生装置，及部分公用工程和辅助设施。项目于2020年10月开工建设，2022年7月22日建成中交。截至2022年底，各生产装置、公用工程及辅助生产设施已全部完成中间交接、工程交接，全面进入联动试车、实物料试车，准备投料试车。

广东揭阳520万立方米原油商业储备库建设工程。由广东石化建设，项目总投资69.81亿元，主要建设内容包括520万立方米商业储备库、配套30万吨级码头泊位、储库与码头泊位管道。项目于2021年3月开工建设，2022年6

月30日200万立方米库区建成中交，11月30日320万立方米库区建成中交。截至2022年底，120万立方米储罐已投用，400万立方米部分开展开工投用前的PSSR验收及相关开工手续的办理工作。

吉林石化炼油化工转型升级项目。项目总投资339.45亿元，建设规模120万吨/年乙烯及配套装置、辅助生产设施、公用工程设施、储运设施。项目可行性研究报告于2022年2月11日批复，总体计划安排2022年全面启动、2023年形成建设高潮、2024年末项目中交、2025年新乙烯开车。项目于9月23日开工建设，截至2022年底完成两批基础设计批复，西部区域丙烯腈装置、东部区域乙烯装置桩基施工。

广西石化炼化一体化转型升级项目。项目总投资304.59亿元，主要建设内容为120万吨/乙烯裂解装置和下游化工产品装置，配套新建和改造部分炼油装置单元，以及相应的公用工程、储运和辅助生产设施。项目可行性研究报告于2022年7月15日批复，总体计划安排为2023年全面启动、2024年形成建设高潮、2025年上半年项目中交推进。截至2022年底，完成总体设计审查，基本完成工艺包选商，开展工艺包设计，岩土勘察、试夯、试夯检测、东油沥青改造等"四通一平"相关工程现场施工已启动。

建成投产一批特色产品项目。独山子石化6万吨/年溶聚丁苯橡胶生产线、兰州石化3.5万吨/年特种丁腈橡胶项目、克拉玛依石化15万吨/年白油加氢装置、辽阳石化五号工程等项目建成投产，投料试车一次成功。

【炼化工程基础设计审批管理】 2022年，炼化新材料公司完成20个项目、21个批次基础设计审查批复，共批复概算投资145亿元，较上报概算核减3.5亿元，审减率2.3%。吉林石化转型升级项目完成2个批次基础设计审批，批复工程费115.8亿元，占全部工程费的41%。完成吉林石化转型升级项目总体设计审查，批复概算投资339.2亿元，较上报概算核减17.1亿元，审减率5%（表7）。

【炼化工程建设项目QHSE管理】 2022年3月8日至4月1日，炼化新材料公司联合工程和物装管理部组织对广东石化炼化一体化项目、吉化（揭阳）分公司ABS项目开展QHSE审核工作。广东石化炼化一体化项目审核发现问题436项，其中质量问题268项、HSE问题100项、文档管理问题68项。吉化（揭阳）分公司ABS项目审核发现问题183项，其中质量问题94项、HSE问题49项、文档管理问题40项。

表7 2022年项目基础设计审查批复情况

序号	地区公司	项目名称	可行性研究批复日期	基础设计批复日期	基础设计概算总投资（万元）		
					上报	批复	增减额
	已批复基础设计项目合计（20项、21批次）				1485018	1450204	−34814
1	吉林石化	炼油化工转型升级项目（第一批）	2022.02.11	2022.09.22	304661	294243	−10418
		炼油化工转型升级项目（第二批）		2022.10.18	874741	864327	−10414
2	抚顺石化	发挥资源优势增产油蜡特色产品改造工程	2022.01.26	2022.10.29	86661	83156	−3505
3	大庆石化	乙烯装置脱瓶颈及下游配套项目	2021.08.03	2022.06.13	44337	41747	−2590
4	独山子石化	聚丙烯装置235线改造项目	2021.08.30	2022.12.06	25444	23652	−1792
5	大庆石化	40万吨/年二氧化碳回收项目	2022.06.13	2022.08.11	9903	9859	−44
6	四川石化	新建燃料电池氢气装置	2022.03.10	2022.04.08	3573	3157	−416
7	乌鲁木齐石化	渣场土壤修复治理项目	2022.06.27	2022.09.01	18263	16720	−1543
8	石化院	1000吨/年溶液法高端弹性体中试装置	2022.02.23	2022.04.08	17022	17027	5
9	兰州石化	炼油区中央控制室项目	2022.04.28	2022.06.13	13762	13748	−14
10	兰州石化	化工区非抗爆控制室隐患治理项目	2022.05.06	2022.06.14	10907	10396	−511
11	兰州石化	300万吨/年重油催化裂化装置MIP改造（Ⅱ期）	2022.08.09	2022.09.06	4165	4155	−10
12	华北石化	150万吨/年原油火车卸车设施	2022.05.23	2022.06.22	4962	4864	−98
13	华北石化	油品运行部燃料油罐区流程改造项目	2022.05.23	2022.07.26	5079	5074	−5
14	长庆石化	氢气提纯项目	2022.05.23	2022.07.21	3080	2981	−99
15	哈尔滨石化	80万吨/年航煤产能建设项目	2022.06.13	2022.11.04	10441	10157	−284
16	哈尔滨石化	国ⅥB汽油生产消瓶颈技术改造项目	2022.06.13	2022.11.04	14095	13252	−843
17	长庆石化	催化裂化装置降烯烃MIP及配套改造项目	2022.09.01	2022.11.11	18084	16846	−1238
18	大庆石化	炼油污水场废气及异味治理项目	2022.10.12	2022.11.17	5351	4960	−391
19	广东石化	成品油首站	2022.09.16	2022.11.18	6060	5642	−418

续表

序号	地区公司	项目名称	可行性研究批复日期	基础设计批复日期	基础设计概算总投资（万元）		
					上报	批复	增减额
20	四川石化	220kV总降变隐患治理项目	2022.07.20	2022.11.23	4427	4241	-186
		已批复总体设计项目					
1	吉林石化	炼油化工转型升级项目（总体设计）	2022.02.11	2022.08.11	3564242	3392567	-171675

质量问题主要表现在工程质量验收不严格，部分工艺纪律执行不到位，文明施工、成品保护存在薄弱环节，抗台风设计统一规定执行不到位，工程文档管理不规范，土建、设备、管道、焊接、电气仪表、无损检测等工程实体质量不同程度存在"低老坏"和违反标准规范、设计等问题。HSE问题主要是施工现场临时用电、脚手架作业、作业许可、应急管理、监督检查等共性问题较为突出，工作前安全分析、安全技术交底、作业许可、应急处置、安全生产费、监理策划等管理工作仍不够扎实。广东石化炼化一体化项目及吉化（揭阳）ABS分公司项目审核问题全部整改完成。

【竣工验收】 2022年，完成竣工验收项目388个，其中二类项目4个、三类项目48个、四类项目336个。一类项目华北石化炼油质量升级与安全环保改造工程未完成竣工决算审计，竣工验收推迟。

（罗汉华）

专业化管理

【安全环保】 2022年，新冠肺炎疫情风险和安全风险叠加，安全生产形势严峻，炼化新材料公司落实集团公司部署，落实"管业务管安全"的安全生产责任，实施安全环保硬性措施，强化专业管理和过程管控，狠抓风险研判和隐患治理，首次开展全系统安全环保会诊评估，加强风险作业预约及周末节假日敏感时段作业管控，不断提高审核有效性，组织事故事件分享排查，突出环保问题限期治理，安全环保形势总体稳定。

全面完成主要污染物排放总量控制目标（表8）。

表8 炼化企业主要污染物减排情况

吨

项　目	2022年	2021年	同比增减
COD	4354	4781.2	-427.2
氮氧化物	23540	24981	-1441.0
挥发性有机物	68210	70646.9	-2436.9

注：氮氧化物排放不含异常火炬排放。

全面落实安全生产责任。印发主要领导安全生产责任正面清单15条、员工岗位安全行为禁止类清单77条、专业公司、企业、分厂联合车间、生产装置四级安全生产业绩指标20条。建立主要领导视频巡检机制，炼化新材料板块执行董事、党委书记对14家企业开展视频巡检。在特殊敏感时期每月召开会议专题研究安全生产工作机制，2022年召开10次安全生产委员会研究部署安全生产工作。对16家主要领导变更的企业下发一对一风险提示。首次在专业公司层面启动三年一轮的安全环保风险会诊评估。对海外炼厂安全环保责任进行梳理界定。

按期完成专项治理任务。炼化新材料公司成立领导工作小组，按照"专业主导、统筹督办、清单化管理"原则，印发督办通知，定期组织企业对接进度。企业层面主要领导亲自组织，快速推进，全面完成国家层面3个专项工作任务，限期整改国检发现问题。三年专项整治计划发现隐患40076项，整改完成率99.98%。危险化学品集中治理7个专项治理完成4个，大型油气储存基地专项治理1632个问题，完成率99%；苯乙烯、丁二烯专项治理87个问题，完成率61%；老旧装置专项治理1433个问题，完成率78%。落实15项安全生产硬措施，组织安全生产大检查，查出问题25041项。应急管理部、国务院国资委现场督导检查12家企业，发现问题307项，整改完成率92%。所有未完成问题都已立项，纳入年度治理计划，明确时间节点和责任部门，已向政府部门报备。2022年，各企业上报炼化新材料板块备案督办的重大隐患35项（年底完成整改5项），其中涉及紧急切断3项、淘汰设备工艺9项、气体检测报警装置4项、安全仪表系统1项、控制室5项、其他8项。

全力抓好两次体系审核。上半年，统筹新冠肺炎疫情防控、体系审核、监督检查、安全生产大检查等系列专项行动，按照"一体化、精准化、差异化"

原则，开展内审。在落实集团公司审核要求基础上，7个专业梳理出38项审核重点，专业公司明确23位包点联系人，对39家企业实施全覆盖内审指导；制定《炼化企业内审方案评审表》，组织专家对内审方案的符合性、适用性进行评审。6月21日，召开上半年QHSE体系审核总结视频会议，生产、技术、设备、电气、仪表、安全、环保、工程建设、化工销售、商储油等10个专业做审核通报。上半年内审问题43271项，严重问题1089项，已完成整改销项。下半年体系审核明确12个专业57项审核重点。计划炼化新材料板块审核企业10家，互审企业9家，内审企业19家。经专业公司和各审核组充分研判疫情形势，及时调整审核方式，36家企业开展内审。发现问题46308项，严重问题1313项。集团公司总部现场审核石化院、广东石化、大连西太平洋石化等3家企业。针对企业内审，专业公司采取包点联系人制度，互审企业采取专业公司领导督导制度，确保企业内审质量。12月15日召开审核总结视频会议。下半年审核问题48703项，严重问题1559项。两次审核间隔期，组织对10家企业进行"四不两直"检查，对6家大检修企业进行现场监督检查。

加强作业管控和现场监督。作业前风险研判和准备落实是作业预约的两个前置条件，为此炼化新材料板块对重点关注作业及敏感时段作业开展逐项研判、风险分析、措施确认及安全提示，加强危险作业预约管理，及时叫停不受控的罐区作业，进一步强化每日作业预约分级管控。2022年各企业作业预约总数39.1万项，与2021年42.4万项相比下降7.8%；报集团公司总部重点关注备案作业2330项，与2021年2571相比下降9.4%；周末节假日作业11995项，与2021年同期20327项相比下降41.0%。

开展安全环保风险会诊评估。各企业开展一轮安全环保风险会诊评估。6月13日，专业公司安全生产委员会审议通过《炼化企业安全环保会诊评估工作方案》。7月19日，举办视频培训会议，对企业会诊评估工作提出要求。年底，辽阳石化、哈尔滨石化现场评估工作完成；大庆石化、辽阳石化、大庆炼化、哈尔滨石化、长庆石化、宁夏石化、大庆石化、辽阳石化、兰州石化、大庆炼化、哈尔滨石化、大连西太平洋石化、长庆石化、宁夏石化、四川石化等企业已经开展环保会诊评估工作，年内未完成。第二批、第三批20家企业中，独山子石化、云南石化、大港石化、格尔木炼厂4家企业均已确定安全、环保会诊评估选商。

严格落实国家要求，加强环境保护工作。按照中央环保督察要求，完成治理任务。2022年，7家企业迎接第二轮第六批中央生态环境保护督察。第二轮第五至第六批督察向各省市反馈问题，共有3家企业接反馈问题或典型问题4

项，完成整改3项，余1项已制订整改计划，有序推进。落实《关于加快解决当前挥发性有机物治理突出问题的通知》要求，2022年排查达标问题220项，完成整改206项，剩余14个问题中2个问题是火炬无流量计，由于火炬系统是装置的安全设施，在装置开工状态下不具备开孔安装条件，需在2023年大检修停工期间实施整改，6个问题通过制定临时管控措施，加强监控，优化运行控制污染物排放，6个问题通过停用相关生产设施确保合法依规；VOCs深度治理问题1158个，完成治理220个，剩余938个问题中计划2023年完成295个、2024年完成73个、2025年完成570个。根据《中国石油天然气集团有限公司绿色企业创建行动指导意见》要求，大港石化、华北石化、云南石化、广西石化、大连石化、哈尔滨石化等6家获评绿色企业。落实生态环境部重点监管单位土壤地下水防治要求，根据重点行业企业用的调查数据，选取兰州石化、大庆石化、抚顺石化、辽阳石化、吉林石化、长庆石化、克拉玛依石化等7家炼化企业分两批次上报生态环境部13项土壤源头管控项目，完成1项，其余按要求有序推进。

（绪 军）

【生产运行】 2022年，炼化新材料公司强化信息化应用，提升管理水平，持续深化MES系统应用，进一步提升生产运行管控能力，进一步优化预警监控规则，提高监控准确性、灵敏度，优化预警逻辑规则，监控关键装置负荷变化趋势，判断装置运行工况，极大提高装置监控的及时性、准确性；推进可视化调度平台建设，进一步完善生产应急体系，提高平台应用的全面性、稳定性能力；强化生产管控，提升平稳运行水平，加强非计划停工管理，深入分析非计划停工原因，落实整改措施，持续做好非计划停工事件分享工作；加强隐患装置管控，引导企业做好预知停工检修，完善监护运行措施、制订生产应急预案、落实隐患处理计划，持续做好隐患跟踪；持续做好极端天气预警与应对工作，强化应急信息获取能力，针对雷电、暴雨、台风、暴雪、高温、极寒、地震等极端天气与自然灾害，向相关企业及时预警，下发提示，要求做好检查、落实，加强领导干部值班值守，做好应急准备，落实应急防范措施；完成2022年两次体系审核，针对生产运行对各企业非计划停工及生产波动管控、核心装置运行管控、生产应急响应、装置开停工管理、生产运行过程管控五项内容进行重点审核，针对审核发现的主要问题，提出加快"一分钟"应急处置能力建设、加强开停工过程界面交接及能量隔离、杜绝非计划停工、强化一体化管控的下一步提升措施；加强催化、乙烯、聚烯烃装置运行管控，从装置运行、工艺、机电仪设备、催化剂等各方面进行认真梳理，实现对15套乙烯、28套聚乙烯、

29套聚丙烯、39套催化共111套装置运行状况密切监控跟踪；加强新建项目生产准备，统筹推进项目开工，完成广东石化炼化一体化项目生产准备工作并投入试生产。全面协调、统筹新建等其他项目的生产准备工作。2022年发生非计划停工21次，同比减少12次，下降36.4%，损工时数下降19.0%。

【生产优化】 科学统筹生产计划安排。2022年，炼化新材料公司以保障集团公司产业链平稳顺畅运行为前提，以效益为中心，多方面沟通协调，提升资源与市场需求数据的准确度，为生产计划编制打好基础。充分挖掘APS总部模型优化测算功能，按照"两上两下"工作流程，对月度计划多方案比选，确保"事前算赢"。对计划周期内各炼化企业整体加工边际贡献情况、单油种加工边际贡献情况对比排名，把"加工负荷向效益好的企业倾斜"的原则落实到生产计划安排中。

优化产品结构，压减汽油产量，灵活应对新冠肺炎疫情和市场变化，紧跟需求变化，加大生产调节力度，确保产销顺畅。成品油收率64.1%，同比降低1.2个百分点。全年生产柴汽比在1.01至1.42之间宽幅调整，特别是9月以来柴油需求增加，通过不断深挖装置运行与原料优化潜力，持续提高生产柴汽比，11月、12月达到1.42的历史较高水平。同时通过降低烷基化和MTBE装置负荷，收储液化气；优化增加芳烃、石脑油、乙烯原料等互供，增产PX、苯等化工产品；优化催化装置运行，停止柴油回炼，优化催化和焦化装置之间负荷；优化渣油加氢、蜡油加氢、催化裂化等汽油加工路线中间物料库存等措施，减少汽油产量。

优化海上进口原油采购工作流程。完善企业"原油篮子"，为原油优选降本提供支持。组建原油业务行动组，构建海上进口原油采储预知优化管理和金融衍生工具应用"一体两翼"协同优化的管理体系。负责原油市场研判、海上进口原油采购优化、套期保值及24小时盯市、原油库存管理和计划配置优化。加强海上进口原油测算对标，实现采购降本。推动海上进口油企业通过"原油篮子"优化比选、把握采购节奏、上海期货交易所原油交割、抢抓机会油种、借助商储库容优化运作和计价管理（点价、锁价、转计价月、换计价油种等）等方式降低采购成本，完成海上进口原油年度考核目标。

（焦丽菲）

【工艺技术】 2022年，炼化新材料公司继续围绕核心装置组织开展生产技术攻关，推进核心装置长周期运行管理。主要装置负荷同比下降，但催化丙烯收率、重整辛烷值桶、乙烯能耗及加热炉效率等10项关键指标好于2021年同期；组织装置技术交流，开展催化裂化、连续重整、乙烯装置优化和攻关，效果显著。

大港石化-140、辽阳石化-220等6套装置通过使用丙烯助剂，提高反应温度以及调整冷再滑阀开度控制高剂油比等措施来增产丙烯，实现丙烯收率同比提高；辽河石化-60实施再生注氯点技术改造，提高再生催化剂的性能；四川石化完成3台重质裂解炉SLE的清理工作，吉林石化完成9号裂解炉辐射段炉管更换、8号和9号裂解炉对流段化学清洗工作，裂解炉排烟温度明显降低。

组织完成上半年、下半年2次QHSE体系审核中工艺和质量专业审核，查出工艺技术管理、工艺防腐、化验分析等方面问题14583项。对于工艺变更管理、一分钟应急操作卡编制、工艺过程能量隔离等重点环节提出规范要求；对催化分馏塔顶结盐、乙烯裂解气压缩机段间压差高、工艺防腐自动控制等提出解决措施和工作要求；对所有审核问题进行分类研究，针对其中的重点、共性问题下达整改要求，向排名靠后的企业提出专业整改意见，督促落实。

加强工艺基础管理工作。按计划组织实施装置标定，2022年完成主要装置标定96套，为装置技术分析和技术改造提供依据；深入开展工艺风险分析和排查，制定下发《轻质油储罐工艺操作管理规定（试行）》，组织开展专项排查；组织编制《炼化装置危险与可操作性分析（HAZOP）指导手册》，常态化开展HAZOP分析工作；落实工艺防腐自动化控制，实现26家企业在线防腐监测数据实时监测，完成云南石化14套装置塔顶水露点和加热炉烟气硫露点防腐监测数据MES系统展示，实现广西石化4套加氢装置结盐温度和KP值实时监测功能；呼和浩特石化、辽阳石化常顶"pH在线+自动加剂"系统完成可行性研究。组织重点装置关键工艺技术攻关，保证装置长周期、满负荷生产。逐家企业研究乙烯装置满负荷优化方案，加强长周期运行管理，召开乙烯装置优化视频研讨会7次，解决碳二加氢反应器选择性低、分离系统易结垢等多个难题。

深度介入广东石化生产技术准备工作。组织广东石化按照《炼油化工建设项目生产准备和试车工作管理规范（试行）》要求完成总体试车方案修改和审查；分别安排炼油、乙烯、芳烃三条开工主线专家驻场工作，协助开展生产准备工作；对装置"三查四定"和隐蔽工程检查，对芳烃抽余液塔EMCD塔盘安装质量等生产准备工作提出具体要求；组织装置试车方案审查，装置专家和设计院提出178项修改建议，均在方案中加以落实。

推进流程模拟技术深化应用。独山子石化、云南石化和广西石化等12家企业开展流程模拟常态化应用，每周进行单装置操作条件优化或全流程优化应用。通过流程模拟技术常态化应用提出典型应用案例384个，实施优化方案234个，预测经济效益44490万元/年，实现经济效益8000万元/年。

（杨　砾）

【设备管理】 2022年,炼化设备系统,以全力保障生产装置安稳长运行为中心任务,通过开展"设备基础管理提升主题月"活动、推进精益化检修、加快设备完整性管理体系建设三方面重点工作,取得明显成效,设备专业管理水平和保障能力进一步提高,为保证炼化业务安全稳定生产和全年业绩目标的实现,做出应有的贡献。

全力保证装置安全稳定运行。(1)全方位加强关键时期设备运行维护保障工作。针对炼化装置生产调整变化大、炼油低负荷、化工满负荷,以及新冠肺炎疫情影响、2022年北京冬奥会、党的二十大等特殊敏感时期多的特点,全力加强设备维护保养、检查监护和隐患排查,开展重点装置、设备运行瓶颈问题攻关,有效保证装置安全稳定生产。全年组织2022年北京冬奥会期间装置隐患排查、炼油低负荷运行风险排查、春季抗晃电措施、迎接党的二十大带病设备隐患排查等多项排查工作,开展五套化肥长周期运行周期目标及瓶颈问题梳理攻关、长庆和塔里木两个乙烷制乙烯长周期运行设备问题分析等工作。在各个敏感时段多次进行设备专业工作提示提醒,加强预警和信息沟通,紧急情况快速处置,实现特殊敏感时段设备零事故。(2)坚持问题导向,针对已发生事故开展重点排查整改。针对云南石化"12·13"渣油加氢闪爆着火事故,组织设计、生产单位反复研讨,编制《炼油与化工临氢装置防互串风险排查导则》、单向阀日常检查维护及检修要求,对临氢装置单向阀、紧急切断阀等隐患问题进行系统排查,发现问题792项,其中近500项已明确整改措施及方案。针对大连西太平洋石化"4·20"渣油加氢加热炉着火事故,组织各企业对20年以上炉管进行紧急排查,对13家企业228台加热炉、反应炉和锅炉进行重点检查,对大庆炼化、玉门炼化等企业少数炉管进行重点监护,编制印发《炼化企业管式加热炉炉管检测实施指导意见》。针对大连西太平洋石化、宁夏石化连续发生的储罐检修亡人事故,对各企业内浮顶储罐浮盘使用情况进行全面调查,组织编制《内浮顶储罐浮盘密封型式选用和检维修管理导则》。针对中国石化齐鲁石化往复压缩机带液事故,组织各企业进行排查,并及时通报茂名石化、上海石化事故情况,对球罐区等进行排查。(3)坚持典型设备事故事件不放过,深入分析原因吸取教训。针对大庆炼化循氢机汽轮机结焦、广西石化加氢空冷结盐等典型事故进行分析,并以工作简报分享至各企业。针对哈尔滨石化"5·22"、华北石化"6·24"、吉化石化"8·3"三起晃电事件,组织电气人员进行反复讨论,形成深度分析报告,并采取召开视频分析会、专家点评的方式,切实起到"一家出事故、多家受教育"的作用。针对长庆乙烷制乙烯离心机轴承故障、裂解气压缩机汽轮机漏汽等重点问题,会同兰州石化组织内外部专家、制造厂家深入分析原因，较好地解决制约问题。（4）按期完成老旧装置深度评估等重点专项工作。根据应急管理部及集团公司总体部署，组织21家企业完成225套老旧装置的深度评估工作，组织406人参加评估培训，分5个小组进行视频和现场调查，并组织专家反复讨论认定，确认隐患问题1002项，其中重大隐患46项。组织各企业开展建构筑物专项排查，28家企业共排查建构筑物16971栋（座、间），发现问题1131项，其中重大隐患78项。（5）持续加强设备防腐及监测。进行机泵在线监测部署，在6家企业实施6个新增项目，新增在线监测机泵2100台，炼化设备系统在线监测数量由年初的8746台增加到10846台。进行腐蚀在线监测系统部署，在10家企业新建腐蚀在线监测系统14个，新增腐蚀监测探针121个、pH探针7个、在线测厚400个，在线监测点总数2101个。全面部署开展脉冲涡流扫查工作，组织兰州防腐中心及东西北检测中心编制《中国石油炼化装置脉冲涡流扫查实施指导意见》，成立工作小组，推介4家企业的经验，要求各企业围绕检修安排全面推进，见到明显成效。有序推进电气设备绝缘监测系统，经电气工作组近三年的跟踪分析，2022年对各企业进行全面调查，组织专家组进行培训，并对企业上报工作量严格审查把关，审减率近40%，形成实施方案，已启动项目前期工作。（6）非计划停工大幅下降。全年因机电仪原因引起的装置非计划停工14次，与2021年相比，减少7次，下降33.3%，完成"全年非计划停工次数控制在25次以内"的目标。

推进精益化检修工作。（1）完成2022年大检修工作。面对新冠肺炎疫情的严重影响，辽河石化等6家检修企业克服检修人员及物资到厂困难、对接交底困难、施工人员变化大、防疫压力大等诸多困难，均实现安全、准点、一次开车成功，塔里木化肥等检修顺利完成。（2）深化研究2030年前炼化企业大检修统筹安排。根据集团公司和炼化新材料公司要求，组织各企业对分系列检修可行性进行专题研究，形成研究报告。在此基础上，对2030年前各炼化企业检修周期进行优化，从2024年起，每年检修企业数量控制在7家以下，乙烯生产企业检修数量控制在3家以下，相邻地区的企业逐步错开检修。到2030年，27家炼化企业中，五年一修企业8家，四年一修企业18家，三年一修企业1家。（3）完善大检修全生命周期管理，推行《炼化企业大检修管理指导意见》。组织编制《炼化企业大检修管理指导意见》，对检修过程管控、检修指标评价体系、费用管理、检修后装置标定及总结评价、窗口检修及临时停工管理、承包商管理等进行细化明确，成为指导各企业大检修工作的基本纲领性文件。（4）开展精益化检修专项研究。在大检修全生命周期管理的经验基础上，推行精益化检修，研究制定《炼化企业精益化检修工作方案》，细化分解为17项具体任务并有序推进。

深入开展"设备基础管理提升"主题月活动。围绕设备基础工作，在2021年主题月活动的基础上进一步深化拓展。（1）大机组和关键机泵基础管理提升。各企业进行"最差10台泵""最佳和最差3台机组、3个机泵房""最佳维修班组"的评比，进一步提高机组、机泵维护和现场管理水平。其中"最差10台泵"评选成为长效工作；状态监测、预防预知维修、"一机一策"检维修策略等工作得到强化；15家企业开展机组能效分析，上报51项节能项目，经炼化新材料板块筛选20项高效项目列入实施计划；12家企业开展机泵能效分析攻关，评价机泵上万台，设备能效工作得到极大重视和加强。（2）抗晃电和电气仪表主动维护工作提升。各企业进行"最佳和最差3个变配电所、仪表机柜间"评选；加强春季电气检查维护和与地方供电单位联系，对两项电气制度和抗晃电措施再排查再落实，推进隐患治理力度，电气运行管理等工作得到加强；开展单点联锁冗余容错措施、现场急停按钮及隐蔽工程、自控率真实性、调节阀偏离工况等专项隐患排查治理；电气仪表检维修策略得到细化完善，19家企业仪表管理系统应用情况得到提升；仪表分级管理、现场管理、电气仪表专业间联动等基础工作得到强化。（3）设备防泄漏管理提升。开展"无泄漏装置"活动评比，召开视频交流会，总结推广6家企业的经验做法；开展装置基础情况、设防值等调查，对小接管检测、保温层下腐蚀检测等难点问题进行专项攻关研究；对炼化装置易泄漏法兰标准进行统一规范；开展设备管线保温节能效果分析，收集一批好的技术和管理做法。（4）精益化检修管理提升。开展装置设备长周期运行能力对标，完成催化等14套主要装置的炼化新材料板块层面的对标报告；召开2022年炼化企业大检修工作总结视频会，对2022年各企业大修经验和存在问题进行总结分享；细化完善检维修策略和定时事务管理；开展检修"回头看"；研究制定《炼化企业精益化检修工作方案》，细化分解为17项具体工作，15项工作已基本完成；开展设备"四新"技术征集交流，收集"四新技术"283项，其中中国石油内部企业创新、发明的184项，拥有专利知识产权的16项，已分类建档，研究后进行推广。

推进设备完整性管理体系建设。（1）长庆石化设备完整性管理试点。在集团公司工程和物装部的组织下，推动长庆石化设备完整性管理试点工作，于2022年5月26日召开视频推进会，介绍长庆石化阶段性成果和炼化新材料板块的基本思路。长庆石化积极推进完整性试点进度，在完成728台设备层级分解工作的基础上，从各部门选取典型设备进行RCM及FMEA分析，完成16类设备的 RCM 及 FMEA 分析样例及 69 台设备的 RCM 和 FMEA 分析；修订完善《长庆石化完整性管理手册》；梳理设备 KPI 指标，结合智能设备平台建设故障库；围绕装备完整性管理开展管理流程优化，探索适宜长庆石化设备管理特点的管理理念，取得阶段性成果；持续开展人员能力建设培训，涵盖完整性基础知识、技术分析方法，平台基本操作的培训。（2）构建炼化企业设备完整性管理体系构架。组织安环院炼化设备中心、长庆石化、独山子石化等企业，对炼化设备完整性管理体系构架进行反复研究，研究借鉴设备完整性理论及中国石化、中国海油等同行企业实践经验，确定完整性体系的一二三级要素构成，编制《中国石油炼化企业设备完整性管理建设指南》。（3）建立炼化设备管理绩效指标体系。为适应设备完整性管理建设要求，从 2021 年下半年开始组织兰州石化研究院设备平台中心对设备对标指标体系开展研究，2022 年上半年又广泛征求各炼化企业的意见，对指标的选取、统计口径和计算方式做出明确规定，于 8 月 10 日正式下发《炼化设备管理绩效指标体系建设实施方案》。该方案综合考虑同行业、同企业之间开展对标及机电仪专业管理目标的实现，将炼化设备绩效指标体系分为三个层次：一级指标 6 项，主要用于对外行业间对标。二级指标 7 类、39 项，用于内部企业对标。三级指标 6 类、25 项，用于企业自主对标。（4）编制设备定时事务管理清单。在完善预防性维护策略的基础上，梳理明确定时事务管理清单，组织部分企业牵头制定专业清单，并推广到各企业应用。（5）加强设备制度标准建设。全年制定电气检维修策略、加热炉炉管检测、内浮顶储罐浮盘选型及检维修安装等 3 项管理办法；与中国石化、中国海油联合，组织炼化企业共同参与 23 项设备技术和管理团体标准的编制工作，其中中国石油牵头 5 项。（6）支持设备信息化建设。会同兰州石化自动化院、昆仑数智 MES 和物联网 2 个团队对炼化设备信息化体系架构进行多次研究，提出合作分工的思路，推进兰州石化试点工作，支持安环院炼化设备中心 C11 项目进行多次改进，通过验收。

全面加强专业研究、专业培训和专家团队建设。（1）加强设备专业研究。2022 年是炼化设备系统开展专业研究最多、最密集的一年，除了完成集团公司和炼化新材料公司安排的重点研究任务外，组织各企业集中开展专业标准修订（23 项）和精益化检修方案（17 项）的研究，充分调动研究机构和企业的积极性。主要研究课题包括炼化装备国产化、设备失效数据库方案、小接管检测和保温层下腐蚀检测、炼化在役和停用装置状况排查、炼化企业装置设防值排查。（2）加强设备专业培训。在系统内网络视频培训方面，结合"设备基础管理提升主题月"活动，相继组织转动设备状态监测专题讲座、脉冲涡流扫查管理和技术经验交流、检维修工程师专题培训、机泵密封方案配置培训、配电网绝缘在线监测技术培训、仪表专业政策解读及罐区和装卸车等设置合理性专题培训、仪表事故事件分享、长庆石化设备完整性试点经验介绍、"无泄漏装置"经验交流、过程工业报警管理国家新标准等10次大型视频培训会，参加培训超过1万人次，取得较好效果。在集团公司人力资源部安排的专业培训班方面，上半年受疫情影响未组织，7月疫情好转后组织继电保护、仪表工程师和状态监测4期培训班，其中前两个为现场培训，11月举办防腐培训班。（3）加强设备专家团队建设。设备专业有大机组、状态监测、检维修、防腐、电气、仪表6个专家组，按照炼化新材料板块要求划分核心层、紧密层和松散层三个层次。另外还有修理费管理、备品备件、储罐、检验检测等专项研究小组。兰州石化防腐中心、信息平台中心、安环院炼化设备中心承担板块安排的多项课题研究和专项工作，对炼化新材料板块设备工作发挥重要作用。首次尝试通过安环院派驻大检修专家组，为呼和浩特石化大检修顺利完成发挥重要作用。（4）加强设备专业经验教训的交流共享。通过设备工作简报促进信息共享，提升基础管理。印发32期设备工作简报，其中设备管理13期、静设备8期、动设备5期、电气4期、仪表2期。督促企业相互对标找差距，举一反三做好排查。（5）加强装置设备小组建设。2021年以来，陆续组织成立15个装置设备小组，由各装置设备主任和设备员参加，各小组建立即时通工作群，入群总人数超过2000人，由组长单位牵头制订工作计划，定期开展相关工作。2022年重点完成"装置长周期运行瓶颈问题统计""装置中交及大修检查内容及标准""易泄漏法兰对标及设置建议"等工作成果。此外，催化、加氢、常减压、聚乙烯、化肥、储运小组还按照自身装置特点，形成各自的成果文件，总体运行效果良好。

（高志杰）

【装置达标】 2022年，炼化工艺技术达标工作深入落实集团公司"四精"工作要求，坚持问题导向、技术引领，持续深化达标对标管理，取得较好效果。炼化达标工作重点开展提升综合商品率、全流程节能降碳、增产炼油特色产品、改善经济技术指标、装置长周期运行等专项攻关活动，核心装置运行不断优化，关键指标持续改善。其中：常减压装置脱盐后含盐小于2毫克/升指标的合格率平均79%，同比提高10个百分点；催化裂化装置丙烯收率6.25%，同比提高0.01个百分点；连续重整装置辛烷值桶91.65，同比持平，纯氢产率3.76%，同比提高0.03个百分点；乙烯收率36.73%，同比提高约2.6个百分点，燃动能耗607.65千克标准油/吨，同比下降43.6千克标准油/吨。

（杨 砾）

【质量与标准】 推进化工产品质量提升攻关活动，2022年主要化工产品产量合格率同比提高0.16个百分点。开展国ⅥB标准汽油质量升级工作，27家炼厂（含广东石化）全部完成升级工作，2023年1月1日前全部供应符合国ⅥB标准的车用汽油。大庆石化顺丁橡胶、抚顺石化丁苯橡胶、独山子石化聚丙烯管材料、宁夏石化尿素质量攻关取得明显成效，产量合格率、优级品率有较大提升。加强化工品牌建设，77个"22+N"品牌产品中，50个产品关键质量指标达到目标产品的水平，40个产品过程能力指数大于等于1.67；涉及的10家考核企业中，大连石化、独山子石化、四川石化、大庆炼化、吉林石化、辽阳石化和抚顺石化等7家企业质量管控水平较2021年提升$0.2—0.8\sigma$，独山子石化、吉林石化等7家企业质量管控水平达到4.0σ以上。完成广东石化、云南石化、大庆炼化和四川石化等4家企业42项石化产品昆仑商标申请的技术审查。完成炼化新材料公司质量强企规划编制。

主导制修订国际标准15项，国家、行业和团体标准28余项。制修订《环保阻尼沥青》《柴油发动机氮氧化物还原剂专用尿素》《薄壁注塑类聚丙烯树脂》《PCL通用润滑油基础油》《裂解汽油加氢催化剂》和《润滑油、润滑脂产品包装规范》6项产品标准。组织石油化工研究院等单位对集团公司《车用汽油内控指标》《车用柴油内控指标》进行修订，在国ⅥB标准车用汽油、国Ⅵ标准车用柴油基础上，增加符合北京市地方标准要求的京ⅥB标准车用汽油、京ⅥB标准车用柴油。结合炼化企业生产经营实际，在国家标准、北京市地方标准基础上，合理收窄关键技术指标，适当增加检测项目，制定更严格、准确的内控指标。《渣油四组分的测定 中压液相色谱法》在ISO/TC28（天然或合成来源的石油及相关产品、燃料和润滑剂技术委员会）提交新项目工作提案；开展新能源、新材料等新兴领域标准布局，新增氢能国际标准培育项目1项。组织召集人、注册专家、项目负责人参加ISO TC61网络年会，对7项在研标准进行汇报。组织完成10期国际标准化系列培训，组织技术人员学习国际标准基础知识，交流先进企业成功经验，提高国际标准化工作能力。协助本领域技术专家更好地参与国际标准化活动，新增ISO/TC61注册专家4人，ISO注册专家总人数达到44人次。开展炼化专标委及两个分标委委员调整工作，申请调整炼化专标委委员18名，化工产品分标委委员9名，炼油产品分标委委员11名，调整SAC/TC280、SAC/TC15部分委员，进一步提高委员履职能力。

（姜 凯）

【节能节水】 2022年，集团公司炼化企业节能总量33.1万吨标准煤，节水总量467万立方米，分别占集团公司完成总量的44.5%、50.6%（表9）。

表9　2022年集团公司炼化企业节能节水情况

指　标	2022年	2021年	同比增减
节能总量（万吨标准煤）	33.1	34.4	−1.3
节水总量（万立方米）	467	545	−78

按照国家标准统计口径，炼油单因耗能7.88千克标准油/（吨·因数），同比降低0.01个单位，乙烯燃动能耗604千克标准油/吨，同比降低47个单位。加工吨原油新水量0.47吨/吨，同比降低0.01个单位（表10）。

表10　2022年集团公司炼化企业能耗情况

项　目	2022年	2021年	同比增减
炼油单因耗能[千克标准油/（吨·因数）]	7.88	7.89	−0.01
乙烯燃动能耗（千克标准油/吨）	604	651	−47
加工吨原油新水量（吨/吨）	0.47	0.48	−0.01

2022年，炼化新材料公司落实提质增效工作要求，通过开展能源结构调整、专项节能科技攻关及实施节能专项投资项目、加强对标和生产精细化管理等工作，节能工作取得显著效果，能效水平持续提高。

加强对节能工作的组织领导，建立完善的节能管理、组织机构，落实责任，建立健全节能工作长效考核激励机制，形成炼化节能节水季度分析机制。

融合流程模拟、信息化技术，推进能源管控系统建设，提升能源精细化管控水平。长庆石化、独山子石化、锦州石化建设能源优化管控信息平台；广东石化智能化能源管理与优化系统、兰州石化优化级能源管控系统建设实施；利用信息化手段进行企业用能监测，充分利用MES系统实现重点耗能设备和重要参数的在线监测，建设燃料气、蒸汽、循环水等系统能效分析及对标功能。

实施能量系统优化。通过热进料热联合、换热网络集成优化、蒸汽动力系统优化，提升系统能效水平，降低工艺总用能。辽河石化通过优化西蒸馏、减黏装置换热网络，提高入炉前温度，降低加热炉负荷，年节约燃料2364吨。广西石化持续开展蒸汽动力系统优化攻关，自2020年停锅炉以来，全厂蒸汽管网持续优化不断突破。

开展设备提效工作。通过开展加热炉专项攻关，实时关注加热炉运行状况，实施采用空气预热器、炉管强化传热等改造措施提高加热炉、裂解炉热效率。庆阳石化大检修期间实施完成"常压、重整装置95+高效加热炉改造"项目，提高加热炉热效率至95%以上，降低排烟温度至80—85℃，通过标定年节约燃料4600吨左右。吉林石化实施乙烯厂乙烯装置9号裂解炉辐射段炉管新技术应用项目，节能3465吨标准煤。

开展余热余压的高效利用。加强高温管线保温，实施蒸汽系统平衡优化和有功减压。建立和完善全厂或区域低温热回收系统，实现热水伴热与维温，削减罐区蒸汽维温。辽阳石化开展芳烃厂和炼油厂低温热综合利用改造，实现节能1323吨标准煤；锦西石化采用新型保温材料和结构对厂区中低压蒸汽管线保温进行更新，节约蒸汽6吨/时。

开展节能管理和技术交流。参加集团公司2022年节能技术交流会，组织编制《炼化节能节水技术案例汇编》《炼化节能节水管理经验汇编》并内部分享；参加全国首届石化行业节能低碳技术交流会论文征集工作，组织炼化企业编制节能低碳技术论文160余篇并向大会进行择优推荐。

（杨树林　杨　砾）

【科技创新】　以习近平新时代中国特色社会主义思想为指导，贯彻集团公司党组工作部署，落实科技与信息化创新大会和市场营销工作会议精神，实施"十四五"科技规划，深化"减油增化""减油增特"、重点化工技术、化工新材料、绿色低碳和用能优化技术、分子管理及其数字化等重点攻关，加快新材料提速工程，建设合成树脂、合成橡胶原创技术策源地，加强高端新产品开发，落实"双碳"行动方案，推进氢能产业布局，构建炼化技术进步新格局。

完善国家1025项目关键核心技术，产品批量生产实现销售。开发化工产品新牌号119个，产量84万吨，同比增长128%。培训新材料新产品技术专家100名。分解落实并完成新材料产量、科技投入强度和加计扣除率等KPI考核指标，新材料产量85万吨，同比增长56%。开发石蜡、沥青、油田化学品、高档润滑油、针状焦炭材料以及特种用油等特色产品；持续跟踪研究新材料、新能源等新业务，调整科技研发新方向，逐步走向科技创新自立自强。

制订新产品开发计划，下达炼化科技项目计划。组织召开由地区分公司、化工销售分公司、石油化工研究院以及规划总院参加的化工新产品开发对接会，确定开发95个化工产品新牌号，包括扩量扩销A类17个、技术攻关B类45个、首次试生产C类33个，制订并下发2022年炼化新材料公司化工产品新牌号开发计划。在梳理历年科研项目基础上，结合化工产品新牌号开发计划和石化院新产品KPI考核指标制订并下发炼化新材料公司2022年新产品科技计划，研发新产品30个，19项中试研发项目。依据炼化业务发展规划以及历年来决策支持类软课题开发进展情况，制订下达炼化新材料公司2022年第二批、第三批科技计划，全面完成 23.50 亿元年度预算。

扩大研发投入统计口径，确保研发投入指标按时完成。完成上海新材料研究院科技计划调整批复，追加炼化新材料公司科技预算 6515 万元，2022 年科技预算增加到 24.15 亿元。开发加计扣除研发投入报表系统，将新材料、新产品、工业化试验、首台套应用、数字化转型五项费用（含投资）归集统计，取得良好成效。2022 年 1—12 月科技预算完成情况。按照科技管理部要求，炼化新材料公司 32 家地区公司和直属院 2022 年 1—12 月科技预算累计完成 24.15 亿元。完成研发（R&D）投入 32.92 亿元，超全年 23.5 亿元研发投入指标，完成率 140%。财务统计口径完成研发投入 30.9 亿元，完成率 131%。

完成 2023 年科技预算的安排方案。为配合完成科技管理部《关于编制集团公司 2023 年科技项目计划与科技（研发）经费预算的通知》《关于炼化新材料公司 2023 年暨 2023—2025 年预算编制工作分公司安排的请示》，组织编制 2023 年炼化新材料公司科技预算初步方案。按照集团公司持续加大科技投入要求，落实科技管理部 94 号工单，在 2021 年基础上增长 10%。涵盖范围广，达到 34 家地区分公司和直属院。在 2021 年基础上，新增加上海新材料研究院、日本新材料研究院。34 家地区分公司和直属院预算总额 27.32 亿元，其中地区分公司 27 家，科技预算 18.17 亿元，由地区分公司负责；7 家总部直属院科技预算 91535 万元，由炼化新材料公司负责。上报科技管理部 2023 年研发投入 25.15 亿元，同比预算口径增长 7%，符合科技管理部要求；炼化新材料公司占集团公司科技投入比例接近 10%。

编制 2023 年科技计划项目清单。为配合完成科技管理部《关于编制集团公司 2023 年科技项目计划与科技（研发）经费预算的通知》，落实炼化"十四五"科技规划，部署"减油增化""减油增特"、重点化工技术、化工新材料、绿色低碳和用能优化、分子管理及其数字化、化工新产品、信息化等 8 个领域科技研发工作，汇总编制 2023 年度科技项目清单，为科技管理部 2023 年科技及项目计划提供建议。汇总 34 家地区分公司和直属院 2023 年科技计划项目清单，制订炼化新材料公司 2023 年科技计划，合计 681 项，按照"十四五"科技规划，最终确定专业公司级 24 项。

加强科技项目管理，持续落实"十四五"科技规划。加强新材料技术攻关，按照科研院所定位和技术创新能力实际情况，确立新材料 6 项技术攻关项目，包括辽阳石化 10 万吨/年尼龙 66 工业试验、兰州石化 110 千伏和 220 千伏高压交联绝缘料工业化开发、大庆石化 3 万吨/年连续法聚丁烯-1 生产技术开发及工业试验、广西石化 12 万吨/年官能化溶聚丁苯橡胶产业化示范、吉林石化高强型 48K 大丝束碳纤维原丝技术研发及产业化应用以及独山子石化 20 万吨 / 年高效催化裂解工艺（ECC）技术工业示范。支持原创技术策源地建设，按照国务院国资委文件要求，围绕"合成树脂"和"合成橡胶"两个技术策源地规划要求，布局高端产品及工艺技术研发；配合集团公司二氧化碳捕集利用（CCUS）产业链建设重大战略部署，布局低浓度二氧化碳捕集及化工利用相关技术研发，促进产业链健康发展，确保策源地技术优势，确保产业链市场优势。支持信息化建设，结合炼化新材料公司数字化转型示范企业，加大大庆石化、吉林石化等 18 家地区公司和石化院数字化转型科技预算，约 3.08 亿元。

开发化工产品新牌号，优化炼化产品结构。各生产企业成立由主管领导牵头的工作小组，制订工作计划，明确各部门的职责和目标。各销售企业做好销售计划和试用方案，及时反馈市场信息。科研单位落实服务计划和人员组织，提前安排中试装置进行配套研究，落实新产品开发"十大要素"，实现"产销研用管"一体化管理。本着"进口替代、用途高端、技术一流"的原则，做好高端新产品开发，加强化工催化剂、工艺技术研发等。涉及新产品开发 30 个，其中进口替代新产品 12 个、用途高端新产品 8 个、技术一流新产品 10 个。开发进口替代产品 12 项，包括茂金属聚乙烯软包装膜专用料 mPE2018、超高分子量聚乙烯锂电池隔膜专用料 VH50S、超高分子量聚乙烯锂电池隔膜专用料 UH100P、茂金属无规透明聚丙烯 MPR15I、高固含量羧基丁腈胶乳 XNBRL260、官能化溶聚丁苯橡胶 SSBR2564SF、双峰高强膜专用料 ZS9565F 以及特种丁腈橡胶 NBR2805G 等。

完善炼化科技创新体系，建立创新成果管理新机制。完善三级科技创新体系，本批计划包括集团公司科技管理部委托炼化新材料公司管理的重点项目、直属科研院所以及炼化企业承担的炼化新材料公司科技项目，由此构成集团公司、炼化新材料公司、炼化企业三级科技项目，形成突出特色、优势互补、分工协作的技术创新新格局。支持新建科研院所，新建上海新材料研究院和深圳新能源研究院，为集团公司党组做出的重大战略部署。上海新材料研究院已经开展 5 个新材料研发，同时也布局氢能业务相关生产技术研发项目。对集团公司考核的研发投入指标进行分解落实，制定并印发《炼油化工和新材料分公司研发（R&D）投入管理指导意见》，明确新材料、新产品、工业化试验、首台套应用、数字化转型等五项费用归集研发投入的实施细则，确保考核指标完成。开展新产品增效奖励工作，印发《关于申报推荐 2022 年化工新产品开发推广奖励的通知》，在前几年推优评选基础上，持续开展 2022 年底，度新产品开发推广的奖励工作，极大激发新产品开发积极性和创新性。截至 2022 年底，申报炼化技术专利848件（发明831件、实用新型14件），授权267件（发明232件，实用新型34件）。获得国家专利优秀奖1项，获得集团公司专利优秀奖4项。

（王桂轮）

【信息化管理】 2022年，重点开展数字化转型试点实施工作，完成第一批、第二批数字化转型试点项目可行性研究报告评审，推进长庆乙烷制乙烯、塔里木乙烷制乙烯、广东石化等新建企业智能炼厂建设工作，深化信息系统应用，推动"三流合一"及信息孤岛治理工作。

6月30日，长庆乙烷制乙烯智能工厂建设项目通过验收。打造具有全厂优化、实时跟踪功能的管控一体化体系。智能化工厂以MES系统为核心，全面感知生产状态，实现装置安全受控、操作最优、计划调度协同、生产管控闭环管理，确保生产经营方案能自上而下得到有效执行和反馈。

塔里木乙烷制乙烯智能工厂建设项目规划建设32个子系统，涵盖生产经营、供应链、生产管控、安全环保、基础设施等业务，2022年6月完成竣工验收。在流程模拟及优化系统中，完成40多个应用分析，消除生产瓶颈、提升目标产率；在三维数字化工厂中，录入400万余个三维模型节点，700余张智能PID图纸，2.5万余份文档，建立关联关系15万条，构建起覆盖生产运营各重要环节的数字化管理能力。

广东石化全厂智能化项目包含34个信息系统，30个系统进入试运行阶段。项目建设严格按照"三同时"要求推进，随着装置试车投料生产，生产运行类系统同步打通全厂计划调度一体化、生产管控一体化业务流程，建立以MES为核心的全厂生产运行平台，初步建立"班跟踪、日平衡""自上而下的生产协同优化一体化管控"模式；搭建以ERP为核心的经营管理平台。

开展信息系统深化应用，形成33项深化应用工作，完成30项，信息系统应用不断深入，为炼化业务改革创新、高质量发展的支撑作用日益显著。

2022年4月21日，炼化新材料公司召开数字化转型试点方案讨论会，会议讨论独山子石化、广西石化、四川石化、云南石化及长庆石化数字化转型方案，推进数字化转型工作。

2022年5月26日，"中油e化"平台正式上线运行，统销化工品均实现线上销售，华北化工销售完成自动结算功能试点应用，助力化工销售公司数字化转型。

2022年6月，按照《关于开展集团公司信息系统安全稳定运行情况检查工作的通知》要求，开展炼化信息系统安全稳定运行情况检查，确保信息系统数据安全、网络安全和应用安全。

2022年8月4日，组织召开炼化"工业互联网+安全生产"平台建设工作视频会议，研究建设炼化新材料公司和地区公司两级安全生产风险智能化管控平台，形成安全环保专业工作平台，集成内容包括基础安全信息、双重预防、重大危险源管控、作业许可、人员定位、智能巡检等6项功能。在华北石化进行先行试点。

2022年8月30日，组织独山子石化等6家试点单位召开炼化业务数字化转型试点实施工作推进会（视频）。兰州石化数字化转型项目组汇报数字化转型试点企业工作进展、炼化业务数字化转型技术导则情况和兰州石化数字化转型试点建设成果推广计划。数字和信息化管理部和炼化新材料公司结合讨论内容及进展情况提出加快高质量推进数字化转型的工作要求。

2022年10月26—28日，在完成第二批数字化转型试点项目可行性研究报告预审后，委托咨询中心组织召开独山子石化等5家炼化企业数字化转型智能化发展试点建设项目可行性研究报告评估会，完成独山子石化、广西石化、四川石化、云南石化及长庆石化数字化转型智能化发展试点建设项目可行性研究报告评审。

2022年10月，按照集团公司安排，炼化新材料公司坚决守住不发生重大网络安全事件的底线，全面构筑安全运行体系，为党的二十大胜利召开做好网络安全保障工作。开展系统自查、专项检查、风险排查和专项加固等，加强系统安全巡检和监测，执行每日"零报告"制度和7×24小时值班制度，完成网络安全保障工作任务。

2022年3月开始，推进信息孤岛治理工作，34家企业中，需要集成数据的自建系统141个，完成56个、开展集成38个、停用11个，其他由于等保不符合条件、准备在数字化转型中统一集成等系统36个。

效益测算试点全面上线运行。效益测算系统在独山子石化、大庆石化、吉林石化完成试点应用，测算利润较实际利润差异率在1%以下，为企业应对复杂多变的市场环境，实现企业利润最大化提供有力工具。

实现炼化企业与化工销售公司产销协同。推进内部购销结算流程一体化、自动化流转，实现上下游"三流合一"，自动生成ERP发票预制单，打通优化产销衔接。

（李志良）

【专业技术培训】 调研各炼化公司业务需求，开展专业技术培训。2022年，举办培训项目9个，培训人数1727人。根据专业需求和工作重点，有效规避新冠肺炎疫情，利用6月到12月的可用时间，举办工程建设管理高级培训班（106人）、炼化企业设备人员状态监测培训班（215人）、碳达峰碳中和培训班（93人）、炼化企业继电保护和运行技术培训班（45人）、设备腐蚀和防护技术培训班（105人）、机电保护技术高级研讨班（52人）、仪表工程师专业技术培训班（78人）、转动设备长周期运行管理技术培训班（83人）、化工业务培训班（983人）等9个培训班。工程建设管理高级培训班和化工业务培训班是根据炼化业务发展人才需要增加的项目，培训内容直击要点，剖析管理痛点，对炼化业务高质量发展起到良好的推动作用。

做好培训专业体系审核工作。按照集团公司和炼化新材料板块《关于开展2022年下半年炼化企业QHSE体系审核的通知》要求，2022年8—11月，培训专业组落实"一体化、差异化、精准化"审核原则，结合专业管理重点和年度培训工作要点，确定培训计划执行情况、事故事件整改情况、安全生产培训"走过场"专项整治、全员取证培训工作、企业全员履职能力评估情况、培训效果评估和制度建设等五项审核重点内容和对应的审核标准。28家生产企业根据审核标准和审核重点开展QHSE体系内核。12月，专业审核组对企业的内审情况进行书面审核，对典型问题进行分析，督促企业做好整改，促进培训工作的提升。

督导地区公司抓好新建项目人员培训工作。按照炼化新材料公司统一安排，对广东石化炼化一体化项目人员培训和取证情况进行督导确认，要求企业根据新建装置特点和开工时间节点，组织制订、完善员工培训计划并组织实施，督促取证工作的落实。

技能竞赛工作有序推进。落实集团公司2022年初下发的竞赛计划，配合人力资源部做好2022年催化裂化工（中国石油主办的国家级大赛）、催化重整操作工（集团公司一类）、裂解汽油加氢装置操作工（中国石化主办）、硫回收操作工（中国石化主办）竞赛的专业技术工作。在裂解汽油加氢装置操作工竞赛中，中国石油取得2金、2银、2铜的成绩，其中独山子石化金牌选手袁江龙被授予"全国技术能手"称号；在硫回收操作工竞赛中，中国石油取得3金、5银、3铜的成绩，其中独山子石化金牌选手雷雨被授予"全国技术能手"称号。

（于晶华）

商储油业务

【概述】 商储油储存、购销、借还和商储设施租赁，以及国家商业储备任务由中国石油天然气集团有限公司商业储备油分公司（简称商储油分公司）承担。2022年，商储油分公司深入贯彻落实习近平总书记"能源的饭碗必须端在自己手里""确保粮食、能源资源、重要产业链供应链安全"等重要指示精神，坚持以依法合规管理为基础，紧紧围绕集团公司的专业化发展、市场化运作、精益化管理、一体化统筹的治企准则，牢固树立精益管理思想，实施低成本发展不动摇，立足经营管理出效益，切实把集团公司关于经营上精打细算、管理上精雕细刻的要求落到实处，为集团公司的整体创效和相关炼化企业的平稳运行做出积极的贡献并取得较好的经营业绩。

【经营管理】 2022年，商储油分公司盈利2.06亿元，同比增加2亿元。全年购销总量391万吨，其中经营性采购原油41.5万吨、销售原油141.1万吨，效益17.1亿元。

抢抓时机，采购原油补库。9月初油价跌破90美元/桶，采购原油13万吨；12月初油价再次下跌，采购原油27万吨，到岸价格低于80美元/桶，分别低于全年均价9美元/桶和19美元/桶。

提高站位，发挥保障服务作用。强化与炼化企业配合，为降低炼化企业库存和将份额油留在炼化新材料板块内，代炼化企业采购原油199.3万吨，其中配合广东石化开工，代采原油110.9万吨；落实集团公司要求，配合平衡西部资源，在高油价情况下，独山子商储库收储7.6万吨，同时为增加下游炼厂加工资源保障能力，在四川商储库收储30万吨；借出原油41万吨，为炼化企业加工资源提供有力保障。

借助政策利好，解决留抵难题。商储油分公司深入研究增值税期末留抵退税政策，与税务局对接，争取到政策支持，2022年7月12日完成留抵退税工作，退税金额46.13亿元；为落实集团公司降本增效要求，商储油分公司通过与昆仑信托公司沟通谈判，将贷款年利率由3.915%降至3.33%，降幅15%。两项工作共计节约财务费用2.6亿元。

严抓合规经营，推进取证工作。全力按照既定时间节点，组织受托企业办理商储库工商注册和单独办理危险化学品经营许可证，其中内部托管9家商储库全部完成工商注册，取得危险化学品经营许可证。委托国家管网集团管理的4个商储库，全部完成工商注册，林源库已取得危险化学品经营许可证，有序推进剩余3个商储库取证工作。

履行GC管理职责，发挥专业优势。为落实集团公司对受托管理的GC业务"提水平、上台阶"的要求，2021年11月商储油分公司代表集团公司对GC业务统一管理后，短时间内理顺工作流程，厘清各方职责，克服密级高风险大、人员配备不足、政策重大变化等诸多问题，快速进入角色，履行职责。按财政部新下发文件要求，与国家石油储备中心联系沟通，申请GC财政补贴资金20亿元。配合国家石油储备中心和集团公司质量健康安全环保部完成GC基地库存原油的盘点工作；参与研究广东惠来国储库交钥匙时间节点及提出大连和广西420代储库原油移库预备方案；参与研究新设五大储备基地的选择、可行性研究；参与研讨新增国储项目及扩建方案的研究。

（刘如杰）

【设备与安全管理】 2022年，商储油分公司深入学习贯彻落实习近平总书记关于安全生产工作重要指示精神和集团公司党组决策部署，以"时时放心不下"的责任感，严格落实国务院安全生产"十五条硬措施"和"六个必须"要求，严格执行新冠肺炎疫情防控规定，牢牢守住"两条底线"，强化风险管控，全力维护中国石油储备业务安全平稳大局，切实履行自身肩负的职责使命。

抓基础管理，突出上级部门要求落实。紧跟国家要求，强化安全环保政策宣贯，国务院、应急管理部关于石油库、危险化学品、重大危险源的相关要求，第一时间组织学习、落实；履行安全环保监管职责，迎接国家专项督导检查；与受托企业签订《安全管理协议》，明确双方职责与义务；结合新冠肺炎疫情防控新形势，采取商储油分公司带队审核、储备库交叉互审、受托企业内审等形式完成上下半年体系审核；完成雷电预警、可燃气体、视频监控、紧急切断"四个系统"升级改造，整改销项安全风险评估问题593项；建设安全风险智能化管控平台，完成第一阶段任务，储备库感知、监测、评估、预警、处置安全风险的能力得到有效提升；结合国家、集团公司环保管理要求，编制《油气储存基地环保对标排查指南》，对标排查形成"一库一清单"。

人员培训突出业务骨干全员参与。落实政府监管要求，每季度参加1次北京市应急管理局的安全培训考试；围绕储备库管理特征，每季度召开安全环保专题会议，分享管理经验，部署重点工作；开发在线培训系统，考试抽查覆盖储备库全部管理技术人员及班组长；构建事故场景，拍摄储罐密封初期火灾登罐灭火演练视频，从信息报告、岗位响应、现场处置、应急支援、响应终止等方面模拟事故处置过程，指导库区日常演练。

储罐大修突出检修质量安全管控。在 RBI 检验基础上，将检修资源优先用于高风险储罐，2022 年检修储罐 20 具；强化检修过程风险管控，重点突出"生产运行交检修"与"检修交生产运行"两个界面、物料介质处置和能量隔离、承包商与施工作业管控三个方面；充分考虑产品国产化、经济性、稳定性和安全性等方面要求，对中央排水管、储罐密封进行集中采购，管控关键物资质量，保障后续运行；开发防腐蚀、耐盐雾、耐候、抗冲击环保型高性能防腐材料，解决沿海储罐腐蚀问题，在大连、锦州商储库应用效果较好。

专项工作突出重点安全风险管控。梳理防雷防静电检查标准，完成商储库、国储库防雷防静电专项检查，提出整改建议 416 项，编制防雷防静电标准图集，推进整改标准化；开展电气设备安全专项检查，制定解决方案，弥补电气专业管理短板；抓国储管理，突出专业指导业务协调，将国储业务纳入一并管理，协调大连国储、冀东商储、大港商储技术骨干参与国储可行性研究、建设、投产方案审查，完成已建、在建国储库上下半年专项体系审核和专业培训。

（王金龙）

第二部分

新 材 料

【概述】 2022年，炼化新材料业务加强顶层设计，部署安排优化区域发展布局和业务发展规划，加大新材料研发力度，提高新材料产量，推进新材料重点工作。构建炼化新材料公司和地区分公司两级"领导小组＋事业部＋项目组"一体化工作格局，按照完善规划、项目建设、合资合作、工业试验、研发攻关、新产品开发等环节，落实新材料业务提速工程。构建三级科技创新体系，加快科研攻关，加快科技成果产业化，日本新材料研究院挂牌成立，上海新材料研究院启动研发项目。医用聚烯烃、SSBR、PETG、负极焦等多个产品形成工业产能，新材料业务提速工程取得显著成果。

【规划编制】 2021年集团公司研究制定《"十四五"新材料业务发展规划》，在7个主要方向开发26种新材料，主要包括工程塑料、功能性合成树脂、高性能合成橡胶、特种纤维、高端碳材料、生物可降解材料、专用化学品。2022年进一步研究滚动规划，坚持"有资源、有市场、有技术、有人才、有竞争力"原则，整体推进化工产业向高端化、规模化发展，推进产业链向新能源材料延伸，有序布局生物基及可降解材料产业链向绿色低碳转型，滚动新增电子级碳酸酯、超级电容炭等12种高端材料开发。按照集团公司的要求，围绕"延链、强链、补链"要求，指定产业优势比较明显的地区公司承担牵头任务，提供技术和运营方面的支持服务，努力打造ABS、丁腈橡胶、溶聚丁苯橡胶、乙丙橡胶、PETG等一批"产品巨人"。

【项目建设】 2022年，辽阳石化采用自主技术建设的2万吨/年1,4-环己烷二甲醇（CHDM）工业试验装置一次开车成功，利用自产CHDM单体原料实现PETG共聚酯9个系列牌号产品的连续稳定生产，成为全球第三家、国内第一家生产企业。兰州石化采用自主技术建设3.5万吨/年特种丁腈橡胶装置一次开车成功，成为国内最大、全球前三的丁腈橡胶生产企业。吉林石化碳纤维装置改造完成，转入正常生产，开发出高品质新产品。开展独山子石化官能化溶聚丁苯橡胶、兰州石化医用料及高端电子保护膜料改造、超纯净超高压电缆基础料生产装置改造等多套建设项目。完成辽阳石化10万吨/年碳酸乙烯酯及5万吨/年碳酸二甲酯工艺包及可行性研究初稿编制和内部审查。POE中试装置完成详细设计审查、厂房桩基施工检测和长周期设备制造。河南盛源聚碳酸酯合作项目实现装置开车。天野化工聚甲醛项目实现复工复产。

【研发攻关】 2022年，按产品线梳理自主技术的成熟程度，进行技术水平分析，明确需要继续攻关的内容。医用聚烯烃、溶聚丁苯橡胶、负极焦等多个产品已形成工业产能；下步重点提升ABS、茂金属聚烯烃、POE等生产能力。按照"高端提升一批,加快开发一批,重点储备一批,超前探索一批"的原则,结合"十四五"新材料产业部署,配套数十项科技攻关项目,为加快规划实施提供技术支撑。其中,多项重点培养项目取得进展,茂金属聚乙烯完成2次工业试验,磷酸缓冲盐溶液(PBS)完成千吨级中试。

【新材料生产】 2022年,生产新材料85万吨,其中功能性合成树脂47万吨、高性能合成橡胶24万吨、高端炭材料13万吨、特种纤维和专用化学品1万吨。具体生产企业及产量为:独山子石化28万吨,兰州石化23万吨,锦州石化14万吨,吉林石化10万吨,辽阳石化9万吨,大庆石化1万吨。茂金属聚烯烃、医用聚烯烃产品持续增产上量,高端炭材料、电子级化学品实现突破。

【新产品开发】 打造以顶层设计为基础的新产品开发"产研销用"一体化机制,做好问题分类和工作分工。2022年,研究单位重点解决工艺、催化剂、高端产品等根本问题,一般问题由生产企业攻关解决。新产品开发进度加快,牌号数量有较大提升,开发化工新产品119个牌号84万吨,其中聚乙烯39个牌号54万吨、聚丙烯42个牌号19万吨、橡胶20个牌号1万吨、ABS及其他产品18个牌号10万吨。首次试产60个新牌号,产品结构持续改善,部分高端产品进入市场,其中锂电池隔膜聚乙烯专用料工业化应用取得成功,在合作单位工业生产线进行隔膜试制,制品发往下游电池厂家进行下一步测试。

(朱光宇 刘晓舟)

第三部分

炼化与新材料企业概览

中国石油天然气股份有限公司大庆石化分公司
（中国石油大庆石油化工有限公司）

【概况】 中国石油天然气股份有限公司大庆石化分公司（中国石油大庆石油化工有限公司）简称大庆石化，是股份公司的地区分公司，前身是1962年成立的黑龙江炼油厂。2022年底，有二级单位25个，员工1.9万余人，生产装置、公用工程及辅助设施171套，可生产64个品种502个牌号的产品。炼油加工能力1000万吨/年，乙烯生产能力120万吨/年，合成氨45万吨/年，尿素80万吨/年，聚乙烯111万吨/年，聚丙烯10万吨/年，丙烯腈8万吨/年，丁辛醇20万吨/年，苯乙烯19万吨/年，ABS 10.5万吨/年，顺丁橡胶16万吨/年，腈纶丝6.5万吨/年。截至2022年，累计加工原油3.01亿吨，生产乙烯2213.59万吨，完成工业总产值9635亿元，累计营业收入10419亿元，累计上缴税费1327亿元。

2022年，大庆石化公司坚决执行集团公司党组各项决策部署，精准抵御新冠肺炎疫情冲击，有效应对"五年一修"带来的风险挑战，统筹推进生产经营、安全环保、改革发展等各方面工作，高质量发展取得新成效。全年加工原油791.95万吨，生产乙烯128万吨，乙烯产量连续7年过百万吨；营业收入654.84亿元、上缴税费99.88亿元；上市业务净利润0.2亿元、利润总额0.27亿元；未上市业务控亏1.33亿元，同比减亏6.4亿元，账面利润减亏下降83%，创历史最佳业绩。

【生产运行】 2022年，大庆石化统筹协调原料资源，加大管输轻烃、石脑油进厂力度，打通锦州石化、锦西石化石脑油互供渠道，原料结构持续优化。坚持"大平稳出大效益"，以强化专业管控为抓手，编制完成《调度手册》，规范操作变动预约管理，统筹开展技术攻关和防泄漏专项行动，高效完成32套装置窗口检修，优化储罐运行，彻底停用储罐208座，深化达标对标管理，推进"冬季九防"落实落地，执行三级以上操作变动2813项，主要生产装置操作平稳率99.81%，常减压（一）等17套装置创造长周期运行新纪录，21项主要物耗能耗指标创历史最好水平。开展长周期运行攻关，完善设备专业 KPI 体系，推广智慧平台机泵管理模块应用，深化"两治理一监控"，推进无泄漏装置创建，统筹仪表、电气、抗晃电、防腐蚀管理，A+B 区运行机泵占比 100%，静密封点泄漏率同比下降 0.153‰。突出炼化一体优化调整，连续重整等炼油创效装置高负荷运行，"三苯"产量同比增加 7 万吨；落实柴油保供要求，柴油产量超计划 21 万吨。优化化工装置运行，动态调整乙烯负荷，阶段性停运乙苯脱氢等低效益装置，保持尿素装置长周期连续生产，实现上下游效益最大化。加强产运销整体协同，打通柴油对蒙古国出口流程，同步做好石油焦、19G 产品推价等工作，保障产业链顺畅运行。

大庆石化主要生产经营指标

指　　标	2022 年	2021 年
原油加工量（万吨）	791.95	807.97
汽油产量（万吨）	182.82	195.29
柴油产量（万吨）	162.5	147.1
航空煤油产量（万吨）	21.31	27.53
乙烯（万吨）	128	135.9
丙烯（万吨）	79.19	85.93
ABS 树脂（万吨）	11.37	11.59
丁辛醇（万吨）	20.25	22.58
聚乙烯（万吨）	125.4	132.6
聚丙烯（万吨）	10.65	12.05
顺丁橡胶（万吨）	15.88	17.34
合成氨（万吨）	47.34	45.85
尿素（万吨）	42.28	31.27
资产总额（亿元）	236.02	218.79
营业收入（亿元）	654.84	596.32
利润（亿元）	-1.06	35.38
税费（亿元）	99.88	91.49

【安全环保】 2022年,大庆石化落实"一岗双责"与安全履责"四项原则",深化"四查四提升"活动,逐级签订安全环保责任书1655份,梳理安全生产责任清单1.76万项,安全生产记分5900余人,构建"1+1+N"安全能力评估模型,开展履职能力评估1955人次,安全责任实现全覆盖。一体化推进HSE内审、安全生产大检查、"四不两直"监督检查,发现问题9500余项,问题整改率93.2%,未整改问题全部纳入隐患治理项目。迎接国家、黑龙江省、大庆市安全大检查8次,问题整改率91%,安全生产治理能力不断增强。践行"防大风险、除大隐患,确保不发生大事故"理念,推进双重预防机制建设,辨识安全风险2.8万项,投入3.8亿元,陆续治理重点领域安全隐患71项,制定《风险作业分级管控实施细则》,发布高风险作业标准化模板21个,修订安全管理制度8项,清退不合格承包商2家,本质安全水平持续提升。组织开展3轮生态环境风险排查,治理环保隐患74项,强化排污许可管理,二氧化硫、氮氧化物排放量分别同比下降13.73%和12.37%,规范处置危险固废21.4万吨,污染防治突出问题显著改善。有效应对新冠肺炎疫情冲击,坚持把员工群众生命健康安全放在首位,落实"四早"要求,压实"四方责任","内防扩散、外防输入",坚持"人、物、环境"同防,派出14支党员突击队支援龙凤区防疫工作,特别是在40多天的封闭运行期内,大庆石化因时因势优化防控措施,最大程度保护员工群众生命安全和身体健康,最大限度减少疫情对生产经营的影响,合力打赢疫情防控"持久战"。

【科技创新】 2022年,大庆石化坚持事业发展、科技先行,编制完成龙江地区炼化企业转型升级、"双碳"方案、能效提标等专题规划项目7个,承担科技开发项目37个,乙烯—辛烯共聚工业试验等4个集团公司科技专项通过审查,CCUS(二氧化碳捕集、利用与封存)重大科技专项完成1.0版二氧化碳捕集工艺包设计,企业创新主体作用充分发挥。以项目建设推动结构转型升级,乙烯装置脱瓶颈及下游配套、20万吨/年ABS、40万吨/年高浓度二氧化碳回收等结构优化项目建设全面踏上计划进度,热电厂100万吨/年烟气低浓度二氧化碳捕集项目完成可行性研究初审,为绿色低碳转型发展提供项目支撑。加大科技成果转换力度,完成QL585P、MPEF1810、UH060P等10项专用树脂开发,放大2820D、19G等高效新产品56.86万吨,生产地热管材、箱包板材等7项新材料2.2万吨,有力支撑产业增值创效。推动主营业务数字化转型、智能化发展,昆仑ERP系统成功单轨运行,开创国产ERP在大型企业应用的先例。

【提质增效】 2022年,大庆石化严格落实"四精"要求,打造提质增效"升级版"。优化提质增效及亏损企业治理方案,召开专题会议19次,推动落实提质增效项目576项，动态跟踪公司级投资项目20个，累计增效5.02亿元。加强原料价格和加工效益测算，协调管输轻烃、天然气原料定价，动态调整丙烷、散烃等高成本原料进厂时机，原料成本下降7000余万元，实施E3装置乙烷单独裂解、增加高效产品收率等措施，生产优化增效1.58亿元。坚持市场化创效方向，按需调控成品油产量，动态调整PE结构，增产石油焦、芳烃、1-己烯、腈纶等高附加值产品7.06万吨，产品优化创效0.74亿元。坚持低成本发展战略，加大低效无效资产处置力度，收储盘活闲置土地，争取保险、财税等政策红利落地，成本费用同比降低1.13亿元。加强现金流量管理，压降"两金"占用，开展平库利库和代储采购，节约采购资金0.15亿元；降低应收账款规模，累计清欠1.4亿元。加强能源结构优化，节能2.6万吨标准煤、节水46.6万吨。强化工程项目前期造价管理，深化工程建设项目审计，累计审减金额0.58亿元。

【企业改革】 2022年，大庆石化推进国企改革三年行动，提前完成45项改革任务，有效激发活力动力。优化组织体系，统筹推进3个生产单位扁平化试点、8个非生产单位"大部门制"改革，压减三级机构60个、定员编制1800余人，员工总量净减1200余人，组织运行效率进一步提升。深化未上市托管业务改革，编制《未上市托管业务深化改革方案（2023—2028）》，推动信息化业务与昆仑数智专业化重组，助力集团公司炼化业务数字化转型、智能化发展。加大亏损企业治理，建立以"两利四率"为主要内容的业绩指标体系，签订外部战略合作协议5份，设备制造合同单笔达到5800万元，信息技术业务外部市场合同额同比增加近3000万元，机械厂、检测公司通过国家高新技术企业认定，装置检修保运业务拓展至西南、内蒙古等区域，2022年经营性企业累计盈利0.67亿元，同比增加0.22亿元。"四供一业"、市政设施、文体服务、学前教育、离退休管理等国有企业办社会职能剥离改革任务全部落地，签订协议50余份，分流安置3800余人，成立服务保障中心，全面进入生产装置服务序列。强化依法合规治企，开展违法违规和主要风险问题合规排查，合同合规审查率、专业招标率实现"两个100%"。

【企业党建工作】 2022年，大庆石化全面开展党的二十大精神宣贯活动，两级党委理论学习中心组专题学习111次，开展宣讲活动393场次，推动党的二十大精神落地生根。推进党建"三基本"建设和"三基"工作有机融合，高质量完成党建工作责任制考核评价，以及党组织书记抓党建述职评议考核，开展"党员先锋岗""党员突击队"等主题实践活动，通过"横班设置党小组"加强基层党组织建设，党支部战斗堡垒和党员先锋模范作用充分发挥。坚持正确选人用人导向，制修订《二三级干部选拔任用补充要求》等制度14项，二级干部队伍平均年龄49.3岁，新提职二级干部中"学专业干专业"人员占比83.3%，干部年龄结构、专业结构持续优化。突出人才价值提升，推进专业技术岗位序列改革和职称制度改革，累计完成重点培训152个班次，潘大龙、于文忠工作室分别获"黑龙江省技能大师工作室"和"集团公司劳模创新工作室"称号，有效保障人才接替需要。深入推动全面从严治党，强化主体责任与监督责任贯通协同，深化以案促改。开展巡察"回头看"，发现问题49项，实现"全覆盖"；组织专项监督检查14项，发现各类问题174项。加固中央八项规定堤坝，整治发生在员工群众身边的不正之风，一体推进"三不"。开展"转观念、勇担当、强管理、创一流"主题教育活动，组织形势任务教育宣讲，举办劳模事迹报告会，广泛开展解放思想大讨论，深化岗位实践活动。落实意识形态工作责任制，完善思想政治工作制度体系，推进企业文化和思想政治工作课题研究，组织建厂60周年主题宣传，举办公众开放日活动，对外发表理论文章和重要报道300余篇。举办"青马工程"培训、"青工岗位活流程"大赛等活动，加快青年成长成才步伐。各级党组织聚焦效益"大战"和新冠肺炎疫情"大考"，全力服务企业中心工作，积极构建和谐劳动关系，为每名员工增加门诊报销额度2000元，发放各类帮扶资金2000余万元，全员健康体检费用同比增加1500万元。强化重点时期信访维稳和舆情管控，及时化解不稳定因素，开展平安建设，企业发展大局保持稳定。

（钟国强）

中国石油天然气股份有限公司吉林石化分公司（吉化集团有限公司）

【概况】 中国石油天然气股份有限公司吉林石化分公司（吉化集团有限公司）简称吉林石化，办公地点位于吉林省吉林市。前身是吉林化学工业公司，是国家"一五"期间兴建的以染料、化肥、电石"三大化"为标志的第一个大型化学工业基地。1954年开工建设，1957年建成投产。1998年划归集团公司，1999

年重组为中国石油吉林石化公司、吉化集团公司,2000年吉化集团公司与吉林石化公司正式分立运行,2007年吉林石化公司与吉化集团公司整合管理。2010年集团公司授权吉林石化对吉林燃料乙醇有限责任公司实施一体化管理。吉林石化作为新中国化学工业长子,新中国的第一桶染料、第一袋化肥、第一炉电石诞生在这里,创立60多年来,逐步成为千万吨级炼化一体化生产基地,为中国化学工业和国民经济的发展做出突出贡献。2022年底,吉林石化原油加工能力1000万吨/年、乙烯生产能力85万吨/年、燃料乙醇生产能力70万吨/年,有炼化生产及辅助装置130余套,主要分为炼油、乙烯、丙烯、碳四、芳香烃、合成氨、燃料乙醇等产品链,可生产汽油、柴油、航空煤油、聚乙烯、ABS、丙烯腈、乙丙橡胶、丁苯橡胶、甲基丙烯酸甲酯等115种主要石油化工产品。2022年底,设有15个业务部门、6个直附属机构、32个基层单位;在册合同化员工1.76万人;公司总资产289.6亿元,资产负债率34.8%。

吉林石化主要生产经营指标

指　　标	2022年	2021年
原油加工量（万吨）	900.53	784.05
乙烯产量（万吨）	80.87	77.30
汽油产量（万吨）	189.36	180.74
柴油产量（万吨）	265.96	195.30
航空煤油产量（万吨）	22.11	27.26
合成树脂产量（万吨）	116.1	107.23
合成橡胶产量（万吨）	15.63	16.18
资产总额（亿元）	289.6	280.6
收入（亿元）	706.1	570.1
利润（亿元）	5	37.5
税费（亿元）	119	107.2

2022年,吉林石化坚决贯彻落实党中央"疫情要防住、经济要稳住、发展要安全"总要求,高效统筹新冠肺炎疫情防控、生产经营和转型升级"三条主线",推进落实"党的建设深融入、安全环保夯根基、提质增效再攻坚、转型发展高质量、改革创新取实效、基础管理强规范、作风建设新气象"七大任务,有力应对超预期困难考验。全年加工原油900.53万吨、生产乙烯80.87万吨;

完成现价工业总产值 733.32 亿元、同比增长 21.94%，主营业务收入 706.1 亿元，实现税费 119 亿元，利润 5 亿元。吉林石化被评为中国石油 2022 年度"先进集体""平安企业""质量安全环保节能先进单位"，被集团公司认定为第三批"创新型企业"。

【生产运行】 2022 年，吉林石化突出预知性生产及维修，高效组织生产调整 157 项、预知性检修消缺 67 项，运行平稳率 99.87%，主要装置运行天数 7279 天。开展以"炼油装置优化运行、两套乙烯装置高效运行"为核心的炼油乙烯联合优化攻关，最大能力加工俄罗斯原油，掺炼比例最高达到 48%、平均达到 45%，创历史最高水平；成功调和国ⅥB 标准车用汽油、提前 7 个月投放市场；增产增销石油焦、船用燃料油、焦化蜡油等炼油特色产品 62.3 万吨，同比增长 57%；乙烯裂解原料实现品质提升与自给自足，大乙烯装置实现满负荷运行及分储分裂；乙丙橡胶产量首次突破 6.3 万吨、同比增长 13.4%。

【设备管理】 2022 年，吉林石化聚焦聚堵、腐蚀、泄漏、失效等影响装置长周期稳定运行瓶颈，治理联锁、工艺报警、机电仪等短板，机泵平均故障间隔时间同比增加 18 个月，自控率同比提高 1.27 个百分点。以技术攻关和专业化管理为抓手，提高驾驭装置能力，实施乙烯裂解炉改造及分储分裂等技改项目，破解大乙烯装置夏季运行瓶颈实现满负荷生产，乙烯收率同比提高 0.127 个百分点，丙烯纯度由 96.5% 提高至 99.3% 以上；9 号裂解炉实施"雨滴型炉管"改造后，运行周期由 60 天延长至 90 天。针对腐蚀泄漏高风险，分轻重缓急制订治理方案，开展腐蚀隐患治理三年攻坚行动，累计完成 9600 米管廊钢结构除锈防腐，修复 12.5 万米管线保温外防护层、厂区破损道路 1.4 万平方米，拆除废旧管线 5 万米，现场锈迹斑斑、低老坏问题得到有效改善。

【计划优化】 2022 年，吉林石化落实财务—计划—生产—营销"四位一体"生产经营计划管理，实施优化攻关 80 余项、增效 1.5 亿元。优化生产组织，围绕"炼化一体化、效益最大化"，搭建"揭榜挂帅""十大技改攻关"平台，开展炼油乙烯联合攻关，炼油综合商品率提高 0.31 个百分点，加工损失率下降 0.1 个百分点；实施Ⅰ柴、Ⅲ柴、顶循增产石脑油等改造，年减少乙烯裂解原料外采量 20 万吨以上。根据乙烯及丙烯下游产品效益和市场情况，组织小乙烯装置停车治理隐患，环氧乙烷等装置阶段性停产，动态调整丙烯腈系列装置生产负荷和检修停开车时间，优化增效上亿元。

【安全环保】 2022 年，吉林石化牢固树立"安全压倒一切、一切服从安全"安全管理思想，开展全员安全思想大反思大整顿，坚决"不带隐患搞生产"，全年未发生 C 级及以上事故。认识"现场作业是突出风险，操作作业是最高风险"，加大"两零"（作业零风险、管理零缺陷）管理，完善警示约谈、全员记分等考核问责机制，确保3.3万项作业安全受控。深刻吸取同行业事故教训，制订安全生产管控方案，整改问题和隐患2547项。坚持点源治理、源头攻关、系统治理、项目支撑，将环保装置作为生产装置管理、把排放指标作为产品质量管控，5项主要污染物均大幅下降，环保排放全部达标。开展挥发性有机物（VOCs）管控能力提升百日专项行动，10项VOCs合规问题全部销号，VOCs同比减排26%；45套装置创成"无异味装置"、创建率66%。

【节能减排】 2022年，吉林石化树牢节能是"第一能源"理念，提高全过程成本管控能力，开展"管理、技术、费用、指标"对标，强化物耗能耗全过程管控，172项重点消耗指标中137项同比改善，炼油单因耗能、乙烯综合能耗达到能效基准水平；水、电、蒸汽、氮气消耗总量分别同比下降5.8%、9.2%、7.05%和2.6%，减少煤炭消耗2.9万吨，长期停运一套空分装置。聚焦"双碳"（碳达峰与碳中和）目标，动态完善碳达峰实施方案，摸清碳排放底数，准确定位降碳关键环节，通过优化燃料结构等措施，碳排放量同比降低30万吨。

【挖潜增效】 2022年，吉林石化坚持低成本发展，推进落实23项成本压降专项管控措施，可控费用同比下降3%，"五项"费用同比下降39.7%；推进资金优化，节约财务费用1.25亿元，未上市有息债务实现"零余额"。优化库存结构，实施低库存策略，从"管库存"向"管价值"转变，原油及产成品库存降到20万吨、不含煤炭总库存控制在45万吨，停运储罐53台、腾退库容32万立方米；库存物资规模压降5%，网点库数量由209座减至10座，库房数量，库存物资占用由1.73亿元降至0.69亿元。紧盯国家抗击新冠肺炎疫情和复工复产系列政策，节约成本费用1.2亿元；依法合规组织报废资产拆除拍卖，实现处置增效5000多万元。

【维稳安保】 2022年，吉林石化坚持以人民为中心的发展思想，巩固新时代"枫桥经验"成果，全心全意依靠员工办企业，保障员工主人翁地位，生产生活条件和福利待遇持续改善，赢得员工群众的广泛支持与理解信任，提升维稳信访保障能力。丰富拓展"我为员工群众办实事"实践活动，解决"急难愁盼"问题3943个；协同发挥帮扶救助保障机制作用，救助困难人员1.8万人次。抓实安防达标建设，6处重点安保防恐目标通过省市达标认证，创成平安企业。

【转型升级】 2022年2月8日，总投资339亿元的中国石油吉林石化炼油化工转型升级项目全面启动，项目主要包括新建120万吨/年乙烯等21套装置、改造7套装置及其配套工程。2022年9月25日，西部区域丙烯腈装置率先开工；11月12日，核心装置120万吨/年乙烯装置正式开工；12月27日，中部区域乙丙橡胶装置开工。

【科技创新】 2022年，吉林石化锻造研发硬实力，突出研究院主体地位，将4个研发中心划归研究院管理，全面加强科研专业化管理水平；申报承担国家ABS原创技术策源地建设，通过国家论证评审。深化"产销研"协同、"产学研"合作，开展聚烯烃等新产品市场开发和技术服务，与知名高校和代表性用户合作开展上下游科研开发，组建创新联合体、联合实验室5个。统筹推进"双新"（新能源与新材料），成立新能源新材料业务发展领导小组及专项攻关组，明确新材料研发生产方向，24个新牌号产品纳入集团公司新材料目录，新材料产量首次突破10万吨。动态完善碳达峰行动方案，明确"源头清洁能源替代、生产过程节能提效、末端捕集利用封存"的总体方向，与吉林油田合作开展CCUS（二氧化碳捕集、利用与封存），明确2027年实现"碳达峰"目标及实施路径。

2022年，吉林石化提升科技创新能力，研发投入1.96亿元，研发经费投入强度达到0.27%；开展科研项目53项，6项科技成果产业化，11个牌号新产品实现量产3.46万吨、创效2300万元。被认定为集团公司第三批创新型企业。

【改革发展】 2022年，吉林石化全面完成国企改革三年行动，推进解决"三供一业"分离移交、吉化总医院改革后续问题，与宝石花医疗健康投控股集团有限公司签署《吉化职工疗养院委托运营管理协议》。推进北方公司内部改革，平稳有序完成机构整合，清理法人11户，实现持续盈利。强化未上市业务改革及经营管理，全级次亏损企业治理达到预期。加大"三项制度"改革力度，推进扁平化管理，深化"大部门制""联合运行部"建设，将业务相近、地域相邻、产业衔接的12家单位整合为6家，机构总量由年初445个降至395个，提前三年完成"十四五"机构压降目标。推进行政管理岗位序列和专业技术岗位序列干部岗位管理体系改革，聘任各级别专家和技能专家46人，一级、二级、三级工程师168人，特级技师、高级技师、技师693人，推荐吉林省高端人才4人。

【疫情防控】 2022年，吉林石化贯彻落实"外防输入、内防反弹"总策略和"动态清零"总方针，执行国家和吉林省吉林市新冠肺炎疫情防控指令，2022年3月8日—5月6日，实施以工厂属地为单位的封闭式运行、以车间为单位的网格化管理，1万余名干部员工响应号召驻厂留守，全力保障疫情期间安全稳定生产。制定符合吉化实际的疫情防控策略，在思想上"高度警觉、严肃态度、坚定信心、保持定力"，在行动上"以我为主、不等不靠、争取主动"，在措施上"早封闭、早发现，快追溯、快隔离，严管控、严消杀"，在方法上"科学研判、精准防控，上下联动、内外协调"，守住生产场所不发生聚集性疫情底线。全面履行企业社会责任,全力支援地方抗疫,开足马力生产消毒液、酒精等防疫物资,为5500余人次防疫专家和医护人员提供优质食宿保障服务,300余名党员投身社区志愿服务,与社会各界同心战疫、共克时艰。

(薛鹏越)

中国石油天然气股份有限公司抚顺石化分公司
(中国石油抚顺石油化工有限公司)

【概况】 中国石油天然气股份有限公司抚顺石化分公司(中国石油抚顺石油化工有限公司)简称抚顺石化,是集"油、化、塑、洗、蜡、剂"为一体的大型石油化工联合企业,有95年发展历史,被誉为中国炼油工业的"摇篮"。石油一厂始建于1928年,前身为满铁制油工厂,以炼制页岩油为主要业务,1939年更名为西制油厂,1948年收归国有,1952年更名为石油一厂,1962年开始加工大庆原油,1982年以石油一厂、石油二厂、石油三厂为主体,联合化学纤维厂和化工塑料厂,成立抚顺石油化工公司。能够生产成品油、石蜡、聚烯烃、烷基苯等300多个牌号产品,产品畅销全国并远销世界50多个国家和地区,是世界上独具特色的石蜡、烷基苯、低硫石油焦、贵金属催化剂生产基地,其中,年产石蜡60万吨,产量占全国1/3、世界1/7以上,获美国FDA免检、欧盟质量认证,获中国"十大卓越品牌";年产石油焦46万吨,是国内最大的高端电极及锂电池负极原料供应商;聚乙烯瓶盖料是中国唯一获市场大规模应用的低气味瓶盖专用料,替代进口;双峰承压瓶盖料填补国内瓶盖料产品领域的空白;年产烷基苯28万吨,产品产量亚洲第一,国内市场占有率40%,油田驱油用烷基苯国内独此一家;催化剂年产能1.3万吨,是中国石油唯一的加氢及贵金属催化剂生产及研发企业。新中国成立以来,抚顺石化累计加工原油4.68亿吨,实现利税1598亿元,上缴税费居辽宁省前列,为国民经济和国防建设做出重大贡献。为全国各地输送2万多名优秀的管理和技术人才。

抚顺石化主要生产经营指标

指　　标	2022年	2021年
原油加工量（万吨）	820	717
汽煤柴产量（万吨）	356	304
化工商品总量（万吨）	352	337
销售收入（亿元）	562	409
资产（亿元）	221	220
利润（亿元）	0.25	6
利税（亿元）	85.3	61

　　下辖25家直属单位，分布在抚顺市4个行政区。总占地面积1180万平方米，资产221亿元，年销售收入550亿元以上，员工16409人，集体企业在职职工2931人。加工石蜡基大庆原油和沈北原油，原油一次、二次年配套加工能力1100万吨，化工产品年生产能力360万吨。主要生产装置67套，辅助装置及配套系统、单元100余套。

【生产运行】　2022年，抚顺石化套装置实施长周期运行优化，装置平稳率99.86%、同比提高0.12%，炼化新材料公司统计口径装置非计划停车为零、位列所属13家地区公司之一，年度总计停车次数同比下降78.57%，损工时数62天、同比下降25.3%。安排14万吨/年乙烯装置长期停工、8万吨/年聚乙烯装置和9万吨/年聚丙烯装置阶段性停工，170万吨/年重油催化、80万吨/年乙烯等主力创效装置单系列、满负荷运行；优化蒸馏侧线收率确保4套酮苯装置满负荷，主要创效产品产量创历史新高；年度柴汽比峰值达3.78，四季度乙烯装置保持负荷上限运行，长输管线月输油最高23.2万吨，采取旁滤回调等有效手段，长期制约物料平衡的存疑汽油难题得到有效解决。盯紧"率、费、耗"，多维标准开展装置对标，装置达标率81.4%、同比提高21%，炼油可比综合商品率94.51%、高于炼化新材料公司平均水平0.91个百分点，炼油综合能耗69.01千克标准油/吨、同比降低5.58个单位，80万吨/年乙烯能耗533.2千克标准油/吨、同比降低12.35个单位，双烯收率48.78%、同比提高0.3%；天然气用量3.8亿标准立方米，创历史新高；开展节能节水行动，腈纶厂域蒸汽优化攻关实现供需平衡，全年节能5.8万吨标准煤、节水6.9万吨，同比降低4.67万吨、5.46万吨。抚顺石化首次获集团公司生产经营先进单位称号。

【设备管理】　2022年，抚顺石化设备设施管理逐步提升。高效组织加氢裂化、连续重整等装置窗口期隐患消缺工作，狠抓动设备"两治理一监控"，以事件为资源推进腐蚀防护管理；开展抗晃电专项提升、西部发生3次外电故障未造成装置停工；持续提升仪表"三率"，加强"五位一体"巡检和预知性维修，设备完好率99.92%，炼化新材料公司全生命周期考核综合排名第6。

【安全环保】 2022年，抚顺石化修订发布2356份责任制和6560份责任清单，贯彻"四全""四查"要求，严肃"十五条硬措施"落实，党委班子每月召开一次安全专题会，加大发现和治理隐患奖励力度，启动"安全生产1000天无事故"活动，累计发放安全奖励322万元。两级班子带队组织内审，查出问题2684项、整改2543项，责成内审员对典型问题"四查"溯源。高度重视"作业、操作、变动"风险管控，启动安全喊话、旁站监督，坚持监督问题日统计、分析、考核、提升闭环管理，各类报警降低90%、作业数量降低10%、节假日危险作业降低80%。20349项各类风险被有效识别并分级管控，安全生产专项整治任务、油气储存罐区隐患整改100%完成，丁二烯苯乙烯高危细分领域、老旧装置等隐患按"五定"原则治理并落实防控措施。修订234项应急预案，强化"一分钟应急处置、三分钟安全退守、五分钟消防联动"，组织演练1745次。精准落实疫情防控政策，全员长期坚持"两点一线"，全年核酸检测62.5万人次，加强针接种率97.34%。10月抚顺市首次实施静态管理12天，6000余名干部员工驻厂。

【绿色低碳】 2022年，抚顺石化134个环保检测系统在线运行，厂界"VOCs预警管控平台"初步建成，实施"走航监测"和"网络化管理"，为守护"蓝天、碧水、净土"构筑智能利器。开展挥发性有机物（VOCs）百日提升，异味源消减5%、665项监测受控，污水化学需氧量（COD）总量减排36吨、浓度降低4.8毫克/升，危险废物、一般固废分别较计划减少19501吨、691吨。加大低温余热综合利用，严控蒸汽无功减压，热电厂三炉运行218天、燃煤168万吨同比减少27.5万吨，年度二氧化碳排放总量757.4万吨。

【提质增效】 2022年，抚顺石化争取原油、原料和产品交货计划等各类计划资源，年度炼油计划执行率99.7%、化工计划执行率98.1%、互供计划执行率96.0%，高于下达指标平均两个百分点；按照"事前算赢"原则，财务、计划、所属企业联动，开展烷基苯、环氧乙烷、乙烯外购原料等专项优化测算120次，为经营决策提供依据。销售石蜡产品60.08万吨，烷基苯25.78万吨，创历史最高纪录，成品油调运量连续两个月超过40万吨，为近几年以来最高纪录。石油焦、丙烯腈等自销产品调价85批次，竞价销售114批次，创效4203万元；石蜡、烷基苯等统销产品推价39批次，增效1.22亿元。石油焦年平均价格7458

元/吨，最高9000元/吨并持续3个月，创历史最高纪录。抓牢物料互供、结构优化、存货压降、资产处置等重点工作，刚性控减各类支出，全面打赢上市、非上市业务扭亏增赢攻坚战，可比年利润位列炼化一体化企业前列、12月利润位列炼化新材料公司第一；启动"18+2+2"22项提质增效攻坚任务，年度原料及产成品库存累计下降12.4万吨，比目标多降库2.4万吨、停运储罐94台25.5万立方米；降重油催化掺渣比、优化焦化原料增产石油焦，增效0.88亿元；提高柴汽比、争取出口柴油配额23.6万吨，增效0.86亿元；烷基苯出口5.4万吨增效0.54亿元，"一炉一策"提高工艺炉热效率、争取天然气资源实现能源替代、控减液化气燃料自用增效0.3亿元；量价配合优化碳四、碳五等轻油组分轻烃加工路线增效0.25亿元；交易所挂牌竞拍一次性处置历年21.8亿元的报废资产增效1.2亿元；提高招标率、拓展框架物资采购种类、充分竞价比价，物资采购招标率83.58%、同比提高7.78个百分点，框架采购率69%、同比提高4个百分点，制造商直采率86.49%、同比提高14.34个百分点，降低采购成本3.26亿元。提质增效累计创效9.8亿元。

【项目建设】 2022年，抚顺石化落实集团公司董事长批示和调研讲话精神，经党委会审议，"减油增特""减油增化""转化增新""减碳增绿"等成为规划发展的指导意见，遵循"五有五化五调整"滚动完善"十四五"发展规划、完成转型升级方案编制，全面启动石蜡润滑油特色产品产能提升项目、110万吨/年乙烯改扩建等重点项目预可行性研究、可行性研究编制工作，全面梳理现存土地资源和总图平面为发展打牢基础。年度按照集团公司部署，生产特种油改造项目一期工程高效批复并启动建设、完成工程量77.5%，二期项目可行性研究完成编制；油蜡联产项目全面批复、启动建设，现场桩基工程初战告捷；催化剂厂通用加氢催化剂技术升级项目总体形象进度完成77%；烯烃厂丁苯橡胶装置异味综合治理项目、腈纶厂丙烯腈装置废水焚烧炉改造项目等投资8.79亿元的安全环保隐患项目高质量中交、投产，石油三厂动力锅炉安全隐患治理项目、洗化厂氢气优化运行项目等节能优化项目均完成阶段任务；年度完成各类投资8.44亿元，投资计划完成率97.5%，获评集团公司"十四五"规划先进单位。

【科技创新】 2022年，抚顺石化召开科技与信息化创新工作会议，成立抚顺石化技术委员会，建立科技项目课题长负责制，中国科学院城市环境研究院所抚顺工作站正式运营；实施科研项目49项，研发投入强度0.288%，创历史最好水平；生产高洁净大中空FHM8255A、承压瓶盖料FHP5060、混晶蜡等11个新产品20.9万吨；新材料产量实现零的突破并超额完成集团公司考核指标，辛烯共聚超低密度聚乙烯VLF8410成功试产。乳化炸药蜡科研项目中试成功，"环保型乙醇法长链烷烃脱氢催化剂"替代进口。智慧通行系统在全公司应用，生产装置"全流程自动及净屏操作"项目（一期）全面上线，安环一体化系统完成作业前安全分析、气体报警器在线管理等系统软件模块的推广应用，安保防控项目、可视化生产运营管理系统建成试运；MES 系统持续优化，完成 LIMS 系统不合格产品自动统计功能；推进信息"孤岛"治理专项行动，物流、信息流、资金流"三流合一"工程有序推进。

（郭　兴）

中国石油天然气股份有限公司辽阳石化分公司（中国石油辽阳石油化纤有限公司）

【概况】 中国石油天然气股份有限公司辽阳石化分公司（中国石油辽阳石油化纤有限公司）简称辽阳石化，是大型炼化一体化生产企业。位于辽宁省辽阳市宏伟区。前身是辽阳石油化学纤维总厂，1972 年经国家批准建设，1974 年正式动工，是 20 世纪 70 年代国家建设四大化纤基地中最大的一个，织出中国第一块国产"的确良"。经过 50 年的发展，有炼油、芳香烃、烯烃、聚酯、尼龙等主要生产线，炼化主体生产装置 79 套，辅助生产装置 52 套。其中，炼油部分有加工俄罗斯原油的全加氢炼油厂，原油加工能力 1000 万吨/年，为中国石油第 8 家千万吨级炼油基地，可年产优质柴油 430 万吨、汽油 260 万吨、航空煤油 80 万吨。芳香烃及衍生物生产能力位居全国前列，可年产 100 万吨对二甲苯、40 万吨苯、14 万吨邻二甲苯、30 万吨聚酯、14 万吨精己二酸和 18 万吨硝酸。烯烃部分可年产 30 万吨高性能聚丙烯，依托 20 万吨/年乙烯裂解装置可年产 7 万吨聚乙烯、25 万吨环氧乙烷/乙二醇。截至 2022 年底，累计生产成品油 524.3 万吨，苯、对二甲苯、邻二甲苯产量合计 113.1 万吨。

2022 年底，辽阳石化设 14 个职能处室、5 个机关附属中心、6 个直属单位、20 个二级单位，员工总数 1.08 万人。2022 年，辽阳石化贯彻"疫情要防住,经济要稳住,发展要安全"的总体要求,统筹安全环保、提质增效、科技创新、深化改革、党的建设等各项工作,团结带领广大干部员工迎难而上、积极进取,取得令人瞩目的发展成就,2万吨/年1,4环己烷二甲醇装置一次开车成功,按时完成国家技术攻关任务,获集团公司"先进单位""平安企业""QHSE先进企业"称号。全年加工俄罗斯原油796万吨,生产成品油524.3万吨,化工商品总量203.8万吨。主营业务收入562.83亿元、同比增加93.93亿元;利润24.3亿元、同比增加22.64亿元;税费106.2亿元,连续4年上缴税费超百亿元。

辽阳石化主要生产经营指标

指标	2022年	2021年
原油加工量(万吨)	796	820
汽油产量(万吨)	173.62	214.17
柴油产量(万吨)	337.3	291.26
航空煤油产量(万吨)	13.4	35.45
对二甲苯产量(万吨)	66.5	79.71
环氧乙烷产量(万吨)	20.18	24.68
聚乙烯产量(万吨)	2.88	3.42
聚丙烯产量(万吨)	21.59	7.93
资产总额(亿元)	151.26	156.06
收入(亿元)	562.83	468.9
利润(亿元)	24.3	1.66
税费(亿元)	106.2	110.72

【规划发展】 2022年,辽阳石化深入落实集团公司董事长戴厚良批示精神和视察讲话要求,锚定"特色产业特色产品巨人"目标,加快转型升级,明确"减油增化""减油增特""减油增材""基础+高端"协同发展的总体思路,确立"减油、增烯、转芳、新材料"的产业发展方向。确定"两步走"和两个"百亿工程"的转型升级方案,方案纳入辽宁省政府与中国石油集团公司签订的《在辽重点企业转型发展合作框架协议》,获集团公司和地方党委政府的高度认可。

【第四次创业新征程】 2022年8月5日,辽阳石化以建厂50周年为契机,召开第四次创业启动大会,大会提出要坚持以习近平新时代中国特色社会主义思想为指导,深入贯彻党的十九大、十九届历次全会精神,全面加强党的领导,完整、准确、全面贯彻新发展理念,推进"减油增化""减油增特""减油增材",强化技术立企、人才强企、改革兴企"三大战略"举措,突出抓好安全环保、绿色低碳、精益管理、智能发展、文化引领"五大重点工程",加快推进治理体系和治理能力现代化,打造特色产业特色产品巨人,当好国有企业"种子队"。

【生产运行】 2022年,辽阳石化树立"大平稳产生大效益"理念,强化生产受控,狠抓工艺管理,平稳率99.99%,在集团公司考核26家炼化企业中排名第四。抓预防、治未病,探索构建立体监管体系,运用仪表、报警、联锁等手段联合管控,生产、设备管理取得显著成效。严格工艺风险管控,开展高压窜低压管理专项提升,新识别装置互窜风险1600余项;组织375项工艺变更管理排查,落实风险削减措施,严格管控"变"的风险。工艺技术水平大幅提升,完成27套在役装置危险和可操作性(HAZOP)分析,绘制130张生产执行系统(MES)实时数据流程图,修订完善4821份操作卡,编制58项专业导则,开发督办信息管理系统并下发148项督办任务,有效保证指令畅通。加强设备精细化管理,对设备实行逆周期整治,推进"夏病冬治""冬病夏治",对大机组开展机、电、仪、管、操"五位一体"管理,超过85%的机泵振值小于2.8毫米/秒;以SIL(安全完整性等级认证)评估推进联锁自控率排查与管理提升,以定点测厚整治易腐蚀部位及小接管隐患,开展"无泄漏工厂"建设。准备2023年大检修,完善检修计划和检修方案,促进检修项目和检修费用"双瘦身"。

【安全环保】 2022年,辽阳石化坚守红线底线,把安全置于"先于一切、高于一切、重于一切"的核心位置,提出"安全从人出发、安全从我出发、安全从心出发",富有辽化特色的安全文化逐步形成。强化履职尽责,制定《安全生产十五条硬措施》和岗位员工安全行为负面清单,压紧压实安全责任。坚持问题导向,拓展审核深度,QHSE体系内审排名位居炼化企业前列。推进安全环保隐患治理,政府和集团督办项目全部完成,安全生产专项整治三年行动和危化品集中治理工作完成。推进"五型"班组标准化建设,聘请第三方开展安全环保现状会诊评估,促进管理提升。"一源一策"整治挥发性有机物,实施优化中水回用、污油减量回炼等技术攻关举措,主要污染物大幅下降。

【提质增效】 2022年,辽阳石化聚焦价值创造,推进提质增效专项行动,深化"一企一策",实施重汽油改造、蒸汽管线跨接等76个优化专题,征集"金点子"1317条,能耗总量、单位原油加工碳排放强度和乙烯产量碳排放强度同比下降 7.8%、9.8%、8.7%。加强对标管理，119 项生产技术指标同比提升，炼油加工损失率、催化丙烯收率、乙烯收率、聚酯聚烯烃产品单耗、全流程综合能耗、乙烯综合能耗、重整综合能耗、吨油耗水等 89 项指标创历史最好水平。开展节约实物量专项攻关，优化热电系统运行，同比少运行 1 台锅炉和 1 台发电机。通过框架采购、国产化替代等措施，节约采购资金。发挥销售价值主渠道作用，增产扩销汽油、柴油等高效产品。优化"三苯"销售模式，PX 首次实现铁路销售，物流费用大幅降低。优化人力资源，组织员工"走出去"拓展外部技术服务市场，承接广东石化仪电维保业务。

【科技创新】 2022 年，辽阳石化加速技术进步，坚持走自主创新道路，开展科研项目 120 项，获 8 项集团公司（省部）级科学技术奖项。2 万吨/年 1,4 环己烷二甲醇（CHDM）工业试验装置一次开车成功，获集团公司董事长戴厚良亲笔批示；共聚酯（PETG）产品质量达到国际先进水平，产品实现工业化。与国家重点实验室共建联合研究中心，助推原创技术策源地建设。光伏背板膜聚酯等 3 个新产品被评为集团公司自主创新重要产品，LH064 牌号锂电池隔膜料首次实现工业化生产并完成首批销售，开发 6 个聚丙烯新牌号，覆盖市场多个重点领域。多种自主研发催化剂实现工业化应用。完成制氢装置低浓度二氧化碳捕集侧线试验。深化 MES、ERP 等系统应用，安全、生产、设备、能源等一体化管控平台有力支撑公司各项决策，智能工厂建设稳步推进。召开科技与信息化创新大会，崇尚科技、崇尚技术的氛围日益浓厚，技术立企、科技创新战略深入人心。

【企业改革】 2022 年，辽阳石化按照"行政管理集中化，技术管理专业化，运行管理现场化，基础管理标准化"，完成运行部组建，主体生产厂全部完成扁平化改革，实现由三级管理向两级管理转变；撤销仪表厂建制，仪表检定业务划入生产监测部；三级机构数量大幅压减，完成国企改革三年行动任务。营造崇尚技术氛围，由公司领导挂帅，组织成立安全、环保、生产、优化、设备、仪电 6 个专业技术管理团队，"技术+管理"模式更加成熟定型。实质性推进"双序列"改革，制定下发《专业技术岗位序列改革工作实施方案》《高级专家和一级工程师管理办法（试行）》，在运行部全面推行专业技术岗位序列改革，拓宽科研和技术人员成长通道，激发全员创新创造积极性。协调地方政府签订企地战略合作协议，促进协同发展。

【人才队伍建设】 2022 年，辽阳石化践行人才强企战略，为高质量发展提供坚强的人才支撑。"一人一策"制订系统化操作员培训方案，主体装置系统化操作员占比 75%。推进技能人才培养开发专项工程，实施技能晋级计划、创新创效能力提升计划和石油名匠培育计划，在聘高技能人才422人，集团公司级技能专家增加到11人。对新入职大学生实行工程师、技师"双师制"培养，骨干人才的技术应用和技能实践能力持续提升。建立竞赛常态化机制，组织设备员、仪表工程师等15个工种的个人赛和团体赛，评选"状元"19名、"明星"38名、"标兵"57名、"能手"108名、团体优胜单位3个。在集团公司举办的"化工总控工""消防战斗员"竞赛中，获两个团体第三名。

【企业党建工作】 2022年，辽阳石化深入学习贯彻党的二十大精神，围绕学习贯彻习近平总书记重要讲话和指示批示精神，落实"第一议题"制度，开展纪念总书记视察4周年系列活动。推进基层党建"三基本"建设与"三基"工作有机融合，开展"党建+""党员带群众""党建结对子"等特色活动，推进党建"项目化"，发挥党支部的战斗堡垒作用和党员的先锋模范作用。加强意识形态阵地建设，在辽阳电视台开设专栏，播出辽阳石化要闻；举办首届厂区"开放周"活动。常态化开展党史学习教育，组织"我为员工群众办实事"活动，解决员工"急难愁盼"问题，员工获得感、归属感、幸福感显著增强。开展多层次劳动竞赛，评选优胜单位16个、红旗车间（装置区）184个、优胜班组166个，激发员工的凝聚力和工作热情。加强党建带团建，启动"青马工程"，辽阳石化团委在集团公司专题会上做典型发言。推进全面从严治党向纵深发展，深化运用"四种形态"监督执纪问责，对4家二级党委、16个部门开展两轮巡察"回头看"，精准开展安全环保隐患治理、库存物资管理等专项巡察，实现新一轮巡察全覆盖。党员干部纪律意识、规矩意识不断增强，干部队伍作风持续转变，风清气正的政治生态向上向善，党风企风持续好转。加强合规管理和法治建设，完善《合规职责清单》，形成依法合规良好氛围。

【关注民生】 2022年，辽阳石化树立以员工为中心的思想，全心全意依靠员工办企业，各级工会组织积极帮扶困难员工，发放救助金，传统节日开展全员慰问。征集办理职工提案65份，召开4次公司级民主管理座谈会，员工提出的95项民主管理建议和795项民生问题全部得到落实。推进健康企业建设，加强慢性病防治，开展新一轮"健康服务下基层"活动，委托专家坐诊，发放血压计、健身门票，评选"健康达人"，员工健康意识显著提升，重点关注的高危人群数量大幅下降。

（高大卫）

中国石油天然气股份有限公司兰州石化分公司
（中国石油兰州石油化工有限公司）

【概况】 中国石油天然气股份有限公司兰州石化分公司（中国石油兰州石油化工有限公司）简称兰州石化公司，1952年选址，1958年建成投产，是集炼油、化工、工程建设、检维修、装备制造及矿区服务为一体的大型综合化炼化企业，是中国西部重要的炼油化工生产基地，能源战略地位非常突出。兰州石化地处甘肃省兰州市西固区，有土地面积27平方千米。原油一次加工能力1050万吨/年，乙烯产能150万吨/年、合成树脂产能198万吨/年、合成橡胶产能21.5万吨/年、炼油催化剂产能11万吨/年；有各类炼油化工生产装置67套，可加工7种原油，生产汽油、航空煤油、柴油、润滑油基础油、合成树脂、合成橡胶、炼油催化剂、精细化工、有机助剂等多品种、多牌号、多系列石化产品。有汽油加氢、丁二烯抽提、丁苯橡胶、丁腈橡胶、碳五加氢石油树脂成套技术，炼油化工主要工艺技术和炼油催化裂化催化剂领域达到国内领先水平。2022年底，总资产247亿元。设机关处室12个，直属机构8个，二级单位31个，在册合同化、市场化员工1.67万人。下辖二级单位设党委35个、党总支8个、党支部307个，有党员9293名。

2022年，兰州石化加工原油947万吨，生产汽油、航空煤油、柴油650.6万吨，乙烯144.6万吨，合成树脂187.6万吨，合成橡胶19.7万吨，炼油催化剂7.5万吨，分别同比增长4.5%、44.6%、31%、1%、14.1%。营业收入773亿元、上缴税费143亿元，分别增长30.2%、4.6%，上市业务账面利润18.06亿元，榆林乙烯盈利近10亿元，未上市业务一举扭转多年亏损局面，连续14年成为甘肃省纳税超百亿元企业。

2022年，兰州石化始终把政治建设摆在首位，开展"建功新时代、喜迎二十大"主题活动，跟进学习贯彻习近平总书记最新重要讲话和指示批示精神，集中开展两级党委中心组学习，第一时间学习宣贯党的二十大精神，深刻领悟"两个确立"的决定性意义，不断增强"四个意识"，坚定"四个自信"，做到

"两个维护"。制定《兰州石化公司党委前置研究重大经营管理事项清单》，审议"三重一大"事项，领导班子牵头清单式推进党委重点工作，发挥党委把方向、管大局、促落实的领导作用。调整成立二级单位党委、基层党支部，理顺宝石花医院、宝石花物业等市场化改革单位党组织隶属关系，有力推动党的领导融入公司治理各环节。兰州石化一线骨干管东红当选党的二十大代表。

兰州石化主要生产经营指标

指标	2022年	2021年
原油加工量（万吨）	947	915
汽油、航空煤油、柴油总量（万吨）	650.6	623
乙烯产量（万吨）	144.6	100.2
合成树脂产量（万吨）	187.6	143.2
合成橡胶产量（万吨）	19.7	19.57
炼油催化剂（万吨）	7.5	6.56
资产总额（亿元）	247	232.69
营业收入（亿元）	773	593.51
利润（亿元）	18.06	25.33
税费（亿元）	143	136.79

【规划实施】 2022年，兰州石化抢抓项目落地，紧密对接甘肃省石化产业集群战略，主动融入集团公司"陕甘宁青蒙"区域规划部署，快马加鞭推动炼化业务转型升级。成立工作专班，组建项目筹备组，乙烯改造项目可行性研究编制、土地征迁、评价手续等前期准备工作全面启动，专项研究润滑油、氢能利用、未上市等业务规划。利用自主技术建成投产国内外单线生产能力最大的特种丁腈橡胶装置，完成氯化聚乙烯基料包装改造，西罐区裂解汽油储罐按期投用，电容膜聚丙烯项目主体装置基本建成，炼油、化工集中控制室项目顺利推进，重催装置MIP二期改造、注塑专用料等5项技改项目落地实施，新建丙烯腈、聚丙烯催化剂等6项重点项目进入前期论证。优化总图布置，化工园区设立有序推进。加强工程建设项目集中统一管理，实施项目58项，建成中交24项。

【安全环保】 2022年，兰州石化强化风险防范，压实安全生产责任链条，完善"一岗位一清单"，实施员工安全行为负面清单100条，首次推行二级单位主要负责人安全生产述职，举办安全技术大讲堂186期，创新开展安全环保绩效考核，激励争创"安全环保无事故单位"。深化双重预防机制建设，发动全员全专业排查整治各类隐患，系统治理罐区及栈桥紧急切断阀、燃煤锅炉烟气超低排放等重点隐患，安全报警实现"近零"。纵深推进"1+19"管理提升，全面改进体系运行质量，系统查改QHSE体系审核、安全大检查及欧赛斯安全评估诊断问题，强化作业预约管理和重点、专项、驻点、域外联合监督，安全生产专项整治三年行动及"两个集中整治"收官，完成国家高原高寒地区抗震救灾实战化演习，全年未发生一般B级及以上事故。编制"碳达峰"行动方案，深化美丽工厂建设，一图一表强化挥发性有机物（VOCs）整治攻关，主要污染物排放量持续削减，固废总量再创新低，新增厂区绿地近2万平方米，兰州石化被评为"第六批国家级绿色工厂"。科学统筹常态化疫情防控，创新实施生产生活双重网格化管理、"十大症状"健康监测等举措，实现从"防控"到"防治"平稳过渡，通过集团公司健康企业建设达标验收。

【生产经营】 2022年，兰州石化精细精益优化，深化事前算赢，积极争取高性价比原油资源和榆林上古液化气、轻烃原料，紧跟市场及时"减汽增柴"，100LL航空汽油首次出厂，榆林公司生产的己烯-1产品出口欧洲，氯化聚乙烯基料L5200实现工业化生产，丁腈橡胶产量创历史新高，炼油催化剂产销均创历史峰值，甲乙酮、丙烯酸、正己烷等精细化工产品实现增产增销增效。开展27项产品质量攻关，全面完成成品油及液体小产品火车装车自动化计量贸易交接，获评"甘肃省质量AAA级企业"。紧扣质效双增和价值创造，深化"五提质""五增效"，强化每月利润排行通报，累计增效超8.68亿元。推进降本压费，通过外转商业汇票、项目贷款降息、用好税收政策等节约各类费用，核减外包业务合同，着力盘活房屋、商铺等资产增加收入。仪表制造、国际事业、工程质量监督等业务利润持续增长，建设公司超额完成利润指标。兰州石化被授予"甘肃省先进企业突出贡献奖"、第三次获"甘肃省用户满意标杆企业"。

【运维保障】 2022年，兰州石化深化一体管控，发挥调度指挥全天候、统筹人财物功能，120万吨/年、300万吨/年等2套重催装置并行时间创历史纪录，干气制乙苯—苯乙烯、连续重整—大芳香烃等多套装置实现高效联动运行，打通炼化互供乙烯、碳八碳九直输、丙烯腈卸车等流程，实施延迟焦化装置泡焦工艺改造，引进并开展贝克休斯助剂工业试验。全面推行喷壶巡检法，强化管理人员陪检、专业技术人员日检、岗位人员不间断巡检，狠抓假巡检、假记录、假"三率"整治，及时化解装置泄漏险情。优化氮气、蒸汽等公用工程系统改造，实现"水电汽风氮污"一体化运行。推进节能降耗，节能1.41万吨标准煤、节水30.75万吨，近半数三剂单耗单价同比下降。深化"机电仪管操"五位一体专业化运行，重点开展常减压装置电脱盐降渣、锅炉水质提升等长周期运行攻关，专项整治作业现场低标准、楼梯平台孔洞、疏水器、阀门手轮手柄，系统完成29套装置窗口检修、44套装置脉冲涡流扫查。高质量筹备2023年装置大检修，选派159名骨干支援广东石化建设开工、受到集团公司高度赞扬。

【企业管理】 2022年，兰州石化着力管理赋能，深化法治企业建设，严格重大涉法事项法律论证和审查，推进制度"清优简"，102项业务实现流程信息化。一体两面统筹推进生产经营责任制和党的建设责任制，高标准完成第33次、第34次岗位检查。建立新时期现场管理"四化"大整治工作体系，组织5万余人次参与，机关基层联动，推动现场管理由精细向精益迈进。分级构建以综合、专业、装置指标为主的"金字塔"形对标体系，25项关键技经指标创历史最好。实现招标业务管办分离，推行电商采购，建立"工厂到现场"的物资配送新模式。推进"合规管理强化年"工作，健全5家子企业内控管理机制，加强子企业授权管理，全方位评价、淘汰不合格"三商"。

【改革创新】 2022年，兰州石化推进动力变革，召开科技与信息化创新大会，成立兰州石化科学技术协会和甘肃省化工新材料创新联合体，开发医药用聚烯烃树脂、"三高两低"车用聚丙烯等5个成套技术，研发新产品34个、生产44.6万吨，新材料22个、生产26.5万吨，锂电池隔膜料、多产丙烯催化剂等20个新产品实现工业化生产，"医用药包材聚烯烃树脂技术开发与应用"获甘肃省科学技术进步奖一等奖，茂金属聚乙烯生产技术获"中国石油十大科技进展"。加大"四新"技术推广应用，承担集团公司重大科技专项、重大技术现场试验及原创技术策源地项目，发挥中国石油炼化企业腐蚀与防护、设备综合平台"两个工作中心"支撑作用，攻克一批重大技术难题。加快推动数字化转型智能化发展试点项目应用场景落地，榆林乙烯智能化工厂通过验收，为炼化企业全面推广提供示范样板。挂图推进人才强企工程，实施"双百双千"人才培育计划，加快打通"三支队伍"转换通道，深化全员提质赋能培训，公开选聘首席、高级专家和一二三级工程师，选拔110名青年技术骨干，高技能人才突破1000人，全面完成大部制、扁平化改革。

【企业党建工作】 2022年，兰州石化筑牢政治保障，强化干部"选育管用"，举办首届领导干部中青班、"青马工程"，完成中层领导人员任期制、契约化管理。深化党建共建联盟，开展党支部书记履职资格认证，优化"1+10"党校运行模式、加强党员教育培训，推进基层党建"三基本"建设与"三基"工作有机融合，以责任区、先锋岗、红旗泵为载体发动广大党员创先争优。开展"转观念、勇担当、强管理、创一流"主题教育活动，发布新版企业文化手册，举办首届兰州石化精神论坛，宣传各类先进典型、讲好兰州石化故事，完成石油精神教育基地升级改造。推动全面从严治党"两个责任"贯通融合，深化党建工作责任制督查和党组织书记述职评议考核，持续强化政治监督，做实日常监督、专项监督，严格执行党员干部廉洁从业"十不准"和遵规守纪"十严禁"，举一反三整改集团公司党组巡视反馈问题，完成一届任期内党委巡察全覆盖。加强新时期产业工人队伍建设，深化"星级班组"和主题劳动竞赛，选树6名石化工匠。推进青年精神素养提升工程，开展青年突击活动1000余次，立项"五小"成果243项。加强维稳信访、综合治理工作，开设党委信箱，深化人民防线、信访办理、保密管理和平安石化建设，营造团结和谐稳定发展环境。一大批集体、个人被甘肃省和集团公司授予五一劳动奖章奖状、工人先锋号、五一巾帼奖、青年安全生产示范岗、五四红旗团委及团支部等荣誉。

【惠民实事】 2022年，兰州石化坚持以人为本，持续将发展成果惠及全员，提高员工劳保标准，增加员工福利补贴，高质量完成26家单位、598项基层办公场所修缮项目，建成投用27个自行车棚，新建和改扩建9个停车场、新增车位3278个，修葺换新厂区大门，深度治理厂区道路，员工食堂新增自选区、牛肉面和清真窗口，全年就餐人数超98万人次，工作环境大幅改善，厂容厂貌焕然一新。协同地方政府有序推进全域棚改和住房建设，完成14街区拆除，清水街、文化小区住建项目交付使用，办理9841套住房和4.12万平方米商铺权证。离退休、物业、医疗、幼教等业务靠实精准补位政策，服务保障品质持续提升，通勤客运安全接运员工105万人次、新冠肺炎疫情期间"点对点"接送2.7万余人次。再就业群体保持稳定。统筹推进乡村振兴，开展消费帮扶、阳光助学、捐款捐物，巩固了脱贫攻坚成果。

（王宏亮）

中国石油天然气股份有限公司独山子石化分公司（新疆独山子石油化工有限公司）

【概况】 中国石油天然气股份有限公司独山子石化公司（新疆独山子石油化工有限公司）简称独山子石化，位于新疆维吾尔自治区克拉玛依市独山子区，初创于1936年。历经多年发展，具备1000万吨/年原油加工、200万吨/年乙烯生产、45万千瓦发电、500万立方米原油储备、45万吨/年合成氨、80万吨/年尿素生产能力，可生产燃料油、树脂、橡胶、化肥等16大类500多种石化产品。2021年，资产总额258.9亿元，有员工1.1万人，机关处室14个，机关直属机构4个，二级单位24个。独山子石化是国家环保总局授予的首批"国家环境友好企业"，2次被国务院国资委评为"中国石油炼油乙烯业务最佳实践标杆企业"，4次获中华全国总工会授予的"全国五一劳动奖状"，10次被中国石油和化学工业联合会评为"全国乙烯生产能效领跑者"。

【生产经营】 2022年，独山子石化原油加工量774.13万吨、同比增长6.1%，创8年来新高；乙烯产量197.71万吨、同比增长23.5%，创历史新纪录，塔里木石化分公司乙烷制乙烯项目投产一年、全面达产；化肥装置连续运行575天、创行业新水平。实现销售收入670.25亿元，上缴税费118.78亿元，其中对地方财政贡献17.65亿元。引进新疆油田石西、中佳等区块原油，新疆原油最大管输进厂量6700吨/日、同比增加3400吨/日。新疆油田乙烷、1号烃等优质乙烯原料进厂量同比增加7300吨。全年外采原油、乙烯原料分别同比增加45.2万吨、4.7万吨。炼油高效产品产量上升，汽油、柴油分别同比增产9%、25%，成品油收率52.8%、同比提高4.7个百分点。独山子石化本部乙烯、丙烯收率分别达到33.4%、14.8%，同比提高0.08、0.25个百分点，化工综合商品率84.3%、同比提高0.17个百分点。塔石化年产乙烯60.1万吨，实现"运行稳、达产快"。化肥在新冠肺炎疫情期间克服物资运输受阻、员工住厂等困难，实施停工检修项目116个，消除运行难题25项。

独山子石化主要生产经营指标

指　　标	2022年	2021年
原油加工量（万吨）	774.13	729.32
汽油产量（万吨）	120.00	110.30
柴油产量（万吨）	305.62	244.15
航空煤油产量（万吨）	21.80	29.14
乙烯产量（万吨）	197.71	160.10
化肥产量（万吨）	70.80	87.56
聚乙烯产量（万吨）	181.38	144.44
聚丙烯产量（万吨）	66.31	65.22
橡胶产量（万吨）	24.97	22.95
资产总额（亿元）	258.9	279.06
营业收入（亿元）	670.25	496.19
利润（亿元）	0.2	32.35
税费（亿元）	118.78	93.24

【重点项目】 2022年，独山子石化塔里木二期乙烯项目可行性研究获集团公司批准，上报国家发改委申请纳入国家石化产业发展规划布局方案，拟新建120万吨/年乙烯、2×45万吨/年全密度聚乙烯、30万吨/年低密度聚乙烯、45万吨/年聚丙烯等主要生产装置及配套绿色低碳示范工程。苯乙烯脱瓶颈改造高质量完成。新区聚丙烯尾气回收单元投用正常，每年可回收丙烯3360吨、氮气1138万标准立方米。常全压罐区脱砷系统改造投用，石脑油砷含量降低约80毫克/升。220千伏输变电工程建成投用，最大下网电量180兆千瓦·时，满足"十四五"规划用电需要。

【深化改革】 2022年，独山子石化开展"合规管理强化年"活动，细化法治建设五大类36项任务，完善合规管理制度体系，强化法律、审计、内控监督，全力创建集团公司法治示范企业。国企改革三年行动全面完成，公司结构、党建、组织、运行、制度、监督"六大体系"进一步完善。深化内部改革，取消机关一般管理岗位职级，完成科研生产专业技术岗位双序列改革，重新选聘1168个关键岗位，建立技术管理人员横向贯通、纵向发展机制。调整工程质量监督机构设置，热电厂老区实行联合车间管理，减少二级、三级机构9个。实施30类67个提质增效项目，增效8.2亿元。68项参与集团公司炼化销售和新材料子集团达标的重点指标中，炼油综合商品率、乙烯总能耗等23项指标排名前三、12项第一，200万吨/年加氢裂化能耗、22万吨/年乙烯收率等35项指标好于同期。110万吨/年乙烯能效、水效行业领先，化肥被评为原料燃料动力消耗行业标杆单位。

【安全环保】 2022年，独山子石化宣贯"全员、严管、科学"安全理念，落实安全生产责任制、重大危险源包保制、高危作业"区长"挂牌制、全员安全生产记分制。贯穿全年开展安全生产专项整治三年行动、危险化学品安全风险集中治理等专项活动，开展两次QHSE体系审核，问题闭环整改，设备、商储等专业管理提升明显。实施网格化安全监管、常态化派驻监督、"四不两直"突击检查，强化施工检修管理，1819人被安全记分、扣奖36万元，责令停工整顿30次，处罚承包商207万元。开展污染防治专项攻坚，完成丁苯橡胶装置废气治理、尿素散装库粉尘治理等环保项目9项，氮氧化物、化学需氧量、氨氮排放量分别同比下降42%、29%和22%。淘汰更新高耗能机电设备251台。节能2.6万吨标准煤，节水32.4万吨。

【产品营销】 2022年，独山子石化打造品牌工程、效益工程，推进产品量效齐升，TUB121N3000B、T4401等产品价格缩差攻关达到预期。高效产品增产扩销，汽油销售119.1万吨，同比增长4.0%；柴油销量306.3万吨，同比增长26.2%，全年柴油销售突破300万吨，创历史纪录，汽油、柴油疆内市场占比及成品油总销量跃居疆内首位。TUB121RC、EPP0723等26个产品推广应用，茂金属聚乙烯、溶聚丁苯橡胶、DGDZ3606销量分别同比增长225%、38%、21%，均居全国第一。

【科技攻关】 2022年，独山子石化获授权发明专利5项，其中"PE100管件专用树脂的合成方法"获集团公司专利银奖。搭建完成国内首个炼油全流程分子水平模型，"高性能合成橡胶产业化关键技术"通过国家验收。全球首创茂金属聚乙烯HPR1018HA不水解床层转产EZP2010HA，国内首次应用环管技术批量生产茂金属聚丙烯mPP35S，业内率先由铬系产品DGDX6095H半连续转产钛系产品DMDA8008H，首次用国产茂金属催化剂产出mHD3605UA、mLL1018，转产效率、产品质量行业领先。装置长周期运行攻关成效显著，聚乙烯21线连续运行18个月，达近三年最好。化肥连续运行575天，成为行业标杆。牵头起草的《(石油产品)运动黏度测定器检定规程》，填补新疆计量领域空白。生产高端聚烯烃、高性能绿色橡胶等新材料27.7万吨，占集团公司总产量的33%。开发沥青改性用 SBST165E 等新产品 10 个，改进 HP30CF、T98D 等 4 个产品质量，27 个"22+N"品牌工程产品质量评比得分排名集团公司第一。聚乙烯管材专用料 UHXP4808B 通过国际 PE100 等级认证，TUB121RCB 耐慢速裂纹增长性能通过国际权威实验室认证。溶聚丁苯橡胶入选中国石油和化学工业联合会化工新材料创新产品。数字化转型、智能化发展试点建设项目可行性研究获集团公司批准，智慧计量管理平台、碳排放模型、能源管控系统在集团公司率先建成投用。

【设备运维】 2022 年，独山子石化落实全生命周期管理要求，加强设备运维，突破运行瓶颈，设备可靠性明显提高。聚焦仪表运行攻关，制订专项方案，攻克乙烯二部 K601 阀位单联锁、公用工程部空压机控制系统不稳等 10 大难题。仪表故障率降至 0.16%、创历年新低。聚焦供水供电能力增强，开展主要电气设备安稳长运行评估、电气预防性检查、大负荷供水测试等专项行动，处理电机绝缘老化发热等问题 35 项，水、电供应量分别同比增长 1% 和 3%。聚焦设备维护质量升级，安装机泵智能监测系统 1383 套，高危泵无线监测全覆盖。治理高振动高故障机泵 76 台，机泵振动 A 区达 82.8%、同比提高 0.8 个百分点。设备管理量化得分排名炼化新材料公司第一。

【队伍建设】 2022 年，独山子石化树立"人才是第一资源"理念，加强人才战略研究和实施，以"六大人才专项工程""生聚理用"人才发展机制为核心，制定落实配套政策，完善人才管理和保障制度体系。突出重基层、重实践、重业绩、重担当的用人导向，调整配备二级正副职领导人员 54 人，"80 后"在被提拔干部中占比 70%。选人用人满意度 98.9%，高出集团公司平均值 10.3 个百分点。以业务专、技术精、功底深、视野宽为导向，动态调整培养计划，一批基础扎实、奋发有为的专业骨干脱颖而出，技术专家、骨干中 35 岁左右的占到 49%。做实"名师带徒"、劳模工作室，员工创新意识、操作技能不断提升。在独山子石化第十四届职业技能竞赛中 131 人受到表彰，在集团公司第二届创新大赛中夺得两个一等奖，在全国、自治区和集团公司技能竞赛中夺得 6 枚金牌。

【企业党建工作】 2022 年，独山子石化始终把党的政治建设摆在首位，开展"喜迎党的二十大"系列活动，第一时间开展党的二十大精神"大学习、大宣传、大落实"，坚定拥护"两个确立"，坚决做到"两个维护"。严格落实"第一议题"制度，深入学习贯彻习近平总书记系列重要讲话和重要指示批示精神，坚持用党的创新理论指导公司发展实践。强化政治监督，持续推动总书记对国有企业和能源行业的重要指示批示落地生根。坚持党对国有企业的领导，完成党委换届，制定完善进一步加强党的政治建设、党史学习教育常态化、加强和改进思想政治工作等一系列党委工作制度,发挥党委"把方向、管大局、保落实"作用。

【思想文化建设】 2022年,独山子石化加强"听党话、跟党走、公平公正、健康向上"政治文化建设,开展主题大讲堂、媒体大宣传,推进入脑入心、落地生根,员工心态阳光,队伍正气充盈。覆盖全员、贯穿全年开展"转观念、勇担当、强管理、创一流"主题教育活动,理想信念更加坚定,干事创业更加尽力。巩固"我为员工群众办实事"长效机制,常态化开展解难纾困、健康服务、工作条件改善、员工成长激励。强化文化宣传,展览馆成为国家"大思政课"实践教学基地,新媒体传播矩阵影响力在集团公司排名前列。开展"民族团结一家亲"联谊活动,完善安保维稳体系,助力乡村振兴,大局保持和谐稳定。

【主要荣誉】 2022年,独山子石化被国家工信部评为工业企业网络安全分类分级管理优秀试点企业,蝉联全国乙烯行业能效水效、化肥行业水效领跑者,获开发建设新疆奖状,入选中国石油天然气集团公司创新型企业、健康企业建设达标单位、巾帼建功先进集体。获全国裂解汽油加氢装置操作工竞赛团体一等奖、全国石油石化专业职业技能竞赛暨集团公司首届技术技能大赛消防战斗员竞赛团体二等奖。

(肖明友　郭　楷)

中国石油天然气股份有限公司乌鲁木齐石化分公司(中国石油乌鲁木齐石油化工有限公司)

【概况】 中国石油天然气股份有限公司乌鲁木齐石化分公司(中国石油乌鲁木齐石油化工有限公司)简称乌鲁木齐石化,前身为乌鲁木齐石油化工厂。1975年4月开工建设。是以原油、轻烃、天然气为主要原料,集炼油、化肥、芳香烃等加工于一体的综合性石油化工生产基地,2002年正式通过ISO 9001、ISO 14001、OHSAS 18001三项体系认证。地处新疆维吾尔自治区乌鲁木齐市米东区，占地面积18平方千米。经过40余年建设，乌鲁木齐石化有生产设备142447台，主要生产设备5253台。生产装置、公用工程及辅助设施44套，有西北地区最大规模芳烃装置。原油一次加工能力850万吨/年，对二甲苯生产能力100万吨/年、合成氨75万吨/年、尿素130万吨/年、精对苯二甲酸产能9.6万吨/年、聚丙烯10万吨/年、三聚氰胺3万吨/年，产汽能力1670吨/时，发电能力125兆瓦，工业废水处理能力3258米^3/时。具备工程设备制造安装与维修、科研开发、工程监理、分析测试、计量检定、设备检验、公路运输、铁路运输、物资供应等生产保障业务职能，以及职业教育、员工服务等职能。

乌鲁木齐石化可生产30余种石油化工产品。主要产品有汽油、航空煤油、柴油、石油对二甲苯、石油苯、尿素、精对苯二甲酸、聚丙烯、含海藻酸尿素、车用尿素、石油焦、液化石油气、沥青、戊烷发泡剂、硫黄、硫酸铵、塑料编织袋等。多次获国家、新疆维吾尔自治区、中国石油颁发的新产品开发奖、科学技术进步奖，并申请多项专利。先后获"全国五一劳动奖状""全国文明单位""全国民族团结进步模范单位""全国'安康杯'竞赛优胜企业""全国厂务公开民主管理示范单位""全国环境优美工厂"等称号。

乌鲁木齐石化主要生产经营指标

指 标	2022年	2021年
原油加工量（万吨）	670.01	619.32
汽油产量（万吨）	121.93	130.6
柴油产量（万吨）	287.10	238.91
航空煤油产量（万吨）	15.74	20.7
石油苯产量（万吨）	26.77	25.83
对二甲苯产量（万吨）	63.61	59.12
精对苯二甲酸产量（万吨）	0	2.33
聚丙烯产量（万吨）	7.90	8.96
合成氨产量（万吨）	31.03	33.89
尿素产量（万吨）	53.52	58.39
资产总额（亿元）	89.32	84.25
营业收入（亿元）	455.05	327.85
利润（亿元）	12.37	9.97
税费（亿元）	96.51	80.57

2022年底，乌鲁木齐石化有员工7471人。其中，少数民族员工占20.96%，女员工占26.22%。有职能部门13个，机关附属机构8个，直属部门7个，炼油厂、芳烃生产部、化肥生产部、化工生产部、热电生产部等17个二级单位。固定资产原值243.32亿元。

2022年，乌鲁木齐石化加工原油670.01万吨，生产汽油、柴油、航空煤油424.77万吨，对二甲苯63.61万吨，石油苯26.77万吨，聚丙烯7.90万吨，合成氨31.03万吨，尿素53.52万吨。整体实现营业收入455.05亿元，盈利12.37亿元，上缴税费96.51亿元。

【生产运行】 2022年，乌鲁木齐石化立足集团公司上下游协同优化，原油加工量创7年新高，其中8月加工原油突破63万吨。成品油增产34.56万吨，综合商品收率在板块领先。坚持"平进平出"，动态优化排产，炼化总库存控制在48.96万吨，生产计划执行率优于炼化新材料公司下达的指标。精准管控馏出口质量，炼油、芳烃可比综合商品率分别达96.13%和88.04%，增效2903万元。开展芳烃达产攻关，提升外购和自产芳烃原料，对二甲苯国比增产4.49万吨。100万吨/年连续重整装置芳烃转化率、纯氢产率在炼化新材料公司领先。开展新产品推价增销，创效3072万元。通过渣油分炼增产高品质石油焦，创效1310万元。全面优化第一套化肥装置供氢后的加工方案，狠抓氢气平衡、污油平衡攻关，重油加工比例增加6.45个百分点。通过优化原油结构，降低成本4.52亿元。全面加强"三剂"精细化管理，化材费用比预算节约3368万元。加强煤炭保供和质量管控，优化锅炉和电力系统运行，节约外购动力成本3402万元。主动作为，开展修旧利废、平库利库、减少外委创效等工作，践行"一切成本皆可降"理念。加强节能降耗，替代改造蒸汽伴热252条。克服多套装置开工影响，推进短流程，通过精简汽柴油加工流程、优化燃料气系统等举措，实现炼油综合能耗58.95千克标准油/吨，同比下降2.3个单位。合成氨装置被评为行业能效"领跑者"。紧盯三聚氰胺装置复工目标，年内实现开工，转型升级再添新产品。

【设备管理】 2022年，乌鲁木齐石化积极应对四年一修末期异常工况，高质量完成重催、芳烃等7套装置窗口检修，为优化生产创造条件。深化设备技术攻关，加强"一机一策"维保，设备非计划停机为零。强化精品检修、腐蚀管理等攻关，所有机泵MTBR由92个月提升至106月。加大短板设备运行治理，尿素氨泵、化肥一合成气化炉连续运行均创历史最佳。继电保护和安全自动动作率100%。加强常态化对标达标，清单式推动151项目标，达标率98.67%。狠抓装置"四率"管控，57套装置平稳率99.95%，装置联锁投用率保持100%。

高质量筹备装置大检修，系统梳理确定重点项目 34 个，制订检修计划 6890 项，编制 38 项标准化检修指导要求。提升检修预制深度，确定 146 个预制项目，脚手架提前搭设率 70% 以上。推行精益检修，建立 16 个专业化工作小组，细化分解 6 项具体管控目标，压实属地 KPI 指标。

【安全环保】 2022 年，乌鲁木齐石化坚持安全管理和监督两条线，修订全员安全生产责任制和责任清单，开展事故事件整改措施"回头看"，严格安全管理"零容忍"，细化全员安全生产记分标准，加大精准追责和奖励力度，奖罚分明，推进各级责任落实。注重培育习惯，编制反违章手册、负面清单，二级以上领导带头进行安全写实 5372 条，通过"向违章行为说不"活动，查处各类违章 1894 次，违章率同比下降 57%，评选危险作业管控"信得过"车间 10 个。集中安全风险治理，聚焦"工艺过程、物料介质、能量隔离"关键环节，开展油气储罐、老旧装置等 8 个专项治理，危险废物、特种设备、装卸车管理等改进明显。安全生产三年行动收官，108 项治理任务 98% 闭环，7 个专项活动成效显著。强化举一反三，对照行业典型问题，开展安全生产大检查，整改自查问题 3866 项。组织全员安全风险隐患排查，运用安全受控系统，实现全过程闭环管理，企业 5 类重大隐患按计划加快治理，其他各类隐患问题 2.08 万项，整改率 99%。持续改进体系管理，加强基础制度建设，修订制度标准 131 项，增强标准的可操作性、流程化。按照"四全"要求改进内审工作，聚焦管理短板，精准开展专项审核，形成专项报告 49 个，提升一分钟应急、交接班、机关值班等专项管理效果。分专业组织集中审核，提高审核效率。推进基层站队验收精准评分、达标分级，通过 2073 项承诺目标，提升自主管理水平，零违章班组占比提升 12%。加速创建绿色企业，以人民群众满意为目标，以中央环保督察为契机，分阶段开展 30 项挥发性有机物（VOCs）深度治理项目，在业内率先开展储罐附件密封泄漏修复，完善落实重污染天气应急响应预案，确保最大化减排，企业化学需氧量、氮氧化物排放等均优于下达指标。建立异味问题排查信息平台，自查整改问题 584 项，特别是精制氨水质量、热电厂氨逃逸等治理效果显著。系统开展电脱盐攻关、点源达标治理、水部一区检修、高浓度搬迁等治理措施，实现污水稳定达标，减量化效果明显，油泥资源化利用 2.37 万吨。有序实施渣场土壤修复治理项目首期工程。完善内部碳交易运行管理，购入 20 万吨碳配额，推进生产全过程减碳。各类事故事件发生率同比下降 10.3%，安全环保形势持续向好。

【科技创新】 2022 年，乌鲁木齐石化围绕做强芳烃产业，合资建设的 120 万吨/年 PTA 项目被列入炼化重大转型升级项目，炼油化工和新材料分公司组织完成可行性研究预评估，完成政府备案。以"十四五"规划落地为核心，炼油转型升级高效发展项目预可行性研究报送集团公司发展计划部审批，完成政府备案和环评公示，履行节能评估报告审查程序。推动"三新"事业，加快科研项目和产品研发节奏，下达38项科技开发计划，投入研发费用2.39亿元。注重应用和效益转化，防水材料沥青、胶粉复合改性沥青等科研成果转化成效明显，生产沥青21.15万吨。完成脲铵氮肥企业标准编制，推进化肥产品多样化、特色化。开展生产瓶颈攻关，污油回炼、高化学需氧量废水处理、小接管及脉冲涡流检测等攻关成效显著。推进轻汽油改质富产低碳烯烃、重整生成油脱氯剂工业试验等重点项目，取得积极进展，为后续发展储备技术。推进数字化转型智能化发展，加快推进全流程智能控制系统（IPC）、先进控制系统（APC）重点项目，深化MES2.0、流程模拟应用，装置自控率提升0.36%。北斗系统上线运行，智能巡检迈出实质步伐。操作与作业受控管理、计量检测数字化、综合办公等系统相继上线，有效提升各级管理效率。

【企业治理】 2022年，乌鲁木齐石化稳步推进三项制度改革，整合8家二级机构，启动分析化验业务整合，加快生产辅助业务专业化整合。差异化调整基本工资标准，加大重点指标绩效挂钩力度，发挥精准激励作用。全面实施领导人员任期制和契约化管理，落实三个"1/3"要求，加强干部队伍年龄结构刚性约束。推行管理人员考核退出，推进专业技术岗位序列改革，队伍活力动力进一步增强。举办第一期"青马工程"培训班，强化优秀年轻骨干政治历练。加快优秀青年骨干人才培育培养，4名科研岗位和生产一线技术岗位员工，入围集团公司首批青年科技人才培养计划，7名优秀科研骨干人才成为高校"双师型"教师，成立专业人才团队15个。实施高技能人才精准培养，3名员工被聘为集团公司技能专家，企业新聘任企业技能专家13名、首席技师26名、高级技师41名、技师286名。开展"大主操"和通岗培训，培养后备班长59名、后备主操67名。一批高技能人才脱颖而出，在集团公司创新大赛等竞赛中屡获殊荣，人才强企战略初见成效。推进依法合规治企，以合规管理强化年、严肃财经纪律专项行动等为抓手，推进合规问题整改，建立长效机制。制定员工违规行为处理规定、合规管理负面清单等文件，识别合规风险点1668条。强化依法维权，通过法律诉讼结案5起，避免损失4532万元，主动追究相关方合同违约责任30万元。加强合同精细化管理，合同合规审查率100%。突出强化事前法律论证，出具重大事项法律意见书28份。加强内控风险管理，开展内控体系测试，修订内控手册，确保权责规范运行。有针对性加强"关键少数""关键岗位"合规教育，培育合规文化，企业合规管理取得新进步。

【疫情防控】 2022年，乌鲁木齐石化始终将员工的生命安全与身体健康放在第一位,积极应对严峻复杂的新冠肺炎疫情形势,先后召开疫情防控部署会40多次,严格落实政府和集团公司疫情防控政策。在118天抗疫攻坚战中,全体员工付出艰苦卓绝、前所未有的努力,战胜新疆历史上传播速度最快、涉及面最广、持续时间最长、防控难度最大的疫情。8月10日凌晨5点,在乌鲁木齐石化党委的号召下,3000余名干部员工,连夜从四面八方返岗。企业调动一切资源实现封闭运行,各级人员超常规开展工作,吃住在岗位。在最紧张阶段,企业产品预警库存只有半天,加强内外协调、上下游配合,集中攻关、卡边操作,在各级部门的帮助下,确保产品链、供应链运行有序。针对人员不足,调整倒班形式,后勤单位想尽一切办法保障在岗员工吃住行,居家员工通过信息化办公等多种方式,心系岗位、履职尽责,发挥重要作用。企业拨出有限资金,全力争取宝贵的药品和资源,构筑网格化防线,将员工健康、生产变动风险降至最低。最终迎来全面解封,全员复工井然有序。

【企业党建工作】 2022年,乌鲁木齐石化党委坚持以高质量党建引领高质量发展,制订落实企业党组织融入企业治理等系列重要文件,从顶层设计上深化党的全面领导。改进"三重一大"管理,规范组织决策议题156个。全面准确学习领会党的二十大精神,高标准高质量统筹安排学习宣传贯彻工作,在企业迅速掀起学习的热潮,深刻领悟"两个确立"的决定性意义,"四个意识"更加牢固、"四个自信"更加坚定、"两个维护"更加自觉。持续深化理论武装,开展两级党委中心组集体学习14次,"第一议题"专题学习33次,聚焦强管理,深入开展主题教育活动,促进经营业绩提升。推进党建"三基本"与"三基"工作深度融合,推动81项措施落地见效。强化文化引领,宣传报道先进典型,弘扬乌石化精神、弘扬正能量。落实新修订的8项规定实施细则,以文风会风转变为重点,推进企业上下持续转变作风。健全纪检、巡察、审计、专业监管协同工作机制,保持监督执纪问责的高压态势,企业政治生态持续向好。增强群团组织功能,开展劳动竞赛、技术比武等活动241项,受新疆维吾尔自治区总工会表彰的各类创新成果大幅增加。全面加强党建带团建,引导青年员工创新创效、成长成才。推进健康企业创建,实施差异化体检,推广"8+1"健康活动,"五六七"健康干预做法被列为全国先进管理案例推广。全面推进定点帮扶对口支援工作,落实集团公司帮扶资金1585万元,高质量完成各项帮扶项目,消费扶贫653.66万元,"访惠聚"帮扶工作开展有声有色。围绕员工"急难愁盼",推进办实事项目105个,改善员工工作生活环境、开展送温暖工程、疫情慰问等,将关心关爱员工落实落细。强化重点时段安保维稳信访工作,确保持续稳定和谐。

(董 琦)

中国石油天然气股份有限公司宁夏石化分公司

【概况】 中国石油天然气股份有限公司宁夏石化公司（简称宁夏石化）始建于1985年，是集炼油、化工和化肥生产为一体的大型石化企业，具备500万吨/年原油加工能力，10万吨/年聚丙烯、200万吨/尿素生产能力。主要产品为汽油、柴油、聚丙烯、航空煤油、尿素及合成氨。截至2022年12月31日，资产总额81.73亿元。设13个机关处室、8个直属部门、17个二级单位。在册员工4095人，其中，在岗员工3727人，大专及以上学历员工2676人，具备初级以上职称员工904人。

2022年，宁夏石化加工原油424.80万吨，生产汽油184.05万吨、柴油157.18万吨、航空煤油10.49万吨、合成氨53.49万吨、尿素87.65万吨、聚丙烯10.73万吨，实现销售收入325.15亿元，利润21.15亿元，上缴税费106.85亿元。

宁夏石化主要生产经营指标

指　　标	2022年	2021年
原油加工量（万吨）	424.80	422.89
汽油产量（万吨）	184.05	191.05
柴油产量（万吨）	157.18	142.11
航空煤油产量（万吨）	10.49	17.96
聚丙烯产量（万吨）	10.73	10.49
合成氨产量（万吨）	53.49	39.05
尿素产量（万吨）	87.65	64.32
液化气产量（万吨）	15.94	15.69
资产总额（亿元）	81.73	99.73
营业收入（亿元）	325.15	254.99
利润（亿元）	21.15	17.05
税费（亿元）	106.85	83.47

【生产运行】 2022年，宁夏石化树立"大平稳出大效益"理念，强化以调度为中心的生产受控管理，组织生产运行瓶颈攻关，紧盯工艺指标偏差和仪表故障，及时处置异常波动，生产装置平稳率99.85%，同比提高0.13%。炼油装置保持第四周期连续稳定运行，全年非计划停工为零；化肥装置实现A类长周期运行263天，刷新装置投产以来最长纪录。坚持精益为本，以系统思维推进精细化管理，强化产运销存一体联动，炼油装置全年生产计划执行率99.98%，互供计划执行率100%；主要生产指标可比综合商品率91.92%，同比提高0.45个百分点，加工损失率和综合损失率分别为0.3%和0.36%，分别同比下降0.1个百分点和0.15个百分点。三化肥装置用时321天，较设计值提前9天实现产能达标，天然气单耗1077标准米^3/吨，同比下降3.4%；合成氨综合能耗33.2吉焦/吨，同比下降6.8%，实现利润近7.11亿元，创10年以来最好盈利水平。

【设备管理】 2022年，宁夏石化加强设备精细化管理，组织开展装置安全仪表完整性评估、"设备管理提升"主题月活动和标准化创建工作，优化先进报警管理系统，自控率和设备完好率均99%以上，大机组及其辅助系统完好率100%，中高风险及以上机泵、易泄漏法兰、小接管风险管控到位率100%，日平均报警数降至100次以内的历史最低水平。推行预知性检修，严控设备检修质量，动设备预知维修比例达50%以上，控制设备检修一次成功率100%。组织完成催化烟机计划检修和烷基化废酸装置窗口检修，有序推进炼油大检修准备工作，解决影响长周期运行的瓶颈问题。及时发现并处置催化再生滑阀漏点、化肥燃料气管线自力式调节阀泄漏等隐患，有效监控处置22处催化两器热点，确保核心装置安稳运行。

【安全环保】 2022年，宁夏石化将"3·24"事故整改整顿和验收作为强化管理、扭转安全生产被动局面的新起点，开展为期3个月的思想大反思、安全大整治、作风大整顿、现场大整改专项活动，组织大反思大讨论216场次、现场警示教育44场次、安全专题培训343场次，整改现场低标准2027项，61项纠正和预防措施整改计划全部闭环销项。启动QHSE体系重塑工程，形成"四个绝对""四个必须"现场管理要求，实施现场作业"四级监督"，发布直线领导安全环保责任15项正面清单和员工安全行为77项负面清单，制定安全生产事故事件分级考核细则，推广承包商作业班前安全喊话，建立安全警示教育日，开通网上监督曝光台，开展现场问题管理追溯，追责考核310项典型问题29.4万元。排查各类隐患7233项，隐患治理率94.2%。抓实抓细关键敏感时段升级管控，确保党的二十大期间大局稳定。推进挥发性有机物综合治理，5项挥发性有机物提标问题有序整改。规范处置危险废物7244.8吨，废气、污水排放达标率100%，持续推进健康企业创建，优化员工健康体检，有毒有害岗位员工健康体检率100%，获2022年第一批宁夏回族自治区健康细胞示范点企业。

【提质增效】 2022年，宁夏石化坚持"四精"理念，落实集团公司提质增效价值创造专项行动，实施"五提质、五增效"，配套制定激励措施，设定刚性考核目标，推进对标管理，降本和治亏两手抓两促进，推动10个方面29类169条具体措施落实落地，全年增效5.11亿元。尿素产量同比增加23.5万吨增效1.1亿元；原油加工量同比增加1.9万吨增效1060万元；争取到第三轮优惠期10年的西部大开发税惠政策，2022年减税增利超过2亿元；争取天然气调峰价格，累计减少成本6710万元；自发电5606万千瓦·时，节约电费2253万元。深化亏损业务治理，止住亏损出血点，厚植效益增长点，安检公司主动开拓高端和优势业务外部市场，承接兄弟企业2600万元外部维保项目；宁京公司房产集中纳入集团公司托管；矿区业务加强服务，在新冠肺炎疫情封控店铺歇业状态下，实现房屋租赁收入885万元、宾馆对外创收250万元。航空煤油产品铁路跨省外运顺利首发，为优化产品结构、助力效益增长创造条件。

【科技创新】 2022年，宁夏石化抓住科技创新这个"牛鼻子"，按照集团公司"十四五"期间炼化业务"减油增化、减油增特、新材料提速、化工营销提升、双碳行动"的发展方向，结合宁夏石化"十四五"发展规划部署，起草印发涵盖8个智能化应用场景的数字化转型设计方案、碳达峰方案和绿色行动方案，明确绿色低碳和数字化转型、智能化发展方向。水资源综合利用、挥发性有机物深度治理蓄热式热力焚化炉两个工程建设项目投运，分布式光伏发电清洁替代项目取得阶段性成果，重整氢气资源综合利用、催化装置二氧化碳捕集、炼油加热炉节能研究等一批绿色低碳项目前期工作有序推进，"天净"无动力处理设施和"绿源"安全泄压井盖成功开发，现场异味持续改善。借力信息化手段，资源配置效率、资产创效能力持续提升，固定式反无人机主动防御系统全方位、全天候守护公共安全，汽油、柴油罐车计量跨入数字计量时代，门户2.0系统、工程造价管理3.0系统全面上线运行，集成平台持续深化应用，数智发展基础得到夯实。电脱盐水力旋流除油除沙设施、污水处理节能风机、炼油装置首套先进控制系统、化肥先进控制系统和国产化氢回收膜相继投用，助力提质增效。开展脱硫溶剂选择性攻关和循环水亚音频技术试验，采用电吸附除盐技术提高污水回用率，解决生产技术难题。航空煤油产品铁路跨省外运流程畅通，为产品结构优化调整创造条件。开发生产新型海藻酸尿素，化肥产品再添"新成员"。专班推进45/80化肥异地升级改造项目，完成项目可行性研究编制和报审，启动总图整治工程，为安全生产和未来发展提供支撑保证。以创新工作室、技能大师工作室等为载体，基层单位开展一线难题征集攻关151项，12个"劳模创新工作室"完成86项创新成果。

【企业管理】 2022年，宁夏石化落实集团公司"严肃财经纪律、依法合规经营"综合治理专项行动和合规管理强化年各项工作部署，全面梳理合规风险点64项，提出防控措施157项。立足解决生产经营、管理体制、运行机制、工作流程、制度标准等方面存在的突出问题，开展为期5个月的"完善制度、强化管理"专项活动，年内制修订制度90项。迎接集团公司内控管理层测试，整改例外事项17项，整改完成率100%，对历年内控测试发现上报的11项问题组织开展"回头看"。加强招标采购管理，强化合同突出问题专项治理，示范合同文本使用率高于99%，事后合同发生率低于2%。涉法事项法律审查率100%，"八五普法"专题学习及合规培训实现全覆盖。加强生产运行过程与专业管理协同联动，紧盯财务、计划、生产、营销、招标、采购、合同管理，强化信息共享和快速反应，推动问题有效解决，保障生产经营全链条高效运转。推进国企改革三年行动和对标世界一流管理提升行动，69项改革任务和33项对标任务完成率100%。推进管理层任期制和契约化管理，为干部竞争上岗和不胜任退出机制运行奠定基础。独立核算单位改革加快推进。召开5次专题会议研究独立核算业务发展出路，传递压力传导责任。新测评业务难度系数，优化薪酬结构，将收入进一步向一线单位、关键岗位倾斜。重新修订专业考核细则，建立专项奖管理制度，全年颁发嘉奖令8项4.7万元，激励员工在生产优化、隐患查找、抢险抢修、科技创新中做出突出贡献。

【企业党建工作】 2022年，宁夏石化党委落实"第一议题"制度，学习贯彻习近平新时代中国特色社会主义思想和党的二十大精神，跟进学习贯彻习近平总书记最新重要讲话精神，深入推进党史学习教育常态化长效化。坚持党对一切工作的领导，科学指挥疫情防控，全力组织市场保供，统筹谋划提质增效，超前布局依法治企，召开39次党委会研究改革、发展和民生等重大事项67项，推动中央大政方针和党组决策部署落到实处，引领保障年度重点任务完成。加大年轻干部选拔培养力度，二级正职领导人员平均年龄下降1.41岁，45岁以下二级领导人员占比达到相应层级的1/4。实施推动"青马工程"建设，为后续发展储备一批岗位骨干和后备力量。制订下发岗位管理"1+6"系列文件，稳步推动《新入职员工五年培养规划》，夯实企业人才基础。制定《基层党建"三基本"建设与"三基"工作有机融合推进方案》，发布《基层党建规范性业务指导手册》，拟定《宁夏石化公司党建2023—2025年工作规划》，优化《基层党建工作考核细则》，初步形成《宁夏石化公司加强"三基"工作实施方案》。成立党建工作研究室,深化党支部达标晋级管理,实现党组织书记持证上岗。修订全面从严治党责任清单,完成两轮党内巡察。深化专项治理,完善制度程序,狠抓过程监督,强化执纪问责,加强廉洁文化建设,构建风清气正的政治生态。

【和谐企业建设】 2022年,宁夏石化践行总书记"以人民为中心"的发展思想,推动手持终端、共享单车老旧损坏等67项员工群众关心关注的调研问题整改落实。全年补充医疗保险报销员工医疗费644万元,综合团体责任险、重病保障险等赔付大病人员医疗费590万元,减轻员工医疗负担;改进倒班作业方式,优化轮班培训模式,通过增加薪酬补偿的方式,顺利过渡到"四班两运转"模式;申请协调宁夏银川市西夏区人民政府投入资金7000万元对两个老旧小区实施外墙保温、屋顶防水和弱电入地改造,解决居民冬季房屋温度不达标问题;建成新的光伏发电停车场,利旧改造电仪、安检维保基地和单身公寓,推动2号综合楼修缮工程落地,解决员工停车难、人员分散、机关两处办公等困扰基层多年的老大难问题。对外劳务队伍和谐稳定,保密、档案、离退休等工作有序开展。工会组织热心服务基层,暖心扶助困难群体,在炼化业务区3次临时静默管控封闭运行期间,组织开展慰问活动和心理疏导,稳妥安置隔离员工,解决员工及家属实际困难。团青组织搭建平台,青字品牌和创新创效、志愿服务活动引领青年建功立业。积极承担宁夏回族自治区防疫、防火、防汛应急任务,热心参与公益事业,推进脱贫攻坚成果同乡村振兴有效衔接,在3个振兴点持续开展智志帮扶,超额完成集团公司消费扶贫任务,企业发展成果惠及社会、爱及员工。

(高 丹)

中国石油天然气股份有限公司大连石化分公司
(中国石油大连石油化工有限公司)

【概况】 中国石油天然气股份有限公司大连石化分公司(中国石油大连石油化工有限公司)简称大连石化,是中国石油所属的大型骨干炼化企业。始建于

1933 年，新中国成立后先后更名为"大连石油厂""石油工业部大连石油七厂"等，1983 年划归中国石油化工总公司，1998 年划归中国石油天然气集团公司。长期以来，大连石化为国家炼油工业培养输送大量的管理和技术人才，被誉为中国炼油工业的"人才摇篮"。新中国成立以来，累计加工原油 4.52 亿吨，生产各类石油化工产品 4 亿吨，累计实现税费 2776 亿元，先后获"全国节约能源先进单位""全国企业管理全马奖""中国质量诚信企业"等荣誉。

大连石化主要生产经营指标

指　　标	2022 年	2021 年
原油加工量（万吨）	1564.17	1610.51
汽油产量（万吨）	380.92	481.11
柴油产量（万吨）	580.33	587.09
航空煤油产量（万吨）	131.11	136.82
润滑油基础油产量（万吨）	19.53	26.91
乙苯、丙烯、苯等有机原料产量（万吨）	123.36	95.96
化工产品产量（万吨）	32.37	33.14
资产总额（亿元）	132.30	152.36
收入（亿元）	967.86	764
利润（亿元）	90.20	43.2
税费（亿元）	146.02	155.8

大连石化为燃料—润滑油型炼化企业，有炼油化工主体装置 36 套，具备 2050 万吨 / 年的原油加工能力和 27 万吨 / 年的聚丙烯生产能力，主要生产汽油、航空煤油、柴油、润滑油基础油和石蜡、芳香烃、聚丙烯等 4 大类 129 种石化产品。占地 318 万平方米，海岸线长 4.3 千米，有油品装卸码头 5 座，5000—10 万吨级泊位 15 个，年吞吐能力超过 2300 万吨，85% 的产品通过船运销往华东、华中、华南等国内市场及国际市场。

2022 年底，大连石化设处室 13 个、5 个直属单位、17 个二级单位，在册员工 5155 人（上市公司 4506 人、未上市公司 649 人）。2022 年加工原油 1564.17 万吨，销售产品 1429.68 万吨，营业收入 967.86 亿元，利润 90.20 亿元，税费 146.02 亿元，工业产值 1012.04 亿元。

【生产运行】 2022年，大连石化严格落实"事不过夜、溯源分析、及时退守"三大原则，严肃执行"工艺、操作、劳动"三大纪律，强化操作变动风险管控，加强"机、电、仪、管、操"五位一体巡检，进一步落实标准化操作和手指口述操作法。组织完成渣油加氢装置Ⅱ系列换剂、二三催化装置烟机转子更换等工作，消除装置运行瓶颈，确保装置安稳长满优运行。完成32项技术攻关，解决二重整分离料斗料位下降、二催化烟气氮氧化物偏高等30项生产异常和波动等问题。加强精益化指标控制，强化6σ标准执行，装置平稳率99.87%，产品出厂合格率100%。70号以上高熔点石蜡产品含油量控制取得国内同行业最好成绩，在集团公司内率先达到全精炼蜡质量要求。

【设备管理】 2022年，大连石化全面推进"设备健康管理"，强化设备预知维修，完成小接管、高危泵、调节阀、高压电机4类设备健康评价工作，将工艺阀门、往复式压缩机、仪表切断阀、电气保护装置纳入设备健康管理体系。强化大机组专业管理，深化机泵"两治理一监控"，高危泵平均检修间隔时间（MTBR）、平均故障间隔时间（MTBF）分别同比提高15个单位、25个单位，状态监测不合格机泵数同比下降37.5%。推进"无泄漏装置"创建，推行"一装置一策"，落实静设备风险分级管控，静密封点泄漏率降至0.03‰，泄漏检测与修复（LDAR）泄漏点数下降33%。引进地下管线泄漏探测技术，排查处理9起地下水线泄漏问题，工业用水量同比下降4%。

【安全环保】 2022年，大连石化强化安全环保责任落实，逐级签订《质量健康安全环保责任书》，全员手写QHSE承诺。健全完善"优良日"管理机制，全年优良日299天。强化"两重点一重大"日常监管，完成重大危险源辨识评估备案。开展安全隐患排查，完成老旧装置自评、控制室和机柜间等面向有火灾爆炸等危险性设备问题排查。深化全员动态风险辨识，识别、完善风险管控责任清单10413项。开展"双盲"应急演练，落实"135"应急处置原则，强化事故事件管理与经验分享，增强全员风险意识应急能力。开展"无违章作业"竞赛和施工作业"三降"活动，提升全员施工作业风险管控能力。完成烷基化装置扩能改造、高含盐浓水综合治理项目竣工环境保护自验收及VOCs（挥发性有机物）、网格化项目验收，通过集团公司绿色企业认定。推进健康企业创建，实施健康预警及健康干预，2022年非生产亡人数同比下降31.2%。获2022年度集团公司"质量健康安全环保节能先进企业"称号。

【挖潜增效】 2022年，大连石化落实"四精"要求和"五提质、五增效"10大举措，强化"两利四率"等关键指标的牵引和约束作用，制定79项195个具体措施，实现增效8.5亿元。科学研判国际原油价格走势，合理安排大庆原油、俄罗斯原油进厂时机，优化进口原油采购，降低运输成本，实现原油优化增效 2.5 亿元。调整优化烷基化和汽油加氢装置操作，落实提高汽油辛烷值等措施，实现增效 1.2 亿元。加强产销衔接，紧盯产品价格及市场供需形势，围绕高效产品比例、产品结构和销售流向 3 个方面开展优化，实现增效 3.1 亿元。树立"节能就是增产"理念，优化催化机组及动力锅炉运行等一系列措施，单因耗能同比降低 0.05 个单位。开展"控本降费"专项行动，严格管控各项费用支出，"五项"费用和非生产性支出分别同比降低 377 万元、1707 万元。截至 2022 年底，自由现金流 38.2 亿元。

【企业改革】 2022 年，大连石化系统推进组织机构改革，取消二级单位部分科室设置，压减 33 个二级、三级机构。完成二级单位专业技术岗位序列改革，建立起以企业首席专家、高级专家、一二三级工程师、集团公司和公司技能专家、首席技师等为主体的技术、技能人才管理体系。推进制度体系建设"双循环"管理，完成 19 个管理部门 314 项制度评估，整改各类问题 251 项。落实集团公司综合治理专项行动和合规管理强化年各项工作部署，梳理合规风险点 523 项，提出防控措施 769 项，制定形成《合规操作指引》。推动存量纠纷案件结案，妥善解决原热电厂改造征地动迁争议、金州二十里堡土地房屋租赁争议等历史遗留问题。69 项"三年改革行动"任务全面完成，4 项改革经验作为典型案例上报集团公司和辽宁省国资委分享交流，3 项管理做法获辽宁省及石油石化行业管理现代化创新成果奖。

【人才培养】 2022 年，大连石化创建标准化课程体系，系统梳理专业技术岗位知识技能，收集整理专业课件 91 个，补充完善万余道试题导入题库。发挥培训平台作用，打造"线上理论 + 线下实操"培训模式，开展网络考试 2976 次，培训时长 99445 学时。搭建注册安全工程师考试培训平台，开展注册安全工程师考前培训。抓实新入职员工培训，制订为期半年的集中培训计划，系统学习专业知识，夯实基本功。发挥"一中心三基地"作用，技能人才评价中心培训 840 余人次、外来施工人员入厂培训 2000 余人次；机电仪实训基地、安全实训基地编制完善实训课程 23 项、合计培训 2200 人次；仿真培训平台培训 3.6 万余人次；培训时长 2.2 万余小时。

【企业党建工作】 2022 年，大连石化把学习宣传贯彻党的二十大精神作为首要政治任务，开展"建功新时代、喜迎二十大"主题活动，推动党的二十大精神落地生根。修订完善《"三重一大"决策制度实施细则》，推进党的领导与公司管理有机统一。开展"转观念、勇担当、强管理、创一流"主题教育，推进基层党建"三基本"建设与"三基"工作有机融合。优化基层党组织建设定期督导工作机制,提高基层党建工作标准化水平。启动大连石化青年马克思主义者培养工程。加大优秀年轻干部培养使用力度,确定集团公司级"青年科技人才培养计划人选"4人、公司级"培养人选"58人。开展违规吃喝问题专项治理工作、"反围猎"专项行动和新时代廉洁文化建设专项工作。完成对16个单位巡察"回头看"。开展企业文化建设,编制《企业文化手册》,有效提炼"伸把手文化""五家文化"等基层特色文化,获"辽宁省2020—2021年度思想政治工作研究优秀单位"称号。落实"我为员工群众办实事"长效机制,制定12项"办实事"重点任务和43个公司级重点民生实事项目,解决职工群众"急难愁盼"问题464项。推进国家重点目标安防达标工作,获辽宁省"防范恐怖袭击一级重点目标达标单位"称号。

(马成祥)

大连西太平洋石油化工有限公司

【概况】 大连西太平洋石油化工有限公司(简称大连西太平洋石化)是由大连市发起、经国务院批准、由中法股东共同投资兴建的中国第一家大型中外合资石化企业,也是中国能源行业对外开放合作的标志性工程。1990年成立,总投资10.13亿美元,占地面积2.5平方千米,1992年动工建设,1996年开工投产,2018年完成股权变更,主要股东为中国石油天然气股份有限公司(84.475%)和大连城市投资控股集团有限公司(15.525%)两家。建有17套主体生产装置及配套的公用工程系统、辅助生产设施,以加工高含硫原油为主,产品全部加氢精制,其中1000万吨/年常减压、300万吨/年催化裂化、220万吨/年重油加氢脱硫、150万吨/年加氢裂化等均为中国单体加工能力较大的生产装置之一。已经形成系列轻质柴油、航空煤油、聚丙烯、硫黄、苯、混合二甲苯、重交通道路沥青等19大类50多个牌号产品的生产能力。各种产品畅销国内市场,远销东南亚等10个国家和地区。其中聚丙烯、硫黄、航空煤油、重交沥青等产品被评为辽宁省、大连市的名牌产品。优越的地理位置、良好的口岸优势及先进的技术和管理手段的综合运用,助推大连西太平洋石化经营业绩的不断提升,销售收入、纳税额等主要经济技术指标持续稳定增长,是辽宁省和大连市的主要纳税和出口创汇大户，承担着一定的政治、经济、社会责任。

大连西太平洋石化主要生产经营指标

指　　标	2022年	2021年
原油加工量（万吨）	588.08	848.53
汽油产量（万吨）	147.37	228.14
柴油产量（万吨）	229.01	296.80
煤油产量（万吨）	64.65	108.32
沥青产量（万吨）	23.27	53.51
丙烯产量（万吨）	9.72	12.67
硫黄产量（万吨）	8.04	11.64
苯产量（万吨）	5.06	7.46
混二甲苯产量（万吨）	18.71	25.89
营业收入（亿元）	361.04	374.02
利润总额（亿元）	14.37	23.28
税费（亿元）	77.13	71.67

2022年，大连西太平洋石化加工原油588.08万吨，销售收入361.04亿元，盈利14.37亿元，上缴税金77.13亿元。

【生产运行】 2022年，大连西太平洋石化面对年初市场低迷、近3个月停工的重大挑战，灵活调整，利用时机，提前组织换剂消缺检修，提前部署、扎实推进、精细管理、总结提升，克服重重困难挑战，完成15套主体装置，627个项目的深度检维修工作，全面消除装置运行瓶颈，平稳顺利恢复开工。

大连西太平洋石化经过系统思考、科学研究、精心筹划、优化调整，实施"四班两倒"政策，员工工作时间更加科学，生活作息更加规律，提高安全生产质量和效率；实施内部分配激励制度，班组实现轮岗操作，员工技能潜力得到释放，队伍活力进一步激发。

【设备管理】 2022年，大连西太平洋石化重点改造项目有序推进，设备精细化水平持续提升。催化裂化装置产品结构优化改造项目、气分扩能及配套丙烯储运系统改造项目，进入基础设计阶段；低硫船用燃料油配套设施建设项目有序推进。推进"无泄漏装置"建设工作，开展防泄漏专项治理。强化机泵风险管控，开展机泵"两治理一监控"工作，严格执行"超标必修"。加强加热炉检验全过程管理，增强炉管本质安全管理水平。俄罗斯原油管线改造工程全面完成，具备400万吨/年接收能力，资源保障和创效能力显著提升。强化风险管控，推动主要生产装置全面完成机泵诊断系统升级；深入开展机泵"两治理一监控"专项攻关，振动小于2.8毫米/秒的机泵比例达96%以上；开展机泵双封改造，解决一系列设备长周期运行隐患。加强防腐管理，引入脉冲涡流扫查等先进技术，完成1000平方米设备管道外表面、1000余个小接管扫描检查，及时消除腐蚀泄漏隐患。

【计划优化】 2022年，大连西太平洋石化产品结构优化紧紧围绕市场变化和总部政策来开展。按照集团公司要求，修改、完善"十四五"发展规划方案，规划建设催化裂解、气分、聚丙烯、苯乙烯装置，消除重油加工能力不足的短板问题，降低操作风险，大幅度降低成品油比重，增产化工产品，增产低硫船用燃料油，优化产品结构，实现高质量转型升级；着力提升生产管控能力，严肃执行"工艺、操作、劳动"三大纪律，严格落实重污染天气应急响应生产调控、特殊时期风险升级管控等要求，构建系统完备、科学规范的体系；调整机构设置，成立规划计划信息部，业务布局持续优化；规范业务流程，维修中心和总变完成合并，成立机电仪运维中心，实现业务管办分离，管理协同性进一步提高。

【安全环保】 2022年，大连西太平洋石化紧盯安全生产形势，压紧压实安全生产责任，始终把安全作为一切工作的基础，增强全员做好安全环保工作的思想自觉和行动自觉。实现责任全覆盖，严格检查考核，督促责任落实。践行绿色发展理念，实施安全环保隐患治理"周推进会"机制，强力推动项目建设，完成污水处理系统升级技术改造、储罐附件挥发性有机物（VOCs）专项治理等6个项目的建设投用，"11+7+3"挥发性有机物治理及特别排放限值项目收官，全面完成中央环保督察工作任务；安全环保隐患治理、危险和可操作性（HAZOP）分析及各类检查问题有序整改，达到预期目标。

【节能减排】 2022年，大连西太平洋石化为创建绿色企业奠定基础，开展挥发性有机物治理问题排查，确定对13台轻质油内浮顶储罐进行钢制浮盘升级改造，完成7台挥发性有机物治理设施排放口在线监测设施建设。建立挥发性有机物长效监测机制，对有组织排放源，定期做好在线连续监测或离线监测；对动静密封点，完善激光雷达（LDAR），现场检测，降低不可达点数量。在装置换剂消缺期间对全厂178个延迟修复泄漏点组织修复，有效减少现场挥发性有机物泄漏逸散，协同推进减污降碳和节能节水、加大生态保护力度、培养绿色企业文化，全方位创建绿色企业。

【挖潜增效】 2022年，大连西太平洋石化面对复杂的市场形势，坚持"四精"理念，聚焦价值创造主线，制定并实施11个方面、80条提质增效硬措施，累计增效2.5亿元，剔除加工量因素影响，炼油完全加工费226元/吨。优化原油运作，研判原油价格趋势，通过实施转月计价、优化拼装方案、加强商储油运作、利用期货交易等举措，降低原油采购成本4600万元，规避跌价损失5000万元。针对成品油需求大幅下降现状，坚持市场导向、以销定产、动态调整，优化催化裂化、加氢裂化等主要装置运行，柴汽比达到1.25，有效缓解产销矛盾，提升效益；投用催化装置油浆回炼设施，回炼量最高达到10吨/时，累计增效3400万元。利用辽河石化沥青资源，成功调和低硫船用燃料油产品，实现资源共享和优势互补，全年调和销售16万吨，增效500万元，柴油收率降低2.8个百分点，"减油增化""减油增特"成果显著。坚持"一切成本皆可降"理念，通过减少白土消耗、延长催化剂使用寿命等措施，化工"三剂"消耗显著降低；完成储运气柜检修，减少火炬异常排放，运行状态达到近10年最好水平，瓦斯单耗同比降低0.7万吨。财务方面，采取降低借款及购汇利率、优化借款结构、争取消费税缓税、出口退税、加强汇率风险管控等措施，节省资金成本0.9亿元。

【风险管控】 2022年，大连西太平洋石化开展"合规管理强化年"活动，推进合规风险排查，发现并解决经营业务、投资项目管理等方面8项重难点问题。修订合同管理办法，强化法律审查、实施专项治理，违法分包、业务外包与劳务派遣等问题得到有效解决，从源头控制交易风险。强化内控风险管理，组织问题"回头看"，发现关键业务、重点领域5项问题，及时制定改进措施、堵塞管理漏洞，内控管理水平有效提高。

【人才队伍建设】 2022年，大连西太平洋石化贯彻落实集团公司领导干部会议精神，推进人才强企工程，队伍建设持续优化，员工综合素质稳步提高。搭建"三支队伍"成长体系，配套制定《专业技术人员管理办法》《高技能人才管理办法》系列制度，明确"三支队伍"划分和转换关系，完成选聘相关政策，完善管理运行机制，评聘公司高级专家和一级工程师6人，二级、三级工程师6人。强化岗位人员基本功，开展"双减双强"和操作岗位标准化赋能培训，加强员工"一口清""活流程""一分钟应急"等能力培训，结合岗位特点，因地制宜创新培训方法，加强闭环管理，开展专项检查，发现并解决问题100余项，培训工作聚焦生产实际的导向作用得到进一步发挥。顶层谋划年轻干部选拔培养，分类建立后备人才库，完成两次干部调整，领导干部平均年龄44.47岁，下降 2.92 岁，其中提拔 40 岁及以下 35 人，占比 57.4%，干部年轻化工作成效显著。开展领导力提升专题培训班，干部专家理论素养和工作能力得到整体提升。

【维稳安保】 2022 年，大连西太平洋石化安保防恐、信访、维稳、保密等工作精细化管理水平显著提升，保证党的二十大等特殊敏感时期大局稳定受控，获集团公司通报嘉奖，荣立辽宁省公安厅一等功。加强大健康管理，员工健康体检和职业病体检双重保障，实现全面覆盖。推进健康饮食，改善伙食质量，提高员工满意度。在 2021 年扩建停车场的基础上，优化和增加班车线路，提高员工通勤便利性。多功能运动场、专业文体活动室等总计 600 余万元的职工之家改造项目全面启动，员工业余生活进一步丰富。

（吕佳轩）

中国石油天然气股份有限公司锦州石化分公司
（中国石油锦州石油化工有限公司）

【概况】 中国石油天然气股份有限公司锦州石化分公司（中国石油锦州石油化工有限公司）简称锦州石化，始建于 1938 年，是一家以炼油为主、化工为辅的燃料化工型企业。是我国重要的润滑油添加剂科研生产基地和辽西地区最大的原油、成品油储备基地，也是国内首家生产国Ⅳ标准汽油、京Ⅴ标准汽油的企业。新中国第一滴人造石油、第一块合成顺丁橡胶都在这里诞生。有 54 套炼油化工生产装置，原油一次加工能力 750 万吨/年，固定资产总额 151 亿元，可生产 44 个品种 81 个牌号的石油化工产品。有长输管线、铁路、陆路、海上"四位一体"输出通道，产品畅销国内外。2022 年底，有员工 5896 人，设 11 个处室、5 个直属单位、22 个基层单位。

2022 年，锦州石化以"特色鲜明、竞争力突出能源公司"为目标，构建 12345 发展框架，按照集团公司"集中整体资源，发挥个体优势"的指导意见，推进第三套针状焦装置建设，强化针状焦产品优势地位，加强技术攻关，提高产品品质，向打造"环境优美、创效突出、技术先进、质量高端"的世界级针状焦生产基地阔步前行。针状焦成为集团公司党组关注、"十四五"大力发展的炼化新材料。与国内新能源龙头企业——宁德时代交流互访，达成战略合作意向，促成宁德时代在锦投资建厂，携手打造全国针状焦和负极材料生产基地。锦州市委将"推动锦州石化公司'减油增化'转型升级和建设世界最大石油针状焦生产基地"写入落实习近平总书记在辽宁考察时重要讲话精神工作方案。辽宁省政府在工作报告中明确加快建设辽西100亿元规模石化新材料产业集群。成功产出G1电子级异丙醇，产品出口韩国。稀土橡胶完成工业化生产，添加剂T-205新产品开发实现预期目标。完成548.6万吨原油加工任务，实现营业收入339.26亿元，利润26.29亿元。实现工业总产值398亿元，上缴税费85.82亿元。效益排名位居炼化新材料公司第二名，综合业绩晋升集团A级。营业收入、利润总额、效益排名同年创造企业历史最好水平。

锦州石化主要生产经营指标

指　　标	2022年	2021年
原油加工量（万吨）	548.6	541
汽油产量（万吨）	205.4	249.6
柴油产量（万吨）	154.8	124.7
航空煤油产量（万吨）	21.8	29.6
化工添加剂产量（万吨）	25.9	32
资产总额（亿元）	113.09	106.44
营业收入（亿元）	399.26	301.18
利润（亿元）	26.29	16.57
税费（亿元）	85.82	60.6

【生产运行】 2022年，锦州石化完善中央控制室"三中心"建设，实现生产运行、优化调整、应急处置一体化，重要装置间数据互联互通，有力应对辽河原油停输、外网天然气中断等突发状况。深挖生产数据价值，自主设计中控室大屏数据展示平台，实现公用工程指标数据监控分析。调整生产经营调度会组织模式，计划、生产、财务、销售等部门一体协同、高效联动。开展工艺报警专项整治，实质性报警基本清零，总报警次数下降89%，联锁投用率达到100%，

操作平稳率99.7%,自控率98.6%,装置操作运行水平进入先进行列。利用全流程建模,实时优化物料平衡与生产成本、加工负荷与产品收率间的最佳操作点,综合商品率同比提高2.54%。编制生产运行日报表,实现加工量、原料性质、馏出口指标、长周期关键运行参数的远程实时监控。加强装置全生命周期管理,开发设备健康管理平台,采取主动维护、预知性检修策略,整合动静仪电防腐专业实时数据,精准排查薄弱部位,消除运行隐患。52套装置、4个联合车间达到无泄漏标准。

【安全环保】 2022年,锦州石化学习贯彻习近平生态文明思想和安全发展理念,坚持"四有工作法",构建全员安全环保责任体系。制定并落实安全环保"八项要求"和"三三五七"管理措施,提升风险管控能力。开展危险化学品安全风险集中治理、安全生产大检查和QHSE体系内审。以国家"十五条硬措施"为基础,制定91项检查内容,推动交叉互审,整改专业问题,识别各类风险。完善应急保障体系,组织各类培训、演练3136次。落实领导干部陪检制,推广作业许可数字化,实现操作、作业风险全过程管控。强化源头治理,氮氧化物排放明显下降。严格异味管控,更换储罐呼吸阀、投用密闭采样器。完成冬奥会和党的二十大期间空气质量保障任务。完成碳排放履约,落实防疫要求,科学精准施策,保障员工身心健康。连续3年获集团公司质量健康安全环保节能先进企业。

【企业管理】 2022年,锦州石化优化顶层设计,以"平台、流程、节点、权利、责任、目标"为核心,建立四级治理架构,形成集权有道、授权有章、立治有体、施治有序的工作格局。夯实合规管理基础,完善制度体系,将依法合规治企融入生产经营全过程,推动"管业务管合规"责任全面落实,修订项目投资、工程建设、招标等领域制度,梳理合规职责,全方位开展合规风险排查。深化管办分开,全部招标方案报党委会审议,总招标率100%,节资率18.7%。锚定合规重点,实现非招标采购规范化,节资率13%。落实合规管理强化年、内控测试问题整改"回头看"、合同和招标突出问题专项治理等工作部署,深挖问题成因,落实整改责任,制定系统性管控措施。国企改革三年行动收官,全部任务通过总部评审。制定锦州石化近中远期人力资源优化盘活方案,向主营业务、重点项目、一线队伍和关键岗位倾斜,确保公司优势高效业务用工需要和一线队伍有序接替。强化效益效率、岗位价值与薪酬分配的联动性,严考核硬兑现,清晰传导指标压力。制订专项奖励管理办法,将月度薪酬合并发放,提高工作效率。

【工程建设】 2022年,锦州石化100万吨/年连续重整装置、3+3万吨/年硫黄回收装置实现中交，资源替代转型升级项目全部建成。投用船用燃料装车设施，完成低压瓦斯气柜在线切除检修和液硫装车系统改造，稳步推进锌盐装置安全环保隐患治理。橡胶生产线增上成品码垛机，大幅提高工作效率。装置区密闭采样器改造、固废处理装置改造工程、10号管廊带安全隐患整改项目、储运罐区挥发性有机物治理、隔油装置隐患整改等项目完工投产。危险废物填埋场完善及环保隐患治理项目完工。120吨/时含硫污水装置与新建硫黄回收装置实现中交。质检计量中心油品站通风设施隐患治理、粉尘污染防治隐患治理、3号、6B号和12号管带隐患治理项目完成年度建设目标。集中整治现场环境，拆除老焦化装置、废旧厂房、废旧管线，更换失效保温，清运废铁。处置积压多年的废油泥、废岩棉、废化学试剂。一大批现场"隐忧""顽疾"得到彻底解决。"花园式工厂"建设全面启动、稳步实施。

【人才强企】 2022年，锦州石化深化管理、专业技术和操作技能"三支队伍"建设。加快培养复合型领导人员，对部分干部进行跨单位、跨专业交流。突出年轻干部专业化配备，领导人员年龄结构更加优化。推进双序列改革，畅通人才发展通道，加快优秀青年成才成长。开展年度技能等级认定，启动高技能人才考评，新增集团公司技能专家2人。召开科技工作会议，选拔1名集团公司层次青年科技人才培养对象和22名锦州石化公司层次培养对象。举办"创新大讲堂""技能大比武"，实现公司层面技术技能交流和典型案例共享。推进技能大师工作站和劳模创新工作室有机融合，打造一线生产智库和创新平台。支持鼓励员工自我超越，在集团公司化工总控工专业技能大赛中取得1金1银2铜和团体第3名。在集团公司第二届创新大赛中，获二等奖1项、三等奖3项。在消防战斗员竞赛中取得团队项目铜牌。将岗位练兵、导师带徒等融入日常，生产序列"多岗通"人员同比上升25.1%。

【企业党建工作】 2022年，锦州石化开展"建功新时代、喜迎二十大"总书记重要指示批示精神再学习再落实再提升活动。开展主题宣讲，深刻领悟党的二十大提出的新思想新论断、做出的新部署新要求。修订"三重一大"决策制度实施细则，建立党委前置研究清单。贯彻落实集团公司提升基层党建工作质量推进会议精神，发布"三个指导意见"，建立4个党建协作区，推动基层党建"三基本"建设与"三基"工作有机融合，建成市级"五星堡垒"2个、"四星堡垒"116个。开展"转观念、勇担当、强管理、创一流"主题教育，组织各级中心组学习197次、宣讲299场次。强化政治监督，制定98项措施，健全"一把手"和领导班子监督机制。开展违规吃喝专项纠治和"反围猎"专项行动，落实防控措施，构建"亲""清"新型企商关系，严肃查处问责"重复发生、有章不循、突破底线"违纪行为。改善员工工作、生活、学习、文化"四个环境"。优化体检套餐、组织健康讲座，改善倒班员工餐饮品质和休息条件。开展"月评一流"活动，微典型示范作用有效发挥。坚持"让思想走出去"，在《人民日报》客户端、人民网《工人日报》及省市主流媒体刊发稿件430篇，展示企业改革发展丰硕成果和良好社会形象。倡导"以文化人、以体健身"，10个文体协会挂牌成立，组织足球、篮球、乒乓球比赛，开展大合唱、健步走、减重达人、巾帼展风采系列活动，员工活力、团队凝聚力不断增强。

（曹继辉）

中国石油天然气股份有限公司锦西石化分公司
（中国石油锦西石油化工有限公司）

【概况】 中国石油天然气股份有限公司锦西石化分公司（中国石油锦西石油化工有限公司）简称锦西石化，始建于1939年，1953年恢复生产。2022年底，有员工6469人（上市4572人、未上市1897人），直属单位43个，炼油化工装置56套，原油加工能力650万吨/年。以加工大庆原油、辽河原油为主，直接管输进厂，另有部分进口原油。主要产品有汽油、柴油、航空煤油、船用燃料油、苯乙烯、聚丙烯等。

2022年，锦西石化统筹推进发展建设、疫情防控、提质增效等各项工作。加工原油541万吨，缴纳税费67.22亿元，效益排名跃升至炼化企业第4名，完成生产经营目标任务，获集团公司"2022年度先进集体"称号。

【生产运行】 2022年，锦西石化加强工艺基础管理，强化过程管控和平稳操作，坚决遏制非计划停工，平稳率99.93%，波动次数同比减少138次，损工时数同比减少20.37天。强化两级达标攻关，建立月例会推进机制，推进公司级10项、车间级259项技术攻关，炼化装置达标率100%，可比综合商品率、节能节水、特色产品收率等7项指标进入炼化新材料板块前十名。

锦西石化主要生产经营指标（上市部分）

指　　标	2022年	2021年
原油加工量（万吨）	541	540.5
汽油产量（万吨）	211.80	249.64
柴油产量（万吨）	131.02	123.15
航空煤油产量（万吨）	23.81	27.1
资产总额（亿元）	108.34	102.08
收入（亿元）	373.56	281.18
利润（亿元）	24.04	11.93
税费（亿元）	67.22	69.85

【设备管理】 2022年，锦西石化开展7项检修技术攻关，申报集团公司级难题1项，公司级难题6项。以设备主题月活动为抓手，强化设备全生命周期管理，炼化企业大检修全周期关键技术（KPI）考核评价、烟机同步运行率、抗晃电等6项考核指标排名炼化新材料板块前10。机泵在线监测比例上升8.5%，A区机泵占比55%。按计划精修高危泵91台，设备故障率下降13%，MTBR（机泵平均修理间隔时间）实现121个月。仪表自控率99.03%、继电保护和自动装置正确动作率100%。加强储罐、小接管和易泄漏法兰风险管控，整改排查问题71项。首次应用脉冲涡流扫查技术完成17套生产装置检测，处理减薄部位20处，有效应对腐蚀风险。

【安全环保】 2022年，锦西石化学习贯彻习近平总书记关于安全生产重要论述，严格落实国家安全生产十五条硬措施和集团公司要求，实施顶格安排，召开安全环保专题党委会9次、安全例会36次，形成公司级安全大检查重点任务109项，排查问题225项。安全生产专项整治三年行动收官，重大危险源改造、危化品集中整治全面完成。强化体系思维，推进QHSE体系建设，编制综合性审核计划，制订"一部一策"方案，设立专业底线53个，两次内审发现问题4853项，各专业常态化审核发现问题952项。开展基层站队标准化建设，标准化交接班、标准化巡检在基层班组有效落实。加强双重预防机制建设，开展风险分级管控与隐患排查治理，评价公司级重大风险9个、较大风险324个，事故事件同比下降12.5%。推进常态化监督与专项监督相结合，开展专项监督214次，常态化监督风险作业1.43万项，查处违章1841项，清除承包商人员6人，约谈承包商3家，违章率同比下降1.71%，高风险作业违章得到有效遏制。学习贯彻习近平生态文明思想，制定环保治理措施40项。强化十分钟监管和超标应急管理，外排污染物达标率100%，氮氧化物、化学需氧量、挥发性有机物、二氧化碳同比减排19.9%、22.0%、8.5%、6.9%。完成生态环境隐患治理8项，全年环境事件为零。高标准完成北京冬奥会等重点时段大气污染防治工作。完善新冠肺炎疫情防控措施，保持生产经营正常秩序。

【科技创新】 2022年，锦西石化以市场为导向，开发聚丙烯熔指注塑料新产品1100P，创效280万元，提升低收缩注塑料1100NG性能指标。推动流程模拟先进技术应用，完成模拟成果11个，在集团公司流程模拟软件使用排名第2名，创效600万元。参与集团公司分子管理技术创新应用，参加项目5项。全面推动群众性质量活动，完成QC小组成果62篇，"质量信得过班组"成果5篇，创效1000万元。研究催化裂解增产低碳烯烃等发展课题，推进产业链延伸。围绕数字化转型，建设"安全受控"系统，逐步推进电子化票证。深入挖掘数据价值，炼化物料系统与排产系统、炼油与化工运行系统、企业资源管理系统等系统深化应用，推进互联互通和数据共享。在集团公司首批推行综合办公平台，办公业务功能全方位集中集成。完成"视频会议"系统部署，搭建内外部高效交流平台。升级班组绩效管理平台，新增HSE基层站队、百优班组、提质增效和党建模块，建立班组量化考核机制，推进生产经营管理向智能化迈进。

【挖潜增效】 2022年，锦西石化落实集团"五提质、五增效"十大举措，细化制定82项168条措施，实现提质增效5.5亿元。坚持全流程优化，灵活调整原料和产品结构，多争取庆混原油104万吨、增效3.43亿元。坚持以销定产、减油增特，应用APS系统编制优化模型120个，及时调整产品结构，成品油收率压降6.24%，柴汽比提高0.13。优化船用燃料油生产配方，同比增产51万吨，增效1.35亿元。降低2套催化汽油烯烃含量，提前2个月完成国ⅥB标准汽油质量升级。强化库存管理，原油和成品及半成品分别降库7.2万吨、15.5万吨，减少资金占用10.9亿元。强化市场营销，自销产品售价高于区域内同品质产品市场价格100—400元/吨，增效1.28亿元。创建招标例会，建成远程评标室，实现采购节资6802万元。加强能耗管理，电耗下降724万千瓦·时，燃料气消耗减少4763吨，降本1101万元；代炼油泥2.77万吨，降低环保成本2216万元。优化全厂低温热运行，回收热量5.3万千瓦，替代低压蒸汽70吨/时，节能创效3484万元。加强工艺锅炉和加热炉管理，平均热效率93%以上。提升水综合利用，新水用量减少75吨/时，循环水用量降低7000吨/时。吨油辅材成本降低297万元；加强未上市生产辅助单位自主运维能力，减少业务外包降本922万元。采取多项措施，节约财务费用2513万元。

【企业管理】 2022年，锦西石化开展"严肃财经纪律、依法合规经营"综合治理专项行动，落实国务院国资委"合规管理强化年"部署，全面贯彻集团公司依法合规治企和强化管理要求，全方位分析排查合规风险75项、违规问题5项，明确高风险岗位336个，细化职责清单3662项，依法合规治企显著增强。加强生产运行依法合规，特种设备、管道注册备案和检验2325项，建设项目"三同时"完成6项。制度建设全面提升，细化完善企业管理制度，两级制度体系框架初步构建。强化内控与风险管理，内控考核例外事项27项次，评估确定2023年度重大风险6项，编制《内控管理手册》《权限手册》《内控流程文档手册》。强化招投标与合同管理，招标率92.52%，整改合同履行情况专项检查10个方面17项问题，合同管理更加精细化。加强普法宣贯和合规培训，强化重大事项法律论证，出具法律意见书20份，重大涉法事项法律全部审核。国企改革三年行动60项改革任务、对标世界一流管理提升行动8个管理领域26项子任务全面完成，形成成果128项。压减法人实体3户。完成审计项目28项，发现问题148个，提出审计建议50条，审计监督和服务职能有效发挥。

【队伍建设】 2022年，锦西石化落实集团公司人才强企工程，健全选人用人机制，高质量完成28个二级、三级副职竞争上岗和19个机关岗位公开招聘。优化领导干部队伍结构，中层领导人员平均年龄首次降到50岁以内，40岁以下二级领导同比提升8.68%。制定《领导人员任期制和契约化管理实施办法》，完成355名二级、三级领导人员任期制契约化签订。科学精准考核干部，修订完善领导干部年度业绩合同，将安全环保、提质增效、科技攻关等专项考核纳入干部考核。实施领导人员积分制管理，对工作不在状态、履职尽责不到位的领导干部及时调整。强化年轻干部培养，选派13名青年技术骨干到机关岗位锻炼，通过"青马工程"、青年干部培训班，综合考察114名年轻干部能力素质，后备力量更加充盈。持续关注新员工成长，搭建"一人一策""双导师"培养模式，员工技术水平整体攀升。新晋技师33人、高级技师9人，在聘高技能人才增长18%。推进集团公司"石油名匠"培育计划，开展星级操作员评价，在聘各类星级操作员工594人，占比33%，同比增加112人，高端技能人才示范效应逐步彰显。在2022年集团公司第二届创新大赛和化工总控工竞赛中获1金4铜、1银3铜。

【企业党建工作】 2022年，锦西石化学习贯彻习近平新时代中国特色社会主义思想和党的二十大精神，党委坚持每会必学，第一时间跟进学习习近平总书记重要文章、重要讲话66篇。印发学习宣贯党的二十大精神实施方案，两级中心组专题学习研讨106次，组织层层宣讲305次。把党的领导融入公司治理各环节，修订完善"三重一大"、党委工作规则等系列制度，召开47次党委会，研究172项"三重一大"事项，党委把方向、管大局、保落实作用有效发挥。全面推进基层党建与中心工作有机融合，构建"3+1"策略，打造39个特色鲜活经验，切实展现锦西石化特色，推动基层党建和基层管理全面提升。开展意识形态工作专项督查，召开党委班子成员与党外代表人士联谊交友座谈会。开展"全员参与、共创未来"大讨论366场，深化"转观念、勇担当、强管理、创一流"主题教育成效。全覆盖开展政治监督，整改共性问题8个，推动监督具体化常态化。注重监督成果运用，下发监督建议书40份，促进制度完善和管理提升。编制廉洁风险防控手册，制定措施2043条，防控体系建设持续加强。开展2轮政治巡察，"利剑"作用充分彰显。

（高　远）

中国石油天然气股份有限公司大庆炼化分公司

【概况】　中国石油天然气股份有限公司大庆炼化分公司（简称大庆炼化）2000年10月由原大庆油田化工总厂和林源石化公司重组成立，2006年2月与林源炼油厂进行二次重组，是以大庆原油为加工原料，集炼油、化工于一体的综合性石油石化生产企业。2022年底，员工总数7853人，主要生产装置48套，固定资产原值198.6亿元、净额41.7亿元，有600万吨/年原油加工能力和60万吨/年聚丙烯、20万吨/年润滑油基础油、15万吨/年聚丙烯酰胺、12万吨/年石油磺酸盐的生产能力，可生产汽柴油、航空煤油、液化气、石蜡、润滑油基础油、聚丙烯酰胺、石油磺酸盐、聚丙烯、白油、重质液蜡等26个品种280个牌号的石油化工产品。自成立以来，获全国"五一劳动奖状""国家重合同守信用先进企业""中国诚信企业"等省部级以上荣誉30余项。

2022年，大庆炼化全面落实集团公司党组决策部署，紧扣"十四五""12345"工作思路和年初工作会议提出的"七个高质量"重点任务，克服国际油价变化和新冠肺炎疫情反复带来的不利影响，优化产品结构，增加高效产品产量，石蜡对原油收率达到 6.52%，石蜡产量突破 32 万吨，均创历史最好水平。加工原油 494 万吨，营业收入 372.49 亿元，税费 74.59 亿元，特色产品收率、全流程综合能耗等 48 项指标创历史最好水平。

大庆炼化主要生产经营指标

指 标	2022 年	2021 年
原油加工量（万吨）	494	505.01
汽油产量（万吨）	201.08	216.2
柴油产量（万吨）	99.06	94.7
异构脱蜡装置基础油产量（万吨）	7.34	14.25
石蜡产量（万吨）	32.23	30.51
聚丙烯酰胺产量（万吨）	15.85	15.93
聚丙烯产量（万吨）	45.26	52.01
收入（亿元）	372.49	323.96
利润（亿元）	13.6	20.1
税费（亿元）	74.59	82.91

【生产运行】 2022 年，大庆炼化落实集团公司党组部署，贯彻落实"四精"工作要求，牢固树立"从严管理出效益，精细管理出大效益，精益管理出更大效益"理念，以市场为导向，深化提质增效，全面提升生产运行和产品质量管理能力。实现柴油生产方案优化、国ⅥB标准汽油质量升级、增加船用燃料油、石蜡和聚丙烯酰胺等高效产品产量的新突破。加大生产协调指挥和技术难题公关力度，完善装置长周期运行管理办法，加大计划执行、技术分析和报警管理力度，解决影响生产运行难题，提升生产操作执行力，监控装置操作平稳率 100%，工艺报警次数同比降低 730 次，生产波动次数同比下降 44%，平稳生产态势得到巩固。加强设备基础管理和仪表电气保障，建立防腐蚀管控平台，深化隐患排查、预知维修和机泵治理，无泄漏装置占比 73%，大检修全生命周期指标位居前列，机泵平均修复间隔时间（MTBR）指标创历史最好水平，长周期运行得到保障。提前统筹装置大检修准备，计划编制、物资提报和施工队伍对接等工作有序推进，为 2023 年大检修做好准备。

【安全环保】 2022 年，大庆炼化专题学习贯彻习近平生态文明思想及安全生产重要论述、新安全生产法及国家各项新标准新要求,落实集团公司关于安全环保工作的各项部署,严格遵循全员、全方位、全过程、全天候"四全"原则和查思想、查管理、查技术、查纪律"四查"要求,落实管行业必须管安全、管业务必须管安全、管生产经营必须管安全"三管三必须"主体责任,以深化QHSE体系运行为抓手,从严专业管理和全过程管控,狠抓全员安全环保责任落实和风险隐患治理,推进环保精细管理和系统治理,整体上保持安全环保稳定向好的态势,QHSE管理水平取得明显进步,全年未发生C级以上安全环保事故。推进绿色企业、无废企业、无异味工厂创建及开展污染防治攻坚战"三创一战"建设,践行绿色低碳发展理念,持续全覆盖环境监测,推进绿色企业创建,开展无异味工厂创建,强化环保网格管理和专项监督检查,连续第3年获集团公司"质量安全环保节能先进单位"称号。完成雨水系统改造、含磷废水治理、降低挥发性有机物(VOCs)排放、污水处理场设施改造等环保项目36项,环保排放总量全面削减,获大庆市首批"无废企业"称号。

【科技创新】 2022年,大庆炼化坚持把发展的基点牢固建立在创新驱动上,重科研、强攻关、求突破,发挥创新对生产经营支撑作用,创新型企业建设迈出坚实步伐。确定42项攻关项目,实施完成39项技改项目,组织开展科研项目41项,其中新开题项目19项,科技创新初步呈现产研结合、点多面广、成果频出的良好局面。聚丙烯新产品开发取得较大突破,完成11个牌号的工业化试生产,RP300R、HA510M产品质量稳定性和市场认可度提升,年产量均已达到万吨以上。参与油田化学品创新联合体建设,推进催化裂解制低碳烯烃工业化试验,建成调堵剂、压裂液、乳液聚合物等实验平台,完成高性能聚合物DS800、减氧空气泡沫驱油、压驱用石油磺酸盐等工业化试生产。组织完成食品级石蜡工业化试验,完成70号半精炼石蜡、橡胶防护蜡首次工业化试生产,产品质量满足指标要求;完成乳化炸药专用复合蜡、相变蜡和食品级石蜡等特种蜡市场开发及生产技术调研。申报发明专利3项,制定企业标准3项,认定集团公司技术秘密1项,获省部级科技奖励1项。

【节能减排】 2022年,大庆炼化推进"转观念、勇担当、高质量、创一流"主题教育活动,打造提质增效"升级版"。聚焦优化节能降耗举措,树立"一切成本皆可降"理念,加强能源实物量和辅材过程控制,建立能耗"日跟踪、周分析、月总结"机制,节能0.38万吨标准煤、节水0.63万立方米,全流程综合能耗同比下降6.6%。加强项目设计方案优化,雨污分离项目通过详细论证,优化完善地下管网,解决应急罐储存能力不足问题,节约投资630万元。加强资金和资产管理,压降"两金"占用,推进资产轻量化,推进存量土地处置,注销5宗土地、收储6宗土地、移交64宗土地，盘活低效负效资产1000多万元。全年提质增效超额完成年初预定目标，为大庆炼化生产经营指标完成奠定基础。

【队伍建设】 2022年，大庆炼化贯彻落实集团公司关于组织人事和人才强企工程部署要求，立足长远、系统谋划、综合施策，全力建设高素质专业化队伍。全面推进实施人才强企工程，健全完善"生聚理用"人才发展机制，形成立体化、多维度、全要素人才发展模式。制订人才强企工程方案，细化18项工作目标和60项具体举措，以工程思维逐步推进落实。顶层谋划年轻干部选拔培养，分类建立后备人才库，组织分级分类专业能力培训、机关与基层双向挂职锻炼、关键岗位轮岗交流，加大选拔使用优秀年轻干部力度，选拔任用中层领导人员17人。推进专业技术岗位序列改革，建立层级转换、选聘转聘和考核激励等程序标准，专业技术人才队伍同比增加123人，张世凯劳模创新工作室被命名为"集团公司劳模和工匠人才创新工作室"、徐涛获"龙江工匠"称号、王东华获全国能源化学地质系统第八季"大国工匠"称号。完善"1+N"培训制度体系，实施"三支人才"队伍分类培训，发挥劳模工匠、技能专家等"传帮带"作用，多角度推动员工素质能力提升。

【社会责任履行】 2022年，大庆炼化在保证新冠肺炎疫情防控和生产经营两手抓、两手硬的同时，勇担社会责任，以实际行动诠释国有企业守土有责、守土担责、守土尽责的担当精神，全力支援抗击新冠肺炎疫情行动，确保群众健康安全和社会平稳有序。全年核酸检测30多万人次，疫苗接种率94.2%，全方位保障防疫物资需求，为在岗员工发放各类口罩147万只，消毒液2.9吨，防护服4840套，抗原试剂检测盒近3万个。在通勤运输紧张的情况下，主动义务承担转运大同区56中学400余名师生回家的任务；协助政府开展基层社区防疫工作，号召党员干部600余名累计服务7419天，为抗击疫情贡献力量。在货运专班工作人员紧张、库存油品不足情况下，承担疫情物资保供任务，保障绥化地区疫情期间油品供应工作，为打赢疫情防控阻击战提供有力支持，彰显大型国企的使命与担当。

（贾　楠）

中国石油天然气股份有限公司
哈尔滨石化分公司

【概况】 中国石油天然气股份有限公司哈尔滨石化分公司（简称哈尔滨石化）是以石油炼制为主的炼化企业，位于黑龙江省哈尔滨市，是黑龙江省百强企业、哈尔滨市财源骨干企业。前身是哈尔滨炼油厂，1970年筹建，1976年建成投产，1983年划归中国石油化工总公司管理，1998年划归中国石油天然气集团公司管理，1999年重组为中国石油天然气股份有限公司哈尔滨石化分公司和哈尔滨石油化工服务公司（2000年更名为哈尔滨炼油厂），2005年两家公司再次整合重组为中国石油天然气股份有限公司哈尔滨石化分公司。

2022年底，哈尔滨石化设置机关职能部门11个，直属机构3个，二级机构11个，员工总数1688人。有各类生产装置22套，分别是420万吨/年常减压蒸馏装置、120万吨/年重油催化裂化装置、60万吨/年重油催化裂化装置、80万吨/年柴油中压加氢裂化装置、75万吨/年汽油连续重整装置、10万吨/年苯抽提装置、90万吨/年催化汽油加氢精制装置、100万吨/年柴油加氢精制装置、50万吨/年催柴加氢精制—临氢降凝装置、50万吨/年气体分馏装置、5万吨/年甲基—叔丁基醚（MTBE）装置、4万吨/年甲乙酮（MEK）装置、4000吨/年硫黄回收装置（新建）、1万吨/年硫黄回收装置、8万吨/年聚丙烯装置、15万吨/年饱和烃脱硫精制装置、15万吨/年烷基化装置、60吨/时酸性水汽提装置（环保备用）、100吨/时酸性水汽提装置、20万吨/年催化重整装置、1万标准米^3/时氢气膜分离回收装置（PSA）、10万吨/年干气脱硫和35万吨/年液化气脱硫脱硫醇装置。能够生产满足国家标准的汽油、柴油、航空煤油、石脑油、液化石油气、饱和烃、丙烷、丁烯、MTBE、苯、甲乙酮、硫黄及聚丙烯等14类27种产品。

2022年，哈尔滨石化坚决贯彻党中央"疫情要防住、经济要稳住、发展要安全"的要求，全面落实集团公司党组、炼化新材料公司工作部署，按照新一届班子"认真负责、科学经济、简单高效"十二字工作原则，经营业绩实现历史性新突破。哈尔滨石化获集团公司先进集体、质量健康安全环保节能先进企业、中国石油绿色企业以及黑龙江省绿色工厂、黑龙江省高耗能行业企业能效领跑者等多项荣誉。

哈尔滨石化主要生产经营指标

指　标	2022年	2021年
原油加工量（万吨）	360	356.01
成品油产量（万吨）	271.1	276.5
特色化工产品产量（甲乙酮）（万吨）	3.75	4.07
有机原料产量（苯）（万吨）	2.52	2.32
合成树脂产量（聚丙烯）（万吨）	4.01	5.58
自由现金流（亿元）	10.08	9.84
资产负债率（%）	18.7	35.26
净资产收益率（%）	34.8	20.67
全员劳动生产率（元/人）	523	391
高标号汽油比例（%）	60.7	55.8
加工损失率（%）	0.25	0.26
炼油综合能耗（千克标准油/吨）	57.2	62.29
炼油单因耗能[千克标准油/（吨·因数）]	6.97	7.48
收入（亿元）	255.61	198.72
利润总额（亿元）	19.63	10.71
税费（亿元）	63.59	60.57

【**生产运行**】　2022年，哈尔滨石化坚持"大平稳出大效益"，强化操作变动预约、生产异常管理，建成集工艺报警、技术分析、智能巡检为一体的生产技术管理平台，对工艺参数、设备状态、产品质量以及环保指标进行在线监测，异常数据实现自动采集报警提示。设置视频监控系统894套，通过岗位不间断巡检与智能监控协同，实现全天候风险管控。连续3年实现非计划停工为0。执行操作变动预约及分级管理，推进DCS和MES画面提标、装置对标排查、DCS帮助功能3项工作，甲乙酮、Ⅱ催化等5套装置开停工安全受控。Ⅰ催化等12套装置完成危险和可操作性（HAZOP）自主分析，汽油加氢等5套装置自主分析报告一次通过集团公司备案评审。推进"一分钟应急处置"机制建设，定期"桌面推演+实战演练"，提高应急处置能力。2022年，损工时数为0，生产计

划执行率100%，操作平稳率99.98%。

【设备管理】 2022年，哈尔滨石化加强设备预知维修、状态监测和防腐管理，完成69台高危介质机泵双封改造，检修一次合格率大于99%，设备预知预防性维修率85%以上。推进无泄漏装置建设，静密封点泄漏率小于0.13‰，7套装置实现零泄漏装置达标。针对快切系统启动方式单一问题开展攻关，成功应对"4·20""5·22""9·11"3次外网晃电导致的生产波动，内部电网稳定性和抗晃电能力大幅提升。秉承"四个介入"原则，优化大检修全厂停检开时间统筹，编制停检开总体方案和安全环保、施工专项方案，明确大检修时间表和路线图。强化大检修项目论证，明确实施2654项常规检修项目及80项技改项目，为高效推进大检修奠定坚实基础。

【安全环保】 2022年，哈尔滨石化制定实施《有组织自学指导意见》，开展查画流程、检修课堂、师带徒等特色有组织自学活动，以员工技能提升确保安全生产。固化"三管三必须"理念，形成"一岗一清单"，深化"四查四提升"，实施危险作业"四全"管理，审批预约作业7558项，监督检查问题633个。开展两轮安全生产大检查，安全生产三年行动计划143项任务全面完成。组织全员辨识风险6388项，绘制风险四色图7张，制定量化管理方案及68项考核标准，发现的72项问题均制定管控措施。高标准完成HSE体系审核，发现问题2742项，整改率92%。健全"1+N"新冠肺炎疫情防控管理考核体系，狠抓重点人群、重点场所、重点环节，守住不发生聚集性疫情的底线。编制《健康企业建设工作方案》，形成一人一档健康档案。推进挥发性有机物检测和治理，厂界环境空气达标。化学需氧量、二氧化碳等主要污染物实现达标并减量化排放，获集团公司2022年度质量健康安全环保节能先进企业、中国石油绿色企业、黑龙江省绿色工厂称号。

【节能减排】 2022年哈尔滨石化能源管理体系通过国家认证审核，取得ISO 50001：2018认证证书。组织开展降低燃动费用攻关，制定并实施50项节能降耗措施，节约蒸汽、电、煤、燃料气等2700万元。通过停运加氢改质6个月，减少燃动费用720万元；通过加氢裂化换热网络优化，实现反应进料加热炉停运，节约燃料气8吨/日；余热暖民项目冬季投运，实现运行平稳，实现年节约标准煤3.71万吨、减排二氧化碳9.63万吨，炼油单因耗能耗6.97千克标准油（吨·因数），获"黑龙江省高耗能行业企业能效领跑者"称号。强化在线运维管理，定期开展在线设备校准校验和比对监测，实现废水、废气排放日均值达标率100%。制定挥发性有机物提标治理方案，2022年密封点泄漏率0.21%，优于绿色企业0.3%标准。推行危险废物减量化措施，脱硫废渣含水率由90%

降至 35% 以下，干化后污泥含水率降至 45% 以下，2022 年实现危险废物减量约 3500 吨。

【提质增效】 2022 年，哈尔滨石化制定提质增效价值创造方案，实施"五提质、五增效"61 个项目，增效 1.2 亿元。优化原油原料进厂，加工原料油 372 万吨，石脑油进厂 5.3 万吨、醚后碳四进厂 3.0 万吨，足额完成加工任务。争取俄罗斯原油进厂计划，俄罗斯原油比例达 36.8%，较预算提高 0.7%。推进产销优化平衡，生产计划执行率、互供计划执行率、交货计划完成率实现 3 个 100%；汽柴油产销率 100.4%，实现降库 1.6 万吨。实现丙烯收率 3.8%。95 号以上高标号汽油销量首次突破 80 万吨，占比达 60.7%，炼化新材料公司排名第二。组织保供冬奥会 –50 号柴油，为北京冬奥会贡献哈尔滨石化力量。首次实现天然气按调峰价格采购，节约采购费用 47.21 万元。优化产品营销策略，2- 丁烯、甲乙酮增效 892 万元。加强税收统筹，节税 501 万元，所得税汇算清缴退税 1027 万元。推进资产轻量化，压降"两金"占用，完成修旧利废 634 万元。推行框架 + 订单采购，节约采购资金 2426 万元。

【科技创新】 2022 年，哈尔滨石化贯彻党的二十大关于科技、人才、创新的重要部署，组织召开科技与信息化创新大会，明确科技创新和数智化发展任务。完成低碳发展规划、大比例掺炼俄油规划方案研究，《"十四五"发展规划》获集团公司优秀规划三等奖，源网荷储 + 燃煤锅炉清零一体化示范研究与应用被炼化新材料公司列为示范项目推进。催化装置"减油增化"消瓶颈技术改造、80 万吨 / 年航空煤油产能建设、国ⅥB 标准汽油生产消瓶颈技术改造三大项目立项批复并进入实施阶段，投资管理获集团公司炼油化工和销售专业第 3 名。低硫船用燃料油、防水沥青完成开发，实现 5 个新牌号高熔指聚丙烯工业化生产，1142 吨产品成功实现应用并投放市场。催化装置降低生焦催化剂研发与工业实验通过集团公司验收，全年获 5 项发明专利授权。推进"工业互联网 + 安全生产"，完成数字化转型方案及网络安全智能监控平台、局域网改造等配套项目可行性研究，计划管理平台成功上线运行，通信程控交换机、5G 基站升级改造全面完成。

【人才强企】 2022 年，哈尔滨石化加快优秀年轻干部培养选拔，形成"近期使用 + 轮岗锻炼 + 蹲苗培养"三支人才队伍清单，建立百名优秀年轻干部人才库，80 后年轻干部占比 16.45%，干部队伍年龄结构进一步优化。创新高技能人才"积分制"选聘机制，分级分类建立"好人好事"正向激励，公平公正客观评价人才。搭建 9 级技能梯队晋升台阶，形成一支由 5 名集团公司技能专家、1 名企业技能专家、33 名高级技师为领军的技能骨干人才队伍，集团公司技能专家林树国被列为石油名匠重点培养对象。制订有组织自学活动方案，创新实施"一案、一表、一单"自学管理架构，创新开展值班授课、班组研讨、培训辅导员等形式，融入哲学、优秀传统文化等基础素质培养项目。建立8个公司级专家（劳模）创新工作室，解决17个集团公司一线生产难题，在集团公司第二届一线生产创新竞赛中获1个一等奖、4个二等奖。在第二届中国石油杯化工总控工技能竞赛中获2银、团体第三名。

【依法治企】 2022年，哈尔滨石化推进国企改革三年行动和对标提升行动，63项改革三年行动任务完成率100%，26项对标提升任务完成率100%。集团公司巡视督办问题彻底解决。制订"十四五"法治建设实施细则，形成"一人一单"的法治自学清单，"八五普法"专题学习及合规培训实现全覆盖。识别适用法律法规417部、标准1500余项，入围集团公司38家法治示范企业。开展合规管理强化年、综合治理专项行动，对照"五个任重道远"查摆问题291项，制定整改措施412项。强化招标管理，建立合同问题四查溯源措施清单，实现线上合同率100%、事后合同率为0。推进管理制度流程化、清单化、信息化，集成党内法规、标准制度、工作流程的一体化基础文件查询平台上线运行。健全党委前置研究重大事项机制，强化"三重一大"事项合法合规审查，46项重大涉法决策实现100%法律审查，推动科学民主决策、依法合规管理。

【党建工作】 2022年，哈尔滨石化深入学习宣传贯彻党的二十大会议精神，通过"第一议题"、理论学习中心组学习及"三会一课""中油e学"等多种形式，学深悟透党的二十大精神。组织"建功新时代、喜迎二十大"系列活动，召开哈尔滨石化第四次党代会，描绘高质量发展的宏伟蓝图。制订党史学习教育常态化长效化实施意见，开展"转观念、勇担当、强管理、创一流"主题教育活动，构建"积分+"矩阵模式，推动基层党建"三基本"建设与"三基"工作有机融合。清单化推进对"一把手"和领导班子监督，制定《关于健全完善监督体系推动各类监督贯通协同的实施意见》。对历年巡视巡察、审计发现问题进行"四查"溯源，梳理各类问题180项，初步建立整改长效机制。完善意识形态9项负面清单，与新华社开展"云游哈石化"直播，成立"油智汇"国学社，开展中华优秀传统文化有组织自学。健康企业建设有序推进，为员工购买驻厂应急物资和健身器材，开展工间操、健康体检、心理咨询等活动。关心员工生活，帮扶困难员工338人次，提升群众的获得感和幸福感，完成党的二十大特别重点阶段维稳安保工作，确保各项工作稳定受控。

（于 洋）

中国石油天然气股份有限公司广西石化分公司

【概况】 中国石油天然气股份有限公司广西石化分公司(简称广西石化)2010年建成投产,总投资228亿元,设计原油加工能力1000万吨/年(已标定最高可达1200万吨/年),是集团公司优化炼油化工产业布局,在南方地区建设的第一座千万吨级炼厂。建有常减压蒸馏、重油催化裂化、渣油加氢脱硫、连续重整、蜡油加氢裂化、硫黄回收等23套主体装置,有完备的环保、消防、储运、公用工程及辅助设施,产品包括汽油、柴油、航空煤油、芳烃、聚丙烯、硫黄、液化气、沥青等产品。广西石化积极推进炼化一体化项目建设,拟在2025年建成120万吨/年乙烯裂解等14套化工装置和200万吨/年柴油吸附脱芳等2套炼油装置,占地面积约4420亩,项目实施后可通过"减油增化"实现由"燃料型"向"化工产品和有机材料型"转型升级。

广西石化主要生产经营指标

指标	2022年	2021年
原油加工量(万吨)	927	974
汽油产量(万吨)	244	283
柴油产量(万吨)	280	293
航空煤油产量(万吨)	87	93
聚丙烯产量(万吨)	17.4	18.5
芳烃(万吨)	54.4	55.5
低硫船用燃料油(万吨)	18	10
营业收入(亿元)	598	474
税费(亿元)	96	95

【生产运行】 2022年,广西石化统揽生产经营和项目建设两大任务,操作平稳率99.99%,12项主要指标中10项同比取得进步,炼油完全加工费283.16元/吨,

同比下降6.3元/吨；炼油综合能耗51.22千克标准油/吨，同比下降1.16个单位；全厂综合能耗85.64千克标准油/吨，同比下降3.84个单位，首次低于炼化新材料板块平均水平；新鲜水单耗、碳排放量、燃料自用率、蒸汽单耗、氢耗等22项指标同比改善，连续两年被评为"集团公司先进集体"，高质量发展站排头的良好局面持续巩固。2022年营业收入598亿元，实现税费96亿元，劳动生产率1212万元/人，盈利12.2亿元、净利润10.4亿元，累计纳税突破1000亿元，经营业绩在炼化新材料板块名列前茅。

【设备管理】 2022年，广西石化践行设备"管、用、修"一体化理念，强化机组机泵管理，制定"一机一策"，强化规范操作和定期维护，机组本体及附属系统完好率100%。组织全年"最差十台泵"评比，开展机泵密封专项治理，全厂机泵密封消耗量同比下降15%，机泵MTBR（平均修复间隔时间）同比提高15个月，振动C级以上机泵全面消除。严控检维修项目，杜绝低效无效检修，检维修作业数量大幅下降。强化电气仪表管理，积极应用高频局部放电检测等技术，及时消除电缆头绝缘劣化等6类潜在风险。持续巩固"晃电不停装置"成果，继电保护动作正确率维持100%。加强仪表联锁管理，联锁投用率保持100%。深入排查和消除自控回路不合理软限位等情况，自控率提升至99.6%。开展报警对标管理，实时推送报警信息，确保装置及时调整，日均报警数同比下降86%。

【经营优化】 2022年，广西石化深化"市场分析—财务测算—计划优化—生产执行—销售反馈"经营联动机制作用发挥，按照"减油增化、减油增特"策略，优化产品结构，全年加工原油927万吨，生产各类产品874万吨，低硫船用燃料油、碳十粗芳烃和沥青等量价齐增，其中汽煤柴产量610.5万吨、收率同比下降2.88个百分点，特色产品产量144万吨、收率同比提高6.04个百分点。坚持"重质化、劣质化"原则，全年原油API 30.58、硫含量2.4%。建立原油采购和加工协同优化机制，通过实施套期保值、优化原油拼装等举措，降低原油采购成本3亿元。

【安全环保】 2022年，广西石化学习贯彻习近平总书记关于安全生产的重要论述和生态文明思想，深入落实"四全"原则和"四查"要求，获评集团公司质量安全环保与节能先进企业，被认定为2022年中国石油绿色企业，首次取得集团公司和钦州市"健康企业"称号，通过广西壮族自治区安全生产二级标准化评审，在应对本土两次新冠肺炎疫情暴发，实现"一零五不"疫情防控总目标。围绕"一体化、差异化、精准化"开展QHSE体系审核，提出约3100项问题全部完成整改，6项经验做法得到宣传和推广。开展能源管理体系认证审核，建立全过程能源管控长效机制。编制重点产品质量管理手册,完善产品质量量化评价,加强特种油品质量风险管控,建立全面质量管理体系。以《炼油装置工艺防腐运行管理规定》为指南,完善工艺防腐监控指标体系,建立动态量化分析机制,体系运行能力持续增强。通过数字化平台实现工艺报警、现场作业、人员巡检数据互通的动态风险管理,结合安全生产专项整治三年行动收官等内容,推动双重预防机制建设向生产经营全过程延伸。强化"一分钟"应急,建立"专业处室+安全监督"联合应急机制,组织各级演练823次。加强"无泄漏"装置建设,对2.5万个小接管和1400处易泄漏法兰实施分级管理,全年未发生静密封突发性泄漏事件,安全管控水平有效提升。

【节能减排】 2022年,广西石化巩固革命性措施,动力锅炉全年停运223天,蒸汽消耗同比降低21.6万吨。空分单塔运行223天,氮气消耗同比降低206万标准立方米。氢气消耗同比降低8000万标准立方米,吨油氢耗同比降低8.4标准米^3/吨。践行"节能就是第一资源"的理念,全年碳排放283万吨、同比下降10.7%,碳排放强度0.31吨/吨、同比下降6%。强化污水源头管控,污水处理总量同比下降23%,吨油排污水量降至0.18吨、创历史最好成绩。完成罐区密闭脱水改造项目和污水场挥发性有机物改造项目,对95万个密封点常态化开展泄漏检测与修复,减排挥发性有机物36吨。危险废物处置量同比减少16%,综合处置利用率100%,通过广西壮族自治区年度危险废物规范化考评。

【挖潜增效】 2022年,广西石化牢固树立"一切成本皆可降"理念,抓实10个方面59项工作470项任务,实现增效5.1亿元。加快推进从"燃料型"向"化工产品和有机材料型"转化,动态增产增销边际效益相对较高的产品,聚丙烯产品首次出口越南,芳烃收率、综合商品收率等指标同比提高。攻克低负荷下增产船用燃料油与稳定催化装置生产之间的难题,拓宽船用燃料油调和组分,提高船用燃料油生产输转能力,外销船用燃料油19万吨、同比提高144%。推动低效无效资产评估和存货规模控制,处置低效资产存货原值约1500万元。按照"快进快出"的策略,发挥商储库的调节功能,确保自有原油零库存运行。通过加注破乳剂等措施,组织原油储罐清罐油回炼,降低原油库存2万吨。年底原料、中间品和产成品总库存较年初降低19万吨,下降34%。组织开展国ⅥB标准汽油攻关,优化催化汽油加工工艺流程,汽油产品质量全面提升。开展特色产品质量攻关,创新使用油浆调和船燃,异构级二甲苯实现稳定生产,碳十粗芳烃达到一级品标准。推进催化剂国产化攻关,实现聚丙烯拉丝料主剂、给电子体剂、三乙基铝剂和造粒添加剂国产化。

【工程建设】 2022年,广西石化牢记"节奏可以加快,程序不可逾越",炼化一体化转型升级项目通过国家发改委"储转规"核准,并被列入广西"双百双新"产业项目,举办全面启动仪式。树牢"今天的投资就是明天的成本"理念,以"减油增化"为方向,历时32个月,编制预可行性研究及可行性研究报告18版,对评审提出的278项意见逐一落实和答复,并根据专家意见完善可行性研究内容,确保项目投资更省、技术更好、产品更全、指标更优。印发《IPMT机构职责和编制定员方案》,明确生产管理团队和项目管理人员的具体职责。按照"公开、平等、竞争、择优"的原则从兄弟企业调入209人,引进高校毕业生143人,内部优化调整49人。强化制度建设,制定147个项目管理制度,发布《项目管理手册》《"六化"建设方案》和《"六大控制"实施方案》。落实集团公司"双碳"战略目标,成立新能源新材料事业发展领导小组及新能源指标获取工作专班。"十四五"期间为项目配套600万千瓦新能源指标,已通过竞配参股90万千瓦钦州海上风电示范项目。在钦州独资125万千瓦陆上风电项目,以及104万千瓦区内合资合作风电光伏项目等方面,已具备参加竞配的全部条件。

【科技创新】 2022年,广西石化发挥科技创新支撑引领作用,系统推进公司治理"六大体系"建设,立项20个科研攻关项目,发生科研经费4000余万元,经费投入同比增长12倍。"千万吨大型炼厂成套技术研究开发与工业应用"获集团公司科学技术进步奖一等奖,"动力锅炉停运后如何提高锅炉应急启动能力攻关"获集团公司创新大赛三等奖,"催化催化剂低碳排放高转化率技术开发和工业应用"等课题成果转化取得突破性进展,参与并发布国际标准《ABS中丙烯腈含量的测定》。全面开展数字化转型、智能化发展试点建设,同步推进一体化项目"信息化管理、数字化交付、智能化工厂",上线投用EPM系统。

【转型升级项目全面启动仪式成功举办】 2022年,广西石化炼化一体化转型升级项目历时3年、经过6轮方案优化论证、8次预可行性研究及10次可行性研究报告编制修改,2022年6月20日经国家发改委、工业和信息化部同意储备转规划,6月21日通过广西壮族自治区核准,7月15日获股份公司可行性研究批复,7月28日在中国(广西)自贸试验区钦州港片区隆重启动。广西壮族自治区党委书记、人大常委会主任刘宁,集团公司董事长、党组书记戴厚良参加启动仪式。广西壮族自治区党委副书记、区主席蓝天立,集团公司总经理、党组副书记侯启军,钦州市委书记、自贸区钦州港片区工委书记林冠分别致辞。广西石化执行董事、党委书记李善春主持启动仪式,总经理、党委副书记宗义山介绍项目情况。

2022年7月28日，广西石化炼化一体化转型升级项目全面启动仪式在公司乙烯装置项目用地现场和中国石油大厦通过视频连线方式举行。（王芳　摄）

（陈　闪）

中国石油四川石化有限责任公司

【概况】　中国石油四川石化有限责任公司（简称四川石化）是由中国石油天然气股份有限公司和成都石油化工有限责任公司共同投资兴建的西南地区第一家特大型石化企业，双方股比结构为90%：10%，装置设计生产能力为1000万吨/年炼油、80万吨/年乙烯，厂区位于四川省成都彭州市新材料产业园区，工程总占地4平方千米。2007年3月成立，2014年3月实现安全绿色开车一次成功。

四川石化炼化一体化项目突出集约化、大规模、短流程、低风险的一体化结构优势，总计23套主体装置，并承担国家100万立方米原油商储库运营任务。主要包括炼油系统、化工系统、公用工程系统、仓储运输系统等。炼油生产装置采用"环保型全加氢总工艺流程"，乙烯装置选用全球先进的SW公司乙烯裂解技术。主要产品包括汽油、柴油、航空煤油、聚丙烯、高密度聚乙烯、低密度聚乙烯、顺丁橡胶等多种产品。2022年，汽油、柴油生产能力430万吨/年，航空煤油生产能力160万吨/年，化工产品生产能力320万吨/年。

四川石化实行"职能部门—联合装置"两级扁平化管理架构，有职能部门11个、直属单位3个、二级单位12个，有彭州和南充两个厂区，在册员工2529人。南充厂区重点以100万吨/年PTA项目为主要载体，项目由中国化学、中国成达、四川石化等合资建设，四川能投公司租赁运营，四川石化参与生产运行。四川石化在人员配备和队伍建设上走复合型、专家化的道路；推行核心业务集约化运营、非核心业务综合一体化外包、后勤保障社会化服务等一系列保障措施，为企业追求高质量发展提供体制支撑。

四川石化主要生产经营指标

指标	2022年	2021年
原油加工量（万吨）	839	837.5
汽油产量（万吨）	182	202
柴油产量（万吨）	193	146
航空煤油产量（万吨）	109	122
乙烯产量（万吨）	82.7	86.6
有机原料产量（芳烃、丁辛醇、环氧乙烷等）（万吨）	169	168
合成树脂产量（聚丙烯等）（万吨）	98	106
顺丁橡胶（万吨）	10.1	10.6
硫黄（万吨）	6.4	5.5
工业增加值（亿元）	120	160
工业总产值（亿元）	605	482
收入（亿元）	581	485
利润（亿元）	1.25	34
税费（亿元）	113	97.8

2022年，四川石化统筹安全和发展，坚持从严管理、精细管理，高水平完成各项目标任务。加工原油839万吨，生产乙烯82.7万吨；完成工业产值605亿元，实现营业收入581亿元，缴纳税费113亿元，工业产值、营业收入、税费分别同比增加123亿元、96亿元和15亿元，均创历史新高；实现盈利1.25亿元，炼油完全加工费保持板块最低。

2022年，四川石化获集团公司"先进集体""生产经营先进单位"称号，获评集团公司质量健康安全环保节能先进企业。

【生产运行】 2022年，四川石化突出平稳运行管理。全员严格遵守"三项纪律"要求，强化工艺变更、操作变动和关键指标管控，运行质量稳步提升。汇聚力量，建立专项生产问题分析会机制，组织召开长周期运行瓶颈问题分析会、夏季高温生产瓶颈问题分析会、装置高负荷生产问题分析会等工作，着力解决制约装置长周期生产瓶颈问题，实现常减压、催化、重整、乙烯、丁二烯等关键核心装置运行 55 个月的历史纪录。举一反三，建立"讲清楚、回头看"工作机制，组织开展 31 次事件"讲清楚"，制定 184 条防范提升措施，推动解决 28 个具体问题，发挥警示预防管理提升作用。紧盯重点，开展能量隔离、防高低压互窜、防冻凝等 10 类 44 次专项排查，整改问题 150 余项。完善应急预案和一分钟应急操作卡，强化"双盲演练"，开展公司级演练 5 次、部门和班组级演练 938 次。健全"五位一体"巡检机制，对 9 名发现重大隐患的员工进行公司嘉奖。聚焦装置运行卡点瓶颈，实施完成公司级生产技术攻关 14 项，全厂装置平稳率 99.97%。

【设备管理】 2022 年，四川石化落实设备全生命周期管理。推行北斗定位巡检系统，加强设备运行状态监测，突出预知性检修，实施台历化维护，强化检维修质量管控，设备运行质量、管理水平稳步提升。机组、机泵状态监测覆盖率提高至 25%，位列炼化新材料板块前列。机泵 A 区运行比例达到 85.4%，同比提高 6 个百分点。组织成立大检修领导小组，定期召开例会，制定《大检修管理手册》等文件，有序推动工作落实，确保各项准备工作高效推进、踏点完成。通过超前策划、科学组织，提前制定检修方案、检修进度计划，同步对催化裂化、常减压、芳烃等 13 套主体装置开展窗口检修，完成渣油加氢催化剂更换、碳四加氢催化剂再生等 307 项检修项目。开展渣油加氢循环氢压缩机异常振动等设备隐患攻关，实施联锁可靠性、高风险双电磁阀改造，组织腐蚀隐患、储罐等专项排查，消除装置瓶颈、隐患，降低长周期运行末期风险。

【计划优化】 2022 年，四川石化统筹加强产销协同。加强与总部相关部门沟通协调，全年进厂原油 879 万吨，同比增加 41 万吨。根据效益情况，争取成品油配置，较年计划增长 0.5%。全年引进互供原料 25.5 万吨，实现混合二甲苯云南、兰州双供应模式，多渠道采购乙烯原料，保证乙烯满负荷、芳烃高负荷生产，生产乙烯 82.7 万吨，双烯收率 48.57%。建立"财务测算，计划统筹，生产调整，销售协调"的周优化例会机制，统筹生产经营策略，保障效益最大化。开辟原油资源保障新模式，收储商储原油 40 万吨；践行"库存经营"理念，原油降库 23 万吨，污油降库 15 万吨，抵御市场风险能力有效提升。持续"减油增化、减油增特"，开发稀土顺丁橡胶、高密度聚乙烯膜料等 6 个新牌号产品；稳步推进"减柴增煤"战略，四川石化—双流机场—天府机场"一干两支"航空煤油管输网络整体打造成型，助力成都加快建设国际空港枢纽，航空煤油产品首供重庆江北机场,全面覆盖川渝市场,保供能力和市场占有率实现双提升。

【安全环保】 2022年,四川石化安全环保全面受控。全面压紧压实安全环保责任,修订《安全环保责任制》,完善责任清单,全面落实"三管三必须"等要求,严格做到"照单履职、失职追责"。推进QHSE体系建设,建立月度QHSE委员会例会机制,坚持一体化、精准化、差异化审核,聚焦安全生产十五条硬措施、挥发性有机物治理、质量提升等重点工作,开展两轮内审,发现并整改问题2507项。通过建立操作变动预约机制、施工作业预约机制、实施"五位一体"全过程监督机制,有效预判安全风险、提升工作效率,实现作业预约率100%,作业数量同比下降11%,百票违章率由2.14%下降至1.55%。持续推进"无异味"工厂创建,制定"一装置一策"管控措施,完成22项异味源整治。化学需氧量、氨氮、氮氧化物、二氧化碳、挥发性有机物等主要污染物排放总量持续下降、同比下降12%,固废、危废全部合规处置。协同推进健康安全环保企业创建,完成"安全生产标准化一级企业"自评,查摆整改问题322项。编制完成重污染天气A级企业挥发性有机物综合治理项目可行性研究报告。关注员工身心健康,建立员工健康档案,优化健康体检项目,完善重点群体健康干预机制。全力做好新冠肺炎疫情防控,将承包商人员纳入一体管理,动态调整响应级别和防控措施,先后实施3轮闭环管理,避免新冠感染集中暴发,实现疫情防控和生产经营"两不误"。

【节能减排】 2022年,四川石化多举措提升节能减排工作。坚持从能耗大户入手,开展精细化管理,通过监控火炬消烟蒸汽阀位、用量,倒查炼化装置火炬排放,确保消烟蒸汽阀位小于5%,降低蒸汽消耗5吨/时;优化乙烯裂解炉烧焦用汽量,将烧焦蒸汽用量由11.5吨/时降至10吨/时,全年减少蒸汽耗量11250吨,降低成本178万元;柴油加氢装置通过提高直馏进料比例,降低罐区柴油进料比例,从而降低加热炉负荷,燃料气用量减少130米^3/时。开展地下水管线漏损检查管控和水系统运行优化工作,全年节约生产水耗量54万吨,节约成本249万元,污水回用率79.43%,创行业先进水平,被四川省经济和信息化厅评选为2022年度省级节水型企业。落实《碳达峰碳中和方案》通过节能降耗、清洁替代研究,以及二氧化碳/碳捕集、利用和封存技术等措施,结合炼化节能提效、电能替代强化和二氧化碳资源化利用三项重点工程,实现二氧化碳排放总量连续3年下降,2022年控制在539.9万吨。

【维稳安保】 2022年,四川石化维稳安保态势平稳。以确保"党的二十大"等特殊时期人员稳定和厂区治安稳定为基础,积极下先手棋、打主动仗,全年接受处理各类信访业务40余起,配合当地公安机关在重要时段开展外围治安联合巡逻39次，处理无人机侵入厂区警情19次。坚持依法治企原则，推进"法治信访"，做好"诉访分离"的解释与引导，依靠法定渠道解决信访矛盾。重视发挥"大调解"作用，将矛盾问题在进入信访程序之前，先行调解，发挥各党委纾困、育人作用。紧盯重要节点，对重点群体和信访老户进行重点关注，采用多重稳控措施，坚决杜绝大规模到省进京聚集和个人极端行为。树立"和谐治安、稳定生产"安保总体目标，制定并实施特殊敏感时段专项安保反恐工作方案，开展治安防恐应急演练12次，应急处置能力得到进一步提升。全年未发生重大不稳定事件和治安防恐事件。

【挖潜增效】 2022年，四川石化挖潜增效成效显著。落实提质增效、低成本发展战略举措，深化"四精"管理，结合"转观念、勇担当、强管理、创一流"主题教育，发动全员从优化生产线路、争取外购原料、加强市场开拓、降低燃动成本等方面出发，实施降本增效等7大类98项具体措施，全年增效3.78亿元。其中，增产增销汽煤柴油增效1.61亿元，增产高附加值产品增效4790万元，严控各类成本费用增效1.29亿元。加速构建多能互补新发展格局，建成投产集团公司新能源重点项目燃料电池氢气装置，新能源业务取得实质突破。提前61天建成投产轻汽油醚化装置，汽油品质、效益全面提升。加强企地联动，与地方政府、石化园区建立协调联动机制，与成都产业投资集团签订战略合作协议，推动区域产业链延伸发展。船用燃料油产品成功出厂，重质燃料油互供大港石化，乙烯焦油直供园区，重油加工平衡难题得以纾解，发展动能加速聚集。

【工程建设】 2022年，四川石化工程建设按点推进。完成乙烯改造项目、DWC（油吸收技术）干气综合利用、乙烯八台裂解炉更换高效炉管项目、重整生成油选择性加氢项目、220千伏总降变隐患治理项目、深度催化裂解工艺项目、200万吨/年柴油加氢裂化装置异地改造增产航空煤油、线性低密度聚乙烯装置淘析改造、重整装置四合一炉热效率提升、二氧化碳制甲醇、乙烯裂解炉低氮燃烧器改造、裂解汽油加氢流程切换改造、化工区新增总变站等35个项目的方案、可行性研究报告和初步设计的审查。完成燃料电池氢气项目、彭州机场发航油、新建轻汽油醚化、常减压装置增设第三级电脱盐系统、434柴油储罐改造、污水处理厂新增污水事故罐、含油污水池异味收集综合治理等12个项目的施工并工程交接，全年支付工程款2.84亿元。高效完成2021年度27项技术改造项目决算审计工作，推进2022年度17个项目结算，77个历史遗留项目全部竣工验收。

【科技创新】 2022年，四川石化稳步推进企业转型升级。落实集团公司科技创新驱动发展战略要求，发挥科技创新支撑当前、引领未来的作用。开展与科研院所的合作交流，与石化院兰州中心联合开展"高钒中间基原料催化裂化多产丙烯催化剂研发及应用"板块重大工业应用试验项目，完成催化剂开发并具备工业化条件。与石化院北京院部联合开展"隔壁精馏（DWC）干气回收利用技术"重大工业应用试验项目，完成技术方案制定和可行性研究报告的初审。推动"十四五"规划项目实施，轻汽油醚化装置、燃料氢电池装置等13个项目如期完成。2022年开展新材料、新产品开发工作，开发新材料1种，稀土顺丁橡胶NdBR，全年生产623吨；新产品牌号5种，生产20736吨。2022年度石油石化企业管理现代化创新成果评选中，公司有1项创新成果、15篇管理论文获奖。2022年度成都市企业管理现代化创新成果评选中，4项成果获三等奖，14篇论文分别获一等奖、二等奖、三等奖。

【催化裂化汽油超深度加氢脱硫—烯烃分段调控转化成套技术应用】 "催化裂化汽油超深度加氢脱硫—烯烃分段调控转化成套技术"由石油化工研究院、中国石油大学（北京）、福州大学联合四川石化、大庆石化、抚顺石化、宁夏石化共同研究。针对FCC汽油清洁化技术不能兼顾烯烃含量降低和辛烷值保持这一世界性难题，该项目创新提出分段调控烯烃分子转化的理念，首创在加氢脱硫过程中将烯烃分段调控转化为高辛烷值双支链异构烷烃的技术路线，破解了烯烃含量降低和辛烷值保持这一制约FCC汽油清洁化的难题。该成套技术已应用于19套国Ⅴ标准和国Ⅵ标准清洁汽油生产装置，总规模1370万吨/年，FCC汽油加氢脱硫技术国内市场占有率1/3；催化剂制备技术在2家企业应用。四川石化110万吨/年催化汽油精制装置作为首套百万吨级"催化裂化汽油超深度脱硫—烯烃分段调控转化成套技术"工业装置，创造出"设计运行周期三年，实际运行周期六年"一次运行周期最长纪录。2022年，催化汽油精制装置计划开工天数352天，计划检修13天，实际开工天数352天，开工率达96.44%。在未经装置改造和催化剂升级的情况下，6月实现国ⅥB标准汽油产品的质量升级。2022年加工催化汽油原料98.60万吨，生产精制汽油产品97.76万吨，设计加工负荷完成率89.64%，装置液相产品收率99.01%。精制汽油产品硫含量均值6.82微克/克，辛烷值损失均值0.86，产品质量合格率100%。装置设计能耗22.66千克标准油/吨，2022年装置综合能耗17.332千克标准油/吨。该技术获2020年度国家科学技术进步奖二等奖，获授权中国发明专利39件、国际发明专利5件，发表论文27篇。

【高性能承压高密度聚乙烯管材专用料关键技术开发与产业化应用】 聚乙烯管材具有耐腐蚀、耐压性能优异、使用寿命长、卫生性能优异等特点。四川石化通过剖析对比国内外主流 PE 管材树脂，突破原有工艺技术，以调整聚合融指、聚合单体配比与反应温度为主要手段，发挥 Hostalen 装置工艺特色优势，在保持原有产品良好加工性的基础上，实现力学性能的提升，开发出适应国内市场需求的 HMCRP100N 本色料。2022 年，四川石化高密度聚乙烯装置计划开工天数 357 天，计划检修 8 天，实际开工天数 357 天，开工率 97.8%。2022 年，装置乙烯计划加工 281057 吨，实际加工 281504 吨，乙烯加工量完成率 100.15%。装置生产产品 279373 吨，合格产品 276953 吨，产品产量合格率 99.13%。其中，HMCRP100N 管材料 261575 吨，HM9453F 膜料 15187 吨，HMCRP100NY 合格产品 191 吨，过渡料 2419 吨。装置 2022 年综合能耗 160.31 千克 / 吨，物耗 1003.66 千克 / 吨。项目所生产的聚乙烯管材专用原料 HMCRP100N 已取得国家化学建筑材料测试中心颁发的 PE100 等级认证报告，项目执行期间获得 2020 年四川省科技进步三等奖，获授权专利 1 项、国家标准 3 项、发表论文 5 篇。截至 2022 年 12 月，生产专用料 195.78 万吨，创效 40 余亿元，创税 8 亿多元，因进口原料替代为西南区域民营企业降本超过 8000 万元以上；由本专用料所生产的管材已在"成都三环 / 绕城公路及绿道改造地下管网工程""宜宾南溪水务局水网市政工程""绵阳安县城市饮水工程""赣州兴国水利工程""广西万峰湖大型网箱养殖示范基地""仁怀市农饮工程""大理市洱海环湖截污（二期）工程 PPP 项目排水管"等多个市政和民建工程应用，为经济和社会发展做出重要贡献。

（于言文）

中国石油天然气股份有限公司广东石化分公司

【概况】 中国石油天然气股份有限公司广东石化分公司（简称广东石化）是股份公司下属的地区分公司，所在地为广东省揭阳市大南海石化工业区。中国与委内瑞拉合资广东石化 2000 万吨 / 年重油加工工程（广东石化炼化一体化项目），是中国石油天然气集团有限公司贯彻国家能源安全战略，利用"两种资源"，面向"两个市场"，建立上中下游一体化国际合作模式，建设世界一流综合性国际能源公司的重要举措。项目为国家"十三五"能源规划战略布局项目，得到党和国家领导人及各级政府的高度重视和关注。

广东石化炼化一体化项目2018年12月5日正式启动。2019年6月30日项目炼油装置开工，12月27日化工区开工。2022年6月26日，项目炼油"龙头装置"1000万吨/年常减压装置Ⅰ和1000万吨/年常减压装置Ⅱ建成中交，同年6月30日，项目化工"龙头装置"120万吨/年乙烯装置建成中交。2022年10月26日，项目全面进入投料开工试生产阶段。

广东石化炼化一体化项目是中国石油迄今为止一次性投资建设规模最大的炼化一体化项目，批复可行性研究投资654亿元。项目建设规模为2000万吨/年炼油+260万吨/年对二甲苯+120万吨/年乙烯，包括41套主体装置和192个主项单元，并配套建设30万吨原油码头及最大泊位10万吨的产品码头，占地9.2平方千米。项目加工原料是具有高密度、高含硫、高氮、高残炭、高金属、高酸值"六高"特性的委内瑞拉超重劣质原油和中东混合原油。工艺装置均采用国际先进加工工艺，以实现节能减排、清洁化和环境友好的目标。建成投产后的汽、柴油等产品全部达到国Ⅵ（B）标准，化工产品主要采用专利商标准以满足下游用户和市场需求。

广东省和揭阳市一直以来把项目作为落实贯彻新发展理念、构建新发展格局，推动高质量发展，引领地方经济跨越式发展的"一号工程"，全力保障项目建设。在建设广东石化炼化一体化项目基础上，揭阳市与中国石油密切对接，加大招商引资力度，配套引进吉林石化60万吨/年ABS项目，新增520万立方米原油商业储备库项目。广东石化炼化一体化项目的建成，将为揭阳市加快打造沿海经济带上的产业强市，以及广东省深化落实"1+1+9"工作部署及构建"一核一带一区"区域发展格局注入强大活力。

2022年底，广东石化有二级机构30个，其中职能部门11个、直属机构6个、二级单位13个。落实"人才第一资源"理念，坚持内引外聘补充人才，员工总数达到2110人。

2022年，广东石化公司贯彻落实集团公司党组关于项目建设的各项决策部署，围绕"123456"（即锚定一个目标、统筹两大任务、夯实三个基础、紧盯四个节点、突破五个难点、守住六条底线）总体部署，锚定项目建成投产目标不动摇，统筹推进项目建设、生产准备、安全环保、企业管理、党的建设各项工作，实现项目全面建成、生产投产有序推进目标，推动企业生产经营步入正轨，开创广东石化发展史上的崭新局面。

【生产运行】 有序推进生产准备和联动试车。2022年4月26日，项目动力中心超高压燃气锅炉点火的一次成功，项目正式引入能量。5月21日，项目首套装置300万吨/年石脑油加氢装置中交。6月1日，建筑规模与设备数量皆为中国石油系统内最大的广东石化中心控制室、中心化验室完成中间交接。6月26日，项目炼油"龙头装置"——1000万吨/年常减压装置Ⅰ和1000万吨/年常减压装置Ⅱ建成中交。6月30日，项目化工"龙头装置"——120万吨/年乙烯装置建成中交。8月30日，炼化一体化项目189个主项单元建成中交。10月26日，二套常减压装置按计划完成首开备料任务，9套炼化主体装置实现开工运行，项目全面进入投料开工试生产阶段。

【设备管理】 2022年，广东石化以装置长周期安全平稳运行为目标，落实设备全生命周期管理理念，结合项目建成投产双阶段设备管理的实际，修订17项设备管理办法，制定《设备巡检管理办法》。开展设备信息化建设工作，组织完成设备综合管理系统建设。开展启动前安全检查（Pre-Start-up Safety Review，即PSSR）验收和"三查四定"，检查高风险法兰回装23856对，检测换热器2141台，排查全厂小接管10.2万个，完成全部问题整改。组织开展特种设备安装监检工作，按计划完成取证，满足项目开工要求。紧盯设备开工调试，对关键机组和核心工业泵等关键设备安装质量及开工调试工作进行重点管控，完成电机单试、仪表"三查四定"、阀门试压监管及安全阀校验。

【计划优化】 2022年，广东石化紧盯目标节点优化总体试车方案及网络安排，坚持科学统筹，有序推进生产开工。外围配套水、电、气系统全面具备保供条件，公用工程满足生产需求；开工物料有序引入，采购开工物料31种294万吨，其中原油247万吨。装置联动试车有序推进，完成84688条管线吹扫，165810个仪表单点调试，4177台机泵完成试运，25套加热炉完成烘炉，60套主要装置（单元）完成开工验收。炼油部分装置打通流程，化工部分生产装置建立系统循环，按计划有序推进开工工作。编写生产装置操作规程60套、工艺卡片53项、试车方案54项、开工技术导则33项，为项目开工提供技术支撑。引入开工专家609人，有效支撑炼化装置安全平稳高效开车。完善细化销售预案，研究论证成品油"粤油粤销"可行性方案，完成4船内贸原油和正常进口原油采购接卸，销售液氧、液氮等产品近2万吨，为打通产销流程创造条件。

【安全环保】 2022年，广东石化推进QHSE体系建设，对生产期QHSE管理体系进行完善，增加管理制度32项；开展全要素量化审核，发现整改问题2389项。落实安全生产15条硬措施，加强日常监督检查，整改完成各类问题8300余项。抓好人员安全教育培训管理，完成主要负责人、安全管理和监护人培训

3000余次；对"零容忍"典型问题约谈批评156人次、考核1199项477万元；评选6期30名"安全卫士"，奖励发现各类质量、安全环保事故隐患员工35人次。依法合规推进"三同时"合规手续办理，完成157个主项单元试生产备案、180个主项消防验收。落实环保"三同时"工作，确保环保设施与主体装置同时投入运行，环境风险防控能力不断提升。加强消防应急演练，落实"11335"应急管理要求。突出员工生命健康安全管理，有的放矢抓好疫情管控，确保新冠肺炎疫情管控和项目建设、生产开工统筹推进。

【节能减排】 2022年，广东石化抓好能源管控，梳理节能审查相关情况，确保项目建设依法合规。筹建能源管理与优化系统，策划企业整体用能的集中管理。组织完成全国节能宣传周及全国低碳日活动，开展碳达峰、碳中和及节能减排相关培训。组织用能管控工作，建立管理框架，制订管控方案，宣贯用能管控理念，开展原水系统平衡工作。加强用能管控现场管理工作。

【维稳安保】 2022年，广东石化定期组织召开维稳信访工作会议，组织各相关单位、总包、分包召开公司维稳工作推进会29次。发出3期《维稳情况通报》、9份《关于拖欠农民工工资问题的告知函》，国庆节、党的二十大期间，处理重大群体访1000余人，涉及工人工资2425.12万元，为项目建设创造稳定环境。在党的二十大期间，收到集团公司总部维稳信访工作办公室关于安保防恐特别重点阶段嘉勉电报。

【挖潜增效】 2022年，广东石化细化6方面26项110条具体措施，紧盯项目进度、成本控制，每月督办通报、典型事项分享，助推项目建设提质、控本、增速，项目189个主项单元中交，节资13.6亿元。

【工程建设】 2022年，广东石化坚持目标导向，完成炼化一体化项目工程建设。紧盯炼化主体装置中交投产关键节点，以开工网络倒逼项目工期，加强项目建设顶层设计和施工组织，完成桩基施工13.05万根、道路72万平方米、地坪174万平方米、混凝土411万立方米、钢结构27万吨、工艺设备10418台套、现场组焊设备11万吨、设备内件8077层、机泵单机试运4955台套、工艺配管1351万英寸、变配电设备10971台、电气电缆11962千米、在线仪表设备86049台套、仪表电缆15611千米、设备及管线保温20万立、钢结构及设备基础防火171万平、"三查四定"问题销项52531项，实现项目全面建成中交，任务完成量、材料消耗量之大业内罕见，劳动效率、施工效率之高行业少见，展示中国石油炼化工程建设实力和能力。

【科技创新】 2022年，广东石化全厂智能化项目与工程建设项目同步建设并投用，完成全厂智能化34个信息系统中30个系统的上线试运行，首创完整的集炼化数据共享及治理于一体的企业综合数据库管理平台，首次实现计划—调度—装置模拟等全流程协同优化的生产协同优化系统，建立基于工业互联网平台架构的规模最大模块最多的炼油与化工运行系统（MES）系统，成为首个开展炼化一体化全装置数字化交付及应用的中国石油项目。全厂智能化项目为各业务降本增效发挥显著作用，如炼油与化工运行系统（MES）能够快速高效识别企业物料跑冒滴漏的情况，帮助企业降低物耗0.15%；炼化物料优化与排产系统（APS）搭建炼化一体化模型，模型运算时间在3s以内；储运物流自动化系统实现与销售物流系统的业务数据集成，年节约人工成本约120万元；三维数字化工厂实现对全厂各装置多项信息的快速查看定位，每年可节省人工及办公成本680万元。

【技术成果展示】 2022年，广东石化智能工厂"十大技术特色与领先优势"：（1）采用面向业务建模方法，建立集炼化数据共享与数据治理于一体的企业综合数据库管理平台，统一全厂主数据及共享数据，构建炼化企业智能工厂的数据中台，创新炼化企业消除信息孤岛的新途径。（2）基于工业互联网平台架构进行微服务开发部署的系统，自主研发MES物料移动、物料平衡建模技术，大幅提升调度平衡工作效率和质量。（3）建立以问题导向、事件驱动的企业生产指挥系统，成为全厂运营指挥的中枢。（4）实现"计划—调度—装置模拟—效益预测"全流程协同优化和一体化应用，通过模型、平台、业务流程和人员能力的体系化建设，实现一体化应用，达到全厂优化和高效运营的目标。（5）以数据集成、流程管控为核心的储运物流自动化系统，集成供应链上下游业务系统和流程，实现炼厂与销售公司间数据集成和共享，系统覆盖产品销售、计量及进出厂业务，打破业务和组织壁垒，创新高效协同管理的新里程碑。（6）利用数字孪生、虚拟现实等技术，在业内率先实现炼化一体化项目全装置由工程数字化交付到运营期模型和数据应用的有机融合。围绕工程建设期质量检查和开工准备阶段开展"三查四定"、盲板管理等数字化工厂应用，开拓数字化交付与应用的新场景。（7）在中国石油炼化企业首家建立企业级云平台，构建新一代的私有云IT架构，为全厂智能化提供敏捷的"大脑"。（8）建立同类企业规模最大的公网专网融合、4G和5G兼容的工厂无线网络，通过冗余网络架构设计、用户认证授权、权限绑定等技术，实现无线网络高可靠高安全。（9）中国石油炼化企业融合系统最多的音视频互联互通平台，结合主流的融合通信技术，实现企业各类音视频系统、移动终端、服务系统的深度融合。（10）建成全面立体化的信息安全防控平台，包含态势感知、云平台安全、计算环境安全、外联安全与控制网隔离、主机安全五大安全子系统，实现原生网络安全，通过硬环境和软实力共同推进公司网络安全整体水平的提升。

2022年,广东石化"工程数字孪生工厂建设管理创新与实践"获集团公司2022年度管理创新研究与实践优秀项目;EPM试点项目获集团公司2021—2022年度档案研究优秀项目成果。

(王羽欣)

中石油云南石化有限公司

【概况】 中石油云南石化有限公司(简称云南石化)2011年5月25日成立,位于云南省昆明市安宁工业园区,占地3平方千米,总投资225亿元,与中国四大油气进口通道之一——中缅油气管道共同构成中国西南油气引进和加工的战略格局。云南石化炼油项目设计原油加工能力1300万吨/年,2013年1月开工建设,2016年主体装置建成中交,2017年8月28日正式投产。建有常减压、催化裂化、连续重整、延迟焦化等17套主要工艺装置和完备的公用工程系统。设备国产化率超过90%,可生产符合国Ⅵ标准的汽油、柴油、航空煤油、丙烯、液化气等16类69种产品。投产以来,累计加工原油5504万吨,生产汽油、柴油、航空煤油、液化气等产品5213万吨,实现工业总产值3054亿元,实现税费897.16亿元。获"国家优质工程金奖""国家工程卓越大奖""超大规模类卓越项目管理银奖"等殊荣。产品主要服务于云南省,辐射西南地区,出口东南亚国家。

云南石化实施组织机构扁平化、辅助业务市场化的管理模式。2022年底,设10个机关处室,3个机关附属机构,3个直属部门,8个二级单位。在册员工805人,本科及以上学历504人,平均年龄38岁。

云南石化主要生产经营指标

指标	2022年	2021年
原油加工量(万吨)	1003.25	975.71
汽油产量(万吨)	308.63	314.27
柴油产量(万吨)	377.04	329.17

续表

指　标	2022年	2021年
航空煤油产量（万吨）	62.42	97.67
液化石油气产量（万吨）	36.59	31.63
丙烯、苯、二甲苯、丙烷等有机原料产量（万吨）	69.73	64.09
硫黄、液氨等无机原料产量（万吨）	22.71	21.79
沥青产量（万吨）	53.36	47.69
石油焦产量（万吨）	29.16	26.93
资产总额（亿元）	197.48	188.99
营业收入（亿元）	684.51	521.09
利润（亿元）	−3.81	8.70
税费（亿元）	173.23	156.79

2022年，云南石化强管理、稳生产、促改革、谋发展，加工原油1003.25万吨，生产产品960万吨，营业收入684.5亿元，上缴税费173.23亿元。

【生产运行】 2022年，云南石化坚持以"装置稳定"为核心抓管理。推行"唱票""手指口述"标准化操作、高压窜低压日常检查、单向阀排查、联锁问题专项整治，加大"五位一体"巡检力度，确保装置安全生产始终处于受控状态。开展"无泄漏工厂"创建，加强小接管及法兰专项排查，加大防腐蚀监测力度，解决影响装置长周期运行突出问题。特别是为克服新冠肺炎疫情影响，中秋、国庆期间两次转入"封闭运行"，干部员工24小时驻厂轮岗保生产，稳住正常安全生产经营秩序。全年90万吨化工产品实现尽产尽销，创造历年化工产品生产和销售最好水平；全员劳动生产率1666万元/人，在炼化新材料公司连续排名第一；单因产品能耗6.97千克标准油/吨，入围国家工信部评选的年度重点用能行业能效"领跑者"企业；炼油完全加工费319.89元/吨，同比下降8.6元/吨，与炼化新材料公司平均水平差距进一步缩小。

【设备管理】 2022年，云南石化加强设备运行管理，组织开展"大机组和关键机泵管理提升""抗晃电及电气仪表主动维护""设备防泄漏管理提升""精益化检修管理提升"4个管理主题月活动，主动提升设备管理水平。深刻吸取"12·13"事故教训，举一反三开展装置止回阀、电气低压柜等专项隐患排查；开展重点腐蚀部位防腐蚀监测，多项技术措施保障设备本质安全。机械设备完好率99.87%、主要设备完好率99.79%，静密封点泄漏率0.025‰，高危泵MTBR（平均修理间隔时间）108.81月，设备平稳运行管理水平稳步提升。

【安全环保】 2022年，云南石化学习贯彻习近平生态文明思想和总书记关于安全生产的重要论述，全面落实"四全"原则、"三管三必须"要求、"安全生产15条硬措施"，以及"特殊敏感时期26项安全管控措施"，常态化开展反违章除隐患活动。建成投用双重预防机制数字化建设系统，推动安全风险管控智能化水平提升。狠抓安全环保管控，投入6585万元整治16项安全环保隐患；高浓度有机废气提升改造（RTO）项目提前4个月投用，挥发性有机物实现"超低近零"排放，区域异味得到根治；焦化、加氢等加热炉增设火焰检测系统，提高加热炉安全运行保障能力；可燃气体有毒气体监测报警系统独立、混苯航空煤油储罐区密闭脱水、轻油罐区增设罐根紧急切断阀等项目按计划推进。强化环保指标管控，与安全管理同步实施"一三五分钟"应急管控措施，实现有组织污染源稳定达标排放；开展危险废物、污染源在线监测等7次专项审核，抓实问题整改，环保管理基础进一步加强；加强挥发性有机物深度治理，挥发性有机物同比减排15%，持续提升环境治理水平。

【科技创新】 2022年，云南石化抓科技创新不减弱，完善科技创新制度体系。实行科研开发和技术攻关项目经理负责制，保障项目高效推进；设立科学技术进步奖和科技论文奖，调动科研人员工作积极性；建立研发经费管理制度，持续规范科技研发投入。推进"劣质重油选购、常温运输时序控制、调合及加工研究"项目立项，实现成立以来研发项目"零突破"。形成"一种包含劣重质原油的连续生产库存优化评估方法"等自主创新技术，国家专利局按发明专利受理审查，为云南石化实现知识产权"零突破"创造有利条件。成立云南石化科学技术协会，打造科技工作者之家，弘扬科学家精神，搭建创新创效、科技交流、素质提升崭新平台。创新成果项目"基于TRIZ理论解决双碳背景下炼厂新型环保材料的研究与开发"在国家科技部和中国科学技术协会联合举办的2022年中国创新方法大赛全国总决赛中获二等奖。

【提质增效】 2022年，云南石化贯彻低成本发展战略举措，推进80项315条提质增效措施落地，通过"计划、分析、考核、优化"4个月度专题会，紧盯目标任务，强力组织推进，实现增效4亿元。深化国际、国内两个市场研究，坚持原油适度重质化方向不动摇，原油平均API29.96，重质原油采购比例提高至18.6%，合理控制原油采购节奏，把握机会油种，统筹原油装期匹配，提高检验报告执行率，强化全过程计量管控，审慎开展套期保值，多措并举降低原油采购成本。结合市场变化，优化调整柴汽比，增产适销对路高附加值特色产品，成品油收率73%、同比降低1.33个百分点。坚持低负荷能量系统优化，确保"一炉一机"、单套制氢安全平稳运行，热供料比例提升至85%以上，综合能耗、炼油综合能耗同比持续下降。

【转型升级】 2022年，云南石化锚定建设世界一流炼化企业目标，立足新发展阶段，推进"减油增化"转型发展。经过全方位市场分析和广泛技术交流，在集团公司领导关怀下，"减油增化"项目预可行性研究编制计划于8月9日下达，云南石化全面开启二次创业新征程。经过大项目团队不懈努力，初步形成蒸汽裂解、催化裂解，以及靶向催化裂解3套方案并持续推进论证工作。项目受到云南省、昆明市政府支持，责成安宁工业园区与云南石化建立周例会机制，同步推进项目相关配套事宜，构建项目建设良好外部环境。加强与浙江油田深度合作，研究配套光伏绿电项目，力争实现新增项目"碳中和"目标，打开绿色转型升级新局面。

2022年8月7日，集团公司董事长、党组书记戴厚良在昆明会见云南省委书记、省人大常委会主任王宁。双方就加强合作、共同发展深入交换意见。云南石化执行董事、党委书记鲍永忠，总经理、党委副书记张建新参加会见

【队伍建设】 2022年，云南石化推进人才强企工程，推进专业化重组、同质化整合，将全面深化改革作为激活企业发展的内生动力。实施机关优化整合，组织机构由原23家优化整合为21家，中层管理人员全部实施任期制和契约化管理。稳步推进新型生产组织模式实施，主要生产部成立专业组，主体装置设置运行工程师，推广大工种全流程系统化区域化操作，优化一线生产岗位设置，完善内部盘活机制，做好人力资本运营，激发企业人才队伍的干事创业活力。

【为员工群众办实事】 2022年，云南石化开展"我为员工群众办实事"活动，发挥党委主导作用，针对员工团购住房历史遗留问题成立工作专班，加大与地方政府、各债权方统筹协调力度，最大限度争取和维护员工最根本权益，为居

住在翔云小区的496户员工办理房屋不动产证，彻底解决困扰广大干部员工10余年的最大民生难题。

（邹纪丞）

中国石油天然气股份有限公司大港石化分公司

【概况】 中国石油天然气股份有限公司大港石化分公司（简称大港石化）始建于1965年4月，原名河北勘探指挥部炼油厂，2000年8月划归股份公司直接管理，是炼化地区公司之一，地处天津滨海新区南港工业区。原油加工能力500万吨/年，主要生产装置22套，包括500万吨/年常减压蒸馏装置、120万吨/年延迟焦化装置、100万吨/年加氢裂化装置、75万吨/年催化汽油加氢装置、4万标米^3/年制氢装置、140万吨/年催化裂化装置、30万吨/年气体分馏装置、5万吨/年MTBE装置、60万吨/年连续重整装置、220万吨/年汽柴油加氢装置、10万吨/年苯抽提装置、1万吨/年硫黄回收装置、200吨/时溶剂再生装置、140吨/时酸性水汽提装置、195吨/时动力锅炉装置、1.7万米^3/时氢气平衡装置、55万吨/年干气—液化气脱硫装置、140万吨/年催化烟气脱硫脱硝配套装置、2万标准立方米气柜装置、40万吨/年航空煤油加氢装置、10万吨/年聚丙烯装置、15万吨/年烷基化装置。可生产汽油、柴油、航空煤油、液化气、船燃、石油焦、石脑油、苯、硫黄、液氨、丙烯、聚丙烯、MTBE等13个产品3个牌号的石油化工产品。固定资产原值82.58亿元，净值35亿元，厂区占地面积198.79万平方米。自成立以来，获全国五一劳动奖状、"中国能源绿色企业50佳"等国家级荣誉16项。

2022年，加工原油494.49万吨，生产汽油135万吨，柴油96.9万吨，低硫船用燃料油117.8万吨、航空煤油33.6万吨，收入324.75亿元，利润20.39亿元，上缴税费64.1亿元。创近4年最好水平。同时，可比综商、综合能耗、营业收入等9项指标创历史最好水平。在册员工1920人，其中管理人员260人、专业技术人员397人、操作1263人。2022年获集团公司生产经营先进单位、质量健康安全环保节能先进企业。

大港石化主要生产经营指标

指　　标	2022年	2021年
原油加工量（万吨）	494.49	411.07
汽油产量（万吨）	135.00	126.93
柴油产量（万吨）	96.90	63.89
收入（亿元）	324.75	203.22
利润（亿元）	20.39	11.68
税费（亿元）	64.10	63.21

【生产运行】 2022年，大港石化装置运行平稳率99.98%，生产计划执行率99.63%、出厂产品质量合格率100%。设备完好率99.98%，振动低于标准值机泵占比98%，常减压、催化裂化等13套主要装置达到"无泄漏装置"标准，装置泄漏率0.04‰，未发生非计划停工。组织聚丙烯装置停工消缺检修，聚丙烯装置连续平稳生产238天。加强"一分钟"应急能力建设，按照"精练、实战、可操作"原则编制应急操作卡153个，开展应急演练265次，参与员工3069人次，"鼓励退守"理念深入人心，岗位应急处置能力有效提升，成功应对"11·2"晃电等突发事件。建成安全生产智能管控平台，推进工业视频监控系统建设，完成门禁考勤系统升级改造，实现生产信息共享。

【安全环保】 2022年，大港石化学习贯彻习近平总书记关于安全生产的重要指示批示精神，落实安全生产十五条硬措施，开展安全生产大检查，同步推进全国安全生产专项整治三年行动、危险化学品安全风险集中治理、天津市危险化学品双重预防机制数字化试点建设、安全环保风险会诊评估、QHSE体系审核等重点工作，整改问题隐患3641项，安全生产形势稳定向好，得到国家应急管理部的肯定。落实"三管三必须"要求和"四全"原则，修订HSE岗位责任制，组织全员签订安全环保责任书，开展"3·24"警示日、安全环保主题月等活动，加大安全生产有功人员奖励力度，总经理嘉奖4次，奖励安全明星、安全生产有功人员151人次。宣贯《危化品特殊作业安全规范》《集团公司作业许可安全管理规定》，制修订大港石化《作业许可管理办法》《环保装置运行考核细则》等制度26个，强化工艺、劳动和操作纪律监督检查，发挥监督"利剑"作用，查处各种违章违纪行为，警告4人、通报批评2人、考核安全生产记分1741分。查处承包商"三违"问题5444项、扣款3.34万元，清除出厂2人。加强冬奥会、党的二十大等重点时段空气质量保障管理，完成锅炉低氮燃烧器和千米桥油库雨污分流系统改造，实施新一轮挥发性有机物隐患排查治理，通过天津市重污染天气绩效分级A级企业、集团公司绿色企业复审。

【科技创新】 2022年，大港石化实施科技项目19个，其中集团公司级科技项目2项、地区公司级科技项目17项，本年度完成10项。协调年度重点科技项目"汽柴油加氢装置增产石脑油及航空煤油试验方案研究"实施。组织2022年科技论文征集及竞赛活动，收到论文37篇，发布论文10篇。完成BOPP膜料DG03F和纤维料DG45S转产工作。完成"PHF-151柴油加氢精制催化剂工业应用试验"项目，新增石脑油超过13%，通过对现有产品切割航空煤油组分，以及相关论证分析，提供催化剂装填方案及航空煤油生产的可行性。完成"烷基化安全高效长周期运行研究"项目，活性组分自动加料系统稳定运行，剂耗约为5千克/吨烷油；叔丁基氯加注稳定连续，剂耗约1千克/吨烷油。完成"机泵节能技术研究及应用"项目，通过切削摘除叶轮、更换新泵、增加变频或能级调节、工艺设备变更等4种方式对78台设备进行节能改造，实现节电能力2610万千瓦·时/年。完成"公司蒸汽管网优化"项目，通过中、低压蒸汽管网压力控制指标调整等措施降低蒸汽用量13吨/时。完成"全流程自动控制优化在公司应用"，优化自控率99%以上，总平稳率99%以上，主要控制回路波动范围在原有基础上平均降低64.61%。

【信息化工作】 2022年，大港石化成立安全生产智能管控平台领导小组，开展技术交流32次、组织相关专业部门到乌鲁木齐石化、宁夏石化现场调研，多次优化系统升级方案，与安全环保技术研究院合作进行项目开发建设。完成门户网首页和17个二级门户、4个专题的建设和党建门户的迁移新建工作。对办公专网、纪委专网设备完成国产替代更换。完成门禁系统人脸识别改造，包含刷脸门禁、考勤系统、车辆识别3个部分。完成双重预防系统建设，并与天津市应急局和南港应急局完成数据对接。以第四联合车间高清视频监控系统为对象，开展视频监控系统AI智能识别、重点对装置内重大危险源泄露进行监控、着火等应用场景及压缩机智能听诊系统开展科研技术立项攻关。2022年信息化专项费用767.15万元。

【标准化工作】 2022年，大港石化成立炼油与化工（质量）、工程建设专业等13个专业标准化技术委员会，建立"标准查询"信息工作平台；转化《中国石油天然气集团有限公司标准实施监督规范》，修订发布大港石化《标准化管理办法》；更新标准体系表，新增适用标准127项、废止70项；组织标准复审79

项，修订发布企业标准5项；组织开展"10·14"世界标准日活动，参加线上答题员工1100余人次。

【提质增效】 2022年，大港石化聚焦"四精"要求，量效齐增，落实"五提质、五增效"重点工作，增效4.68亿元，在集团公司生产经营工作会上交流典型经验。开展资源增效，应收尽收陆上原油资源，接收海外份额原油，控降进口原油采购成本，采用拼船方式降低运输成本2美元/桶，协商国家管网集团汇鑫油库将仓储费由每罐次114万元降为99.75万元，降本增效2.97亿元。开拓市场增效，与中国石化天津分公司签订《长期战略合作协议》，互供石脑油4.51万吨，深化与中国航空油料集团有限公司的良好合作关系，拓宽航空煤油市场，销售航空煤油34.17万吨，缓解汽柴油产销矛盾。实施优化增效，通过生产优化例会和"小指标"竞赛机制，灵活调整装置负荷及产品结构，压减汽柴油产量，增产扩销石油焦、保税船用燃料油、内河船用燃料油DMA、丙烯等高效特色产品，成功开发聚丙烯膜料、纤维料新产品，及时推升工业液化气、丙烷等小产品价格，增效1.06亿元。推进低成本发展增效，通过催化装置烟机修理及节能改造、机泵叶轮切削、高温设备管线保温升级改造、污水超滤反渗透系统扩能改造等措施，节水节电节汽，增效5218万元。采取精细"三剂"使用、缓缴税金、推进配件国产化、优化投资项目改造内容、控制非生产性支出、修旧利废等方式，降本1244万元。

【合规管理】 2022年，大港石化围绕新《安全生产法》《中央企业合规管理办法》开展专题学习，聚焦戴厚良董事长提出的"五个任重道远"，找差距、挖根源、定措施，高质量召开对照检查专题会。一体推进"严肃财经纪律，依法合规经营"综合治理专项行动和"合规管理强化年"工作，排查经营业务合规风险，开展会计信息、投资、纳税等6个专项治理，制定合规职责清单、合规义务清单和合规风险数据库，把风险管控嵌入流程、嵌入制度。开展制度流程标准梳理完善，修订大港石化《管理手册》，制修订《重大经营风险事件报告管理办法》《物资采购管理规定》等制度57个。加强高风险领域业务监督检查和内控体系监督测试，整改问题27项。严格合同和招标管理，实现招标率100%。推进法治宣传教育，组织"法治在我心中"主题演讲及37次法治培训、知识竞赛。完成改革三年行动45项任务、对标管理提升行动28项工作，评选管理标杆项目5个、标杆车间2个、标杆班组7个。

【企业党建工作】 2022年，大港石化以党的政治建设为统领，把学习宣传贯彻党的二十大精神作为首要政治任务，两级党组织学习研讨100余次，领导干部带头开展专题宣讲43次。落实"第一议题"制度，健全《深入学习贯彻习近平总书记重要指示批示精神实施细则》，开展再学习再落实再提升主题活动，组织学习贯彻50次，以实际行动践行对党忠诚。制定《党委前置研究讨论重大经营管理事项清单》，修订《"三重一大"决策制度实施细则》，党委议定"三重一大"事项131个，发挥"把方向、管大局、保落实"作用。编制基层党建工作提升三年工程方案，完成25个党支部换届选举，创新举办基层党建"三基本"建设与"三基"工作有机融合论坛，强化"第一责任人"履职及"三会一课"等基本制度落实情况的监督检查，开展"两优一先"评选表彰和"争当创效先锋"主题实践活动。编制大港石化企业文化引领工程实施方案，统筹推进"转观念、勇担当、强管理、创一流"主题教育和党史学习教育常态化长效化，落实意识形态工作责任制，做优做强主流舆论，加强典型选树宣传。落实全面从严治党新部署新要求，修订党委落实全面从严治党主体责任清单，压紧压实"两个责任"，强化政治监督，一体推进"三不"机制建设，推动各类监督贯通融合，实现巡察5年全覆盖。修订贯彻落实中央八项规定精神实施细则，持续纠"四风"树新风。

【队伍建设】 2022年，大港石化落实集团公司"人才强企工程推进年"部署，完善"生聚理用"人才发展机制，修订技术专家、一般管理及专业技术人员、高技能人才管理办法，畅通人才晋升通道，加大公开选拔力度，选聘高级专家3人、一级工程师6人、一般管理和专业技术人员52人、集团公司技能专家等高技能人才86人。推进人才强企战略举措，持续锻造"三强"干部队伍，调整领导班子20个，选拔任用8人、岗位交流10人、免职1人，40岁左右中层干部占比提高至25.6%。创新岗位实践锻炼，开展青年科技人才培养导师带徒活动，精选4名基层优秀技术骨干到生产处室挂职锻炼，成立高技能人才协会，增强人才创新创效内生动力。推进全员素质提高工程，加快仿真培训系统升级完善，综合运用线上线下培训方式实施各类培训项目547个、组织各类考试考核487场次，深化专业技术人员基础知识大考核、操作人员岗位技能随机抽查等活动，奖优罚劣、以考促学。新入职员工在集团公司首届职前技能竞赛上，获团体一等奖、个人2金2银。优化人力资源配置，压减工程管理部、质检计量部岗位人员24人，补充到生产一线。推行市场化用工机制，在机电仪等重体力岗位及汽车驾驶、环卫绿化等辅助性岗位使用劳务派遣用工，减少直接用工120人。

【疫情防控及职业健康】 2022年，大港石化落实地方政府和集团公司新冠肺炎疫情防控要求，坚持领导带班制度，严格外来人员入厂、员工离津离港审批报备管理，推进疫苗"应接尽接"，员工疫苗接种率98%。投入159万元，供应口罩、抗原、药品、防护服等防疫物资26万余件。针对疫情防控"新十条"政策，完善大港石化疫情防控应对措施，避免封厂运行极端局面出现。贯彻集团公司《〈"健康中国2030"规划纲要〉实施方案》，健全职业卫生体制与健康管理机制，加强职业病危害场所检测，打通员工急诊绿色通道，全员投保团体意外伤害险、重疾保障险，根据不同年龄段推进"订单式"体检，强化心脑血管等疾病健康干预提示，开展4次健康培训和教育活动，以班组为单位发放血压计106个、应急药品106份，提高员工健康保障水平。倡导健康生活方式，开办文体兴趣班10余个，组织羽毛球、足球等系列赛事16项，选树"健康达人"76人，促进员工强化健康意识、养成健康习惯。支出360余万元，持续开展"春夏秋冬"四季帮扶暖心活动，帮扶困难员工187人次。

（肖尚辰）

中国石油天然气股份有限公司华北石化分公司

【概况】 中国石油天然气股份有限公司华北石化分公司（简称华北石化）1985年8月组建，1987年12月建成投产。前身是华北石油管理局化学药剂厂，1997年更名华北石油管理局第一炼油厂，1999年重组为中国石油华北油田公司第一炼油厂，2000年再次重组为中国石油华北石化公司。公司位于河北省任丘市北环东路。自成立以来，华北石化曾获全国模范职工之家、集团公司一类企业、集团公司基层党建"百面红旗"等多项省部级以上荣誉；实现利税破百亿元，为北京输送国V标准、京Ⅵ标准等系列产品；近10年来，"聚丙烯高速popp膜专用料HB28F的开发""降低MTBE硫含量攻关"等多项科技成果获集团公司科技创新项目奖。2022年底，设机关处室10个，直属部门4个，二级单位13个；有员工1999人，平均年龄42.9岁，大专以上学历占77.7%；常减压、催化裂化、渣油加氢、蜡油加氢、连续重整、航空煤油加氢、柴油加氢等主要生产装置35套。主要产品有汽油、柴油、航空煤油、聚丙烯等30余种。

华北石化主要生产经营指标

指标	2022年	2021年
原油加工量（万吨）	574.00	610.00
汽油产量（万吨）	180.80	233.71
柴油产量（万吨）	157.30	137.30
聚丙烯（万吨）	8.10	8.88
收入（亿元）	375.00	240.00
利润（亿元）	0.63	11.00
税费（亿元）	81.42	95.52

2022年，华北石化落实集团公司党组决策部署，统筹生产经营、安全环保、疫情防控，积极应对油价波动、市场低迷、行业转型、长期低负荷运行，以及地处安全环保严管区域等严峻挑战，优化产业结构，奋力开拓市场，实现连续盈利。2022年，加工原油574万吨，利润0.63亿元，全年增效5.2亿元。

【生产运行】 2022年，华北石化强化"精心监盘、精细巡检、精准操作"，加强装置生产运行系统（MES）平稳率管理，实施分散控制系统（DCS）工艺报警分级管控，建立重点参数短信推送系统，日报警数量下降66%。对64套操作规程、1741个操作卡进行修订。深化工艺变更管理，强化操作变动分级预约，推进关键操作"唱票制"，装置平稳率99.93%。推进"讲清楚、回头看"工作机制，开展109次，制定提升措施303项。实施催化、重整等10套主要生产装置长周期攻关，编制运行导则。汇编《集团公司炼化装置非计划停工案例》，举一反三、深度排查，制定防范措施168项。实施公司级工艺和设备攻关41个。坚持预防性维护和预知性维修相结合，突出大机组、关键设备特保特护，强化关键机泵包机制落实。

【全厂大检修】 2022年，华北石化加强预案编制，制定《大检修手册》，组建大检修指挥部和12个工作专班。克服高温酷暑、新冠肺炎疫情等不利影响，"一人一策"落实疫情防控措施。健全"设计、采购、施工"全过程质量监督体系，引入第三方质量监督，开展劳动竞赛，细化人员培训，制订网络计划，合理安排交叉作业，组织专项对接20次、特种设备检验协调会12次。完成26套生产装置及配套公用工程系统1.5万个常规项目检修，同步实施"2号常减压流程优化"等21个投资项目、"1号常减压电脱盐自控系统改造"等78个技改项目建设，焊接一次合格率、静设备及大机组检修一次合格率均 100%，全过程实现"气不上天、油不落地、声不扰民"的绿色检修目标。实现一次开车成功。

【安全环保】 2022 年，华北石化党委每月专题研究安全生产工作，逐级签订安全环保责任书，修订全员 HSE 责任清单，推行全员安全生产记分制，对 180 名管理人员安全生产记 311 分，对 1346 名操作人员安全生产记 2577 分。对 12 家单位领导班子扣减业绩分值 17 分。首次开展业务外包单位体系审核，集团公司两次内审综合排名均进入炼化企业前六。评选出 25 家零伤害单位、13 套零泄漏装置、15 个零违章班组，夯实平稳运行基础。组织实施安全生产专项整治三年行动、危化品安全风险集中治理、燃气专项治理、老旧建构筑物专项排查等重大专项整治工作。召开 3 次专题会议，研究解决 39 个重大环境保护事项。开展 LDAR 检测，做好国家重大活动期间空气质量保障工作。中央环保督察实现"零问题"。公司被评为集团公司绿色企业、2022 年度 QHSE 先进企业，被评为生态环境部绿色发展水平先进企业、重污染天气绩效评级 A 级企业，实现安全环保业绩与企业形象的双提升。

【科技创新】 2022 年，华北石化深化科技体制改革，全面推行项目经理负责制，加强技术人才培养。有序推进股份公司"炼厂重整副产氢气等氢资源提纯利用新技术研究开发"等 3 个科技项目攻关；开展生产优化攻关项目 41 项，完成 27 项；评选技术创新奖成果 28 项；"循环水外排污水的处理装置""污水处理系统" 2 项专利获知识产权局授权；研发聚丙烯薄壁注塑专用料 HB66G。优化"MES、ERP、炼化物联网"三大系统运行，开展"信息孤岛"治理，推进数据共享、联通、互融。开发大检修信息管理系统，实现设备检修全流程、动态追踪的信息化管理；完成 34 套化验仪器的分析数据自动采集软件开发，数据准确率 100%；开发应用"2# 常减压蒸馏装置智能控制系统"，关键控制回路波动均方差较工艺卡片平均降低 20% 以上。作为全国首批试点企业，在集团公司率先应用"双重预防信息系统"。上线"工业互联网 + 安全生产"平台，实现 15 个业务功能集成。开发出聚丙烯、道路沥青新产品。征集科技论文 277 篇。"循环水排污水处理装置"和"污水处理系统"获国家专利。

【企业治理】 2022 年，华北石化推进企业治理能力、治理体系现代化建设，发挥党委领导作用，修订《"三重一大"决策制度实施细则》，落实集团公司关于模拟法人企业治理要求，建立党委会、执行董事办公会、总经理办公会 3 个决策机制。深化推进"讲清楚、讲问题、讲制度"工作，深刻剖析管理层面存在的漏洞短板，明确整改方向、制定改进措施。全年制修订制度 68 个，完成华北石化内控手册修订，开展涵盖153个重要流程、388个关键控制点内控自测，配合集团公司开展管理层测试，发现问题129项。开展"严肃财经纪律、依法合规经营"综合治理专项行动，成立7个工作组，对物资采购等重点环节和高风险业务领域进行排查，发现问题16个，针对8方面潜在风险，完善管控措施。形成23项重大涉法合规事项清单。优化变更、农民工专有权益等合同条款，公开招标率100%。完成组织人事、资产管理、土地管理、对标世界一流管理提升等领域全部改革任务，完成三年改革行动任务。推广操作岗位大工种、大岗位设置。撤销全部三级机构和直属部门内设机构，实现扁平化管理；优化整合5个直属部门和4个二级单位13项业务，组建技术保障运行部、后勤保障运行部，管理界面更加明晰，管理效率有效提升。

【"双碳""双新"】 2022年，华北石化深入推进"十四五"发展规划，成立"转型升级""新能源新材料""双碳"3个工作小组，对接科研院所，初步形成以催化裂解为中心的炼化转型升级方案，大幅降低汽柴油产量，增产化工产品。完成加氢裂化装置多产航空煤油改造，收率由18%增至42%。联合华北油田实施二氧化碳捕集利用项目，完成可行性研究报告编制。全力保障清洁新能源供应。华北石化把助力办好北京冬奥会作为崇高政治使命，制定10项服务保障重点措施，提前完成京ⅥB标准汽油、柴油质量升级，服务首都交通。保持航空煤油稳定生产，保供北京大兴国际机场需求，确保张家口机场运输能力。强化副产氢提纯装置生产管控，累计为北京、张家口、延庆3个赛区的4个综合能源服务站供应高纯氢59吨，占到北京赛区的50%。高效推进聚碳酸酯新材料合资项目，组织业务培训，建立例会机制，派出股东代表、董事、监事和高管，协调各方、合规运行，完成合资公司工商登记变更、全部三期增资款支付，以及国有产权登记工作。截至2022年，合资公司生产聚碳酸酯产品4.6万吨，开发出多个新产品，填补中国石油聚碳酸酯产品空白。

【提质增效】 2022年，华北石化围绕集团公司"五提质、五增效"10个方面部署，实施215项具体措施，设立专项奖金，每季度开展综合评比；完善对标机制，从利润、成本费用、自由现金流、资产负债等方面进行深层次对标分析。全年增效5.2亿元。围绕"减油增化、减油增特"，全方位开展低负荷下优化提升，动态调整产量计划、产品结构和产销节奏。强化原油的"装、运、接、卸"全流程管控，增效1.2亿元；加工乌拉尔、萨哈林等俄罗斯临时原油，掺炼巴士拉重质原油生产沥青，接收内蒙古巴彦原油18.7万吨，探索差异化加工路线；打通秦皇岛港至南方市场汽油下海通道，生产航空煤油30.3万吨、船用燃料油75.8万吨、沥青8.1万吨、二甲苯7.1万吨，特色产品收率同比提高4.8%。

加大液化气推价力度，民用气价格高于对标炼油厂 61 元 / 吨。炼油综合能耗同比降低 3.62 千克标准油 / 吨，严控成本，积极争取减税降费政策，全年增效 1.5 亿元。

【健康企业建设】 2022 年，华北石化党委始终把员工福祉摆在首位，优化新冠肺炎疫情防控政策，多渠道购置防护物资和常用药品，最大限度保护员工身体健康；巩固健康企业建设成果，组织开展高血压防治、心肺复苏急救知识等 20 期健康培训；开展岗位健康巡诊 18 次；利用健康小屋组织重点人员开展健康监测 4 次；组织开展职业病防治法宣传周活动，开展主题宣讲活动 16 次、健康宣传咨询活动 2 次，开展职业病危害现状评价工作，对管理制度、危害因素检测管理、告知管理和职业健康档案等方面进行全面系统梳理。给各岗位配置血压仪、血糖仪、体脂称等健康医疗器材，保证员工及时进行自我健康检查。加强员工餐饮健康管理，督促食堂做到"少盐""少油""少糖"。2022 年制作减脂餐 7868 份，协助减脂减肥人士进行体重调整，提升健康指标。开展员工关爱活动，提高大病重症慰问标准，组织大检修、疫情防控等专项慰问，发放各类慰问品 540 万元。

【企业党建工作】 2022 年，华北石化制定实施二十六条重点措施，开展"建功新时代、喜迎二十大"主题活动，组织全体干部员工收听收看开幕盛况。党委组织学习研讨 4 次，两级领导班子成员深入一线开展宣讲 59 次。组织开展党的二十大知识问答竞赛、主题演讲比赛，员工参与率 100%。贯彻落实党的二十大报告对国有企业、绿色低碳发展提出的明确要求，党委理论文章在《中国石油报》刊发，推动党的二十大精神在华北石化落地生根。坚持"第一议题"制度，完善党委理论学习中心组学习机制，学习贯彻习近平总书记重要讲话和指示批示精神 137 篇，结合实际抓好贯彻落实，确保党中央决策部署在华北石化落地落实。印发党委《向集团公司党组请示报告重大事项实施细则》，明确 27 个方面事项，坚决做到令行禁止。制定党委委员党建工作"一岗双责"任务清单、基层党组织建设实施细则，组织党支部书记述职评议和支部工作考评，评选优秀党建研究成果 36 个。组建 28 支党员突击队，成为大检修攻坚战胜利的坚强保证。开展"反围猎"专项行动，制定防范措施 61 条。召开警示教育大会，营造风清气正氛围。

【人才队伍建设】 2022 年，华北石化推进中层领导人员任期制和契约化管理，加大年轻干部培养选拔，中层干部"80 后"占比提升到 30%。完善技能人才评价机制，成立 2 个"技能专家工作室"、4 个"劳模工匠创新工作室"和 1 个"青年创新工作室"。3 名技术干部入选集团公司"青年科技人才培养计划"。参加集团公司第二届技能创新大赛,获团队二等奖。

【和谐企业建设】 2022年,华北石化解决石化新村小区个人房产证办理、子女入学、增加夜间通勤车等18项民生问题。聚焦"两个维护",强化政治监督,紧盯冬奥保供等重点任务,下发监督建议书4份、工作提示函10份。推进乡村振兴和消费帮扶工作,调整选派3名驻村干部,超额20%完成消费帮扶任务。开展领导干部服务基层活动,现场解决基层困难和实际问题21项。

(郑晓云)

中国石油天然气股份有限公司呼和浩特石化分公司

【概况】 中国石油天然气股份有限公司呼和浩特石化分公司(简称呼和浩特石化)位于内蒙古自治区首府呼和浩特市,占地200万平方米。呼和浩特石化原名呼和浩特炼油厂,曾隶属华北石油管理局、华北油田公司,是国家"八五"重点工程之一,与二连油田开发、阿赛输油管线并称内蒙古三项石油工程。呼和浩特石化从1988年开始筹建,1990年7月29日破土动工,1992年9月29日一次投产成功。中国石油重组改制后,2000年7月1日划归中国石油天然气股份有限公司直接管理,并正式更名为中国石油天然气股份有限公司呼和浩特石化分公司。

呼和浩特石化炼油加工规模500万吨/年,固定资产原值83.15亿元,14套炼油装置、1套化工装置及配套系统;配套建设有长庆—呼和浩特原油管道和呼和浩特—包头—鄂尔多斯成品油管道。主要生产汽油、柴油、航空煤油、燃料油、液化石油气、聚丙烯树脂、石油苯、工业硫黄等6大类13种产品,主要满足内蒙古中西部、山西及河北周边地区市场需求,并出口蒙古国。自成立以来,呼和浩特石化先后获全国模范职工之家,全国"重合同守信用"企业、全国"安康杯"安全生产劳动竞赛优胜企业、新中国70年企业文化建设优秀单位等多项荣誉。

2022年底,在册员工1589人,大专以上学历1073人;设有11个机关处室、5个直属单位、10个二级单位。

2022年，呼和浩特石化全力打好安全环保、装置大检修、提质增效、疫情防控四大攻坚战。加工原油340万吨，实现轻质油收率77.37%，综合商品率92.25%，炼油综合能耗67.43千克标准油/吨原油，新鲜水单耗0.47吨/吨，综合损失率0.50%。销售收入234.36亿元、税费56.37亿元，盈利7.17亿元，超额完成集团公司业绩考核指标。

呼和浩特石化主要生产经营指标

指　　标	2022年	2021年
原油加工量（万吨）	340	392.51
汽油产量（万吨）	139.45	169.17
柴油产量（万吨）	117.12	116.58
航空煤油产量（万吨）	7.83	18.39
苯（万吨）	1.98	2.36
聚丙烯（万吨）	12.19	15.67
资产总额（亿元）	68.11	72.50
销售收入（亿元）	234.36	217.94
利润（亿元）	7.17	14.71
税费（亿元）	56.37	71.41

【生产运行】 2022年，呼和浩特石化狠抓"12334441"（"1"指巡检；"2"指两个班，即值班和交接班；"3"指三个方案，即变更方案、处理方案、应急方案；"3"指反三违，即违章指挥、违章操作、违反劳动纪律；"4"指四超，即温度、压力、流量、液位；"4"指四无，即无泄漏、无误报警、无不备用设备、无非计划停工；"4"指四降，即降作业量、降不相关作业人数、降现场作业时间、降作业费用；"1"指抓应急演练）生产过程管控，严格有指令、有规程、有确认、有监控和卡片化的"四有卡"制度，生产操作制度控"四超"、注重现场管理控"四无"，推进平稳率收窄、报警治理、生产变更预约，严格"一分钟"应急演练，装置平稳率99.94%，报警数量大幅减少，催化装置实现平稳运行48个月。狠抓生产计划执行，保证各装置加工量、原料性质、操作参数、产品质量稳定，2022年主要装置未发生非计划停工，完成国ⅥB标准汽油质量升级任务。狠抓工艺防腐管理，严格原料和公用工程介质品质管控，强化设备及

管线测厚、过热点监测，进一步夯实装置长周期运行基础。狠抓设备运行风险管控，实现各装置机泵状态监测系统全覆盖；深化机泵振动攻关治理，保障全厂无D区运行机泵；借鉴兄弟单位先进经验全面解决联锁投用存在问题，装置联锁投用率100%；完善大机组特护管理和继电保护整定，保障关键机组、机泵的平稳运行。

【安全环保】 2022年，呼和浩特石化压实"三管三必须"责任，进一步加强施工作业"预约审核、现场监护、过程督查、通报考核""四重点"管控，强化雷达图应用，作业四象限预警分析，坚决杜绝"三违"现象。坚持安全环保常态化从严管理，贯彻落实"安全生产十五条硬措施"，开展危险化学品集中治理、城镇燃气和房屋建筑物等领域专项整治，促进风险管控能力提升。加强QHSE体系建设，提升内审质量，每月组织召开安全环保形势分析会，深化"10+2"问题整改，推动体系有效运行。构建双重预防机制，数字化系统完成上线运行，运行效果得到政府部门肯定。推进安全生产三年行动，任务完成率97.2%。强化源头管控，发挥环保专班作用消除环保隐患，创建"无异味"工厂，加强跟踪考核，实现外排污染物有效达标率100%、固废合规处置率100%。

【装置大检修】 2022年，呼和浩特石化装置大检修历时58天。检修项目多、时间跨度长、施工难度大、参检人员多，任务艰巨。在炼化新材料公司的专业指导下，装置大检修计划经过3轮立项审核，逐套装置逐个项目进行梳理，全面摸排问题，逐项优化方案，确保立项科学准确。推行大检修作业现场安全网格化管控模式、首次建立运行大检修数字化管理平台、引进定力矩紧固监管专业团队，总体统筹呼和浩特石化大检修主线施工项目，对于隐蔽项目和突发问题，第一时间组织相关部门现场办公，落实解决方案和材料供应，实现"当日事，当日毕"，确保检修进度受控。呼和浩特石化主要领导参加每日大检修例会，突出问题导向，重点对检修计划进展情况、隐蔽项目、典型问题进行通报和讲评，做到"事事有落实，件件有回音"，保证检修工作按计划有序推进。严格按照"谁施工、谁负责""重心在基层、重点在过程"指导原则，严格落实施工单位、属地车间、施工监理、质量监督部门和业务主管部门"五位一体"的质量管理模式，实行ABC分级监督检查考核，确保检修深度和质量整体受控，实现"安全、绿色、优质、受控"的检修目标。

【提质增效】 2022年，呼和浩特石化落实"四精"要求，全面实施提质增效价值创造行动，提前谋划安排，把关项目措施，推动提质增效再升级；优化奖励机制，鼓励揭榜挂帅，调动提质增效工作积极性和主动性，增效1.17亿元。坚持市场导向，组织好每月一次的经济活动分析和每月两次的生产经营优化策略研究，精准指导生产优化运行，重整辛烷值桶92.31，同比提高0.24个单位，增效563万元。克服新冠肺炎疫情冲击和市场需求不旺影响，与销售单位密切衔接，开拓陕西、四川等区外新市场，并开辟海上出口通道。加大聚丙烯纤维料HT40S生产，销售3.33万吨，实现增产增效。深化财税筹划管理，争取税收优惠政策，增效352万元。

【企业转型升级项目推进】 2022年10月30日，"呼和浩特石化航空煤油接卸与储存设施改造"项目克服新冠肺炎疫情冲击等因素影响，实现项目中交。丙烷脱氢项目建设受疫情影响完成工程投资总额的99.8%，施工总量完成92.3%。中国海洋石油天野化工股份有限公司合资合作项目实现聚甲醛复工复产，完成进场摘牌、收购合同签订工作。在掺炼内蒙古巴彦原油的基础上，稳步推进掺炼巴彦原油过渡改造项目，完成前期准备工作，明确改造内容。落实集团公司合同能源管理项目要求，规范优化余热高效升级利用项目运行方式，规避管理风险。推广智能化炼油厂KBC模拟优化模型应用，挖掘巡检、班组绩效、报警等系统的模块功能潜力，促进工作效率提升。推进信息化建设，根据需求探寻提升管理水平、节能创效方法，深化MES、APS等系统的应用水平。

【企业依法合规治理】 2022年，呼和浩特石化坚持"管业务管合规"原则，开展合规风险违法违规问题排查工作，有效防范化解风险。规范合同管理，定期检查分析合同签订、审批、履行情况，开展合同突出问题治理，杜绝事后合同。常态化开展风险案例征集、编辑，加强案例分析与宣贯，增强干部员工风险防控意识。强化对内控重大风险点的跟踪监测，抓早抓小，将风险消灭在萌芽状态，2022年未发生Ⅲ级以上风险事件。以落实国企改革三年行动为主线，以强化基础管理为重点，全面完成对标改革任务。优化人力资源配置，利用自然减员高峰，严控新增用工计划，市场化退出率0.24%，在炼化企业中排名第八。深化管理创新，在石油石化企业和内蒙古企业协会第29届企业管理现代化创新评审中，《带着改善"微习惯"的思想抓实对标对表工作促进精益管理的探索与实践》《OKR助力企业探寻人才建设破局之道的创新与实践》等创新成果获二等奖3个、三等奖3个。组织开展班组精益管理短视频大赛，推进班组精益管理系统（TOS），精益管理落地，班组自主管理能力和精细化管理水平持续提升。

【人才队伍建设】 2022年，呼和浩特石化开展高技能人才选聘、专业技术人员岗位轮换、专业技术职称评审改革、选拔青年科技人才，通过优化聘任、针对性培训、开展职业技能竞赛等工作推进三支人才队伍建设。通过严格干部考核管理、党组织书记年度述职评议、新提任领导干部履职情况调研、加强干部选用交流等方式，调动中层干部干事创业的积极性。提拔2名二级正职领导人员、4名二级副职领导人员，组织开展4个二级副职岗位的竞争上岗，7名"80后"走上领导岗位，畅通年轻干部成长通道。全面启动"青马工程"，首批21名35岁以下的优秀青年入选"青马工程"培训班。实施专业技术人员岗位轮换，加大培养复合型技术人才力度。

【企业党建工作】 2022年，呼和浩特石化强化理论学习抓融合，认真落实"第一议题制度"和党委理论学习中心组学习制度，及时掌握中央的新精神、国家的新政策、集团公司党组的新要求，学以致用，指导推动公司高质量发展。与大庆铁人学院合作，举办3期党员集中轮训班，增强党员理论素养。强化顶层设计抓融合，坚持党建工作与生产经营统筹谋划、共同推进，与所属各党支部书记签订党建目标责任书，靠实党建主体责任。强化专项活动抓融合，开展"形势、任务、目标、责任"宣讲活动和企业文化"基层建设年"活动，统一思想，凝聚合力。强化党风廉政建设抓融合，贯彻中央八项规定精神，坚决反对形式主义、官僚主义，改进会风、文风，高质量开展巡察"回头看"和专项巡察工作，推动全面从严治党向基层延伸。

【和谐企业建设】 2022年，呼和浩特石化开展节日帮扶、检修慰问、金秋助学等惠民活动，改善员工就餐环境，创建书香企业，员工人均收入稳中有升。制订并推进健康计划，开展职业健康风险评估和员工心理健康评估，邀请专家进行职业病防治知识讲解，引导员工主动加强自我健康管理。强化源头防范和风险管控，从人防、物防、技防入手，开展反内盗宣传教育，重点时期升级管控，呼和浩特石化治安秩序和谐稳定。加强保密培训教育，组织违规存储涉密信息全覆盖排查，消除泄密风险。开展信访维稳重点群体及风险隐患大排查，强化特殊时期维稳管控，受到集团公司电报嘉勉。加强矿区绿化建设，推动物业服务质量提升，为广大干部员工营造和谐宜居的生活环境。

【企地建设】 2021年10月，按照内蒙古自治区党委及政府统一安排，呼和浩特石化乡村振兴帮扶地调整为锡林郭勒盟正镶白旗乌兰察布苏木恩格尔宝拉格嘎查。呼和浩特石化及时召开专题会议，研究部署驻村和包联帮扶工作。呼和浩特石化党委深入包联帮扶嘎查走村入户，问民计、问民意，了解生产发展和牧民生活情况，与旗、苏木、嘎查三级干部座谈交流，共商包联帮扶嘎查发展大计、可行的帮扶项目及实现路径。呼和浩特石化党委建立联席会议机制，每半年召集工会、人事、财务、企管等职能部门负责人专题研究包联帮扶工作，听取驻村干部工作开展情况和派驻嘎查发展情况，研究讨论包联帮扶项目，安排落实项目资金，为落实包联帮扶工作提供强有力的政策支撑和资金支持。根据包联帮扶嘎查产业发展和牧民生产生活实际，在调研和嘎查"两委"研究的基础上，呼和浩特石化党委提出供水保障工程和养牛架子两个帮扶项目方案，投资近 70 万元新建供水保障工程 10 处、新打机井 10 眼（总井深 600 米）及配套设施，为嘎查 54 个养牛牧户新建 1100 个养牛架子。呼和浩特石化落实项目分配方案、落实项目全过程监管及项目验收移交工作，发挥包联帮扶嘎查项目实施主体责任，完善嘎查农业农村基础设施，改善牧民群众生产生活条件，有效带动乡村产业发展，有力地推动包联帮扶嘎查乡村振兴。

（何淑华）

中国石油天然气股份有限公司辽河石化分公司

【概况】 中国石油天然气股份有限公司辽河石化分公司（简称辽河石化）位于辽宁省盘锦市，前身为盘锦炼油厂，始建于 1970 年，1971 年建成投产，历经半个世纪发展，成为原油加工能力 550 万吨 / 年、固定资产原值 72.31 亿元的炼化企业。有常减压蒸馏、催化裂化、连续重整、汽柴油加氢、润滑油高压加氢、延迟焦化、润滑油糠醛白土联合精制、气体分馏、聚丙烯、制氢、硫黄回收、酸性水汽提、干气及液化气脱硫等 30 套主体装置以及完善的公用工程系统和辅助生产设施。2022 年设机关处室 11 个、附属机构 5 个、直属部门 3 个、二级机构 17 个，在册员工 2273 人。主要加工低凝环烷基原油、混合稠油、超稠油、石蜡基原油和进口稠油，主要生产石油沥青、汽油、柴油、燃料油、变压器油、聚丙烯、石油焦、液化石油气、橡胶增塑剂等 10 类 20 余种产品。

2022 年，辽河石化党委团结带领全体干部员工，统一思想、转变作风，坚决落实"疫情要防住、经济要稳住、发展要安全"的重要要求，加强党的全面领导，夯实管理基础，深化改革创新，持续转变作风，凝心聚力、攻坚克难，全年加工原油 422.8 万吨，销售产品 409 万吨，实现营业收入 255 亿元，同比增加 34.49 亿元；利润总额 20.48 亿元，同比增加 5.12 亿元，再创历史新高；上缴税费 32.11 亿元，完成首次全公司规模装置检修，各项工作成效显著。

辽河石化主要生产经营指标

名　称	2022 年	2021 年
原油加工量（万吨）	422.8	502.01
汽油产量（万吨）	59.76	73.17
柴油产量（万吨）	63.52	59.8
燃料油（万吨）	167.42	151.16
石油焦产量（万吨）	22.41	26.57
变压器油产量（万吨）	7.20	5.69
石油沥青产量（万吨）	30.23	62.49
液化石油气产量（万吨）	10.80	12.75
芳烃类产量（万吨）	11.44	17.59
聚丙烯产量（万吨）	0.29	2.01
橡胶增塑剂产量（万吨）	25.66	68.65
资产总额（亿元）	54.8	45.22
营业收入（亿元）	255	220.51
利润（亿元）	20.48	15.36
税费（亿元）	32.11	40.47

【安全环保】 2022 年，辽河石化强化全员安全生产责任落实，狠抓风险作业管控，推进 QHSE 体系运行，完善双重预防机制建设，守牢施工作业和工作场所不发生聚集性新冠肺炎疫情的底线，全年未发生一般 B 级以上安全事故，职业病发病率为零，环境污染事件为零。国家重点部署专项行动全面完成。安全生产专项整治三年行动 78 项工作任务全面完成。围绕隐患排查、安全风险专项治理和双重预防机制建设，开展危险化学品集中治理，消除老旧装置隐患 17 项，长输管道隐患 60 项。排查治理重大危险源整治隐患 128 项。每月专题研究安全环保工作，突出隐患问题治理。开展无事故单位创建，组织典型事故事件全员大反思、大讨论，安全生产理念进一步深入人心。严格风险作业公告管理，周末节假日、特殊敏感时段作业升级管控，加强旁站式监督检查，开展承包商安全管理专项整治行动，全部作业风险有效管控。坚持污染源源头治理，开展挥发性有机物管控能力提升百日专项行动，完成 155 处水气声渣监测点定期监测，合规处置危废物 10995 吨，实现异味零容忍，全年零投诉。QHSE 管理体系运

行水平明显提升。坚持全覆盖量化审核和第三方审核相结合，高质量组织两次内部 QHSE 审核，针对审核发现的典型严重问题，实施 8 个 QHSE 专项提升行动。组织基层单位开展自主审核，突出举一反三排查和审核"回头看"。推进基层站队 HSE 标准化建设，完成 19 个装置标准化自评。开展国家成品油整治相关工作，加强生产全流程质量管控，进一步提升产品品质。提前完成国ⅥB 标准汽油质量升级转换，全面开展橡胶增塑剂、二甲苯等质量专项攻关提升，达到预期效果。健康管理取得显著成效。坚持把员工生命健康放在首位，科学研判新冠肺炎疫情形势，持续修订完善常态化工作方案、预案，累计开展区域核酸检测 11 万人次，有效应对突发疫情挑战，及时发放抗原检测试剂、药品、口罩等防疫物资，确保正常生产经营秩序。开展职业病防治宣传，完成 190 个职业病危害因素检测点的日常监测，检测合格率 100%。全员健康体检和职业健康检查体检率 100%，职业病发病率为零。

【生产运行】 2022 年，辽河石化精细管理、强化保障，生产平稳优化运行。统筹产运销系统平衡。克服冬奥限产、油区汛情、疫情限运等多重挑战，科学制订装置运行方案，调整外运节奏，保持生产平稳运行。积极沟通协调，多渠道争取原油资源，大检修期间外储超稠油 7.5 万吨，汛情期间争取进口油和冀东油 8.5 万吨。强化上下游衔接，刚性落实产品调运计划，增产增销低硫船用燃料油产品，低硫船用燃料油出口总量连续 3 年保持中国石油首位。狠抓"三大纪律"执行，严格落实精细巡检、精心监盘、精准操作要求，加强工艺参数的偏差分析与统计，加强报警管理，开展加热炉优化和电脱盐攻关，公司级平稳率实现 100%，在炼化新材料板块排名并列第一，同比上升 12 位。严格执行两级巡检制度，强化管理人员巡检，有效解决"巡而不检"问题，巡检发现各类隐患 53 项。组织完成 RCA 报告编制和 39 套工艺卡片修订，完成公司级评审。强化设备运行保障，开展大机组和关键机泵管理提升活动，深化机泵"两治理一监控"，优质高效完成转动设备大检修，彻底消灭 D 区运行机泵，限期攻关整治 C 区机泵，高危泵平均修复间隔时间（MTBR）由 71 个月上升至 84 个月。大型机组特护管理落实"五位一体"管理要求，实现"一机一表"。仪表自控率稳定在 99% 以上，压力容器、压力管道检验完成率 100%。成立辽河石化腐蚀工作领导小组，突出工艺防腐管理，完善腐蚀在线监测体系，腐蚀风险防范化解能力显著提升。

【产品结构优化】 2022 年，辽河石化突出"减油增特"，优化产品结构。围绕"五提质、五增效"，实施 34 类 62 项 142 条措施，实现提质增效 2.85 亿元。扩产增销低硫船用燃料油，生产低硫船用燃料油 137 万吨，在加工量同比减少

78.4万吨的情况下，同比增产11.5万吨。积极培育橡胶增塑剂市场，A1426产品快速占领市场份额。优化产品结构，增产变压器油2.5万吨，增效3200万元。拓展高端沥青市场，与葛洲坝集团江苏句容抽水蓄能电站和锡林浩特机场签订合同，扩大品牌影响力。突出装置运行优化，实现增产增效。以每周优化会为平台，适时优化加工结构、产品结构及能源管理，优化创效0.64亿元。提高石油焦产量，增效2200万元。优化二次装置加工运行，重点优化产氢、耗氢装置负荷，合理利用石脑油库存，增效2600万元。优化水氯比，重整辛烷值桶达到93.53，同比提高0.51，排在炼化新材料板块同类装置首位。纯氢产率3.85%，同比提高0.05%，排在炼化新材料板块前列。精调反应温度，催化汽油加氢装置汽油收率提升至98%以上，辛烷值损失降至1.3，达到历史最好水平。强化对标达标管理，对标综合完成率93.32%，同比提升2.69个单位，7个炼油业务达标项目全部达到目标值，催化、焦化、东蒸馏和重整4套装置实现全年达标。突出压成本降能耗，实现降本增效。落实零基预算要求，坚持先算后干、算赢再干。严控油气计量损耗，缩短船用燃料油结算周期，降低船用燃料油集港运费，合理降库减少资金占用，用好税收优惠政策，多措并举，降低费用4000万元。实施节蒸汽项目11个，节电项目5个，节水项目7个，节燃料气项目6个，累计降费2540万元。

【设备管理】 2022年，辽河石化完成大检修任务。提前3年开展检修准备，逐个装置完成3轮细致对接，成立物资保供专班，克服新冠肺炎疫情影响，高效组织检修物资进厂。严格执行界面交接标准，压实责任、逐级确认，加强作业前安全分析和安全交底，狠抓现场作业全过程管控。坚持绿色检修，严格执行排放标准，实现"气不上天、油不落地、声不扰民、现场无异味"。开工过程执行"四有一卡"，步步确认，参检的26套生产装置和4套辅助系统全部实现一次开车成功。公司领导靠前指挥，检修指挥部每日召开检修例会，建立检修督办清单，统筹质量、安全、进度。突出检修质量全程管控，明确各层级监管责任，属地单位严把现场关，质量监督小组加强现场监督检查，严肃质量考核，对施工各环节档案建册，实现源头追溯，坚决守住质量底线。安全、绿色、优质、节约、高效完成首次全公司装置检修，重点实施东蒸馏装置节能优化改造、催化装置MIP改造等项目。检修工作历时60天，完成项目4840项，同步开展投资项目17项，小型技改技措项目149项。全生命周期考核值达到板块要求，解决长期存在的安全环保隐患治理、生产运行瓶颈、稀油加工路线产品结构不合理等问题。设备完好率提升至99.98%，水冷器泄漏率下降到0.37%，继电保护整定率是炼化新材料板块唯一达到100%企业，装置长周期平稳运行能力有效提升。

【深化改革】 2022年，辽河石化深化改革、依法治企、合规经营取得新进步。"三定"工作稳步推进。全面落实人才强企工程，推动业务归核化发展和生产经营组织模式创新，出台2项实施方案，平稳清退劳务用工129人，非全日制用工26人，市场化退出率0.86%，完成12家单位"三定"工作，分流富余人员40人，减少运行班组25个，一线操作人员"多岗通"比例达40%，完成集团公司目标定员任务，全员劳动生产率提升14%。薪酬绩效体系持续优化。聚焦关键技术考核指标，盯紧关键业绩指标，层层分解落实，保持集团公司A级企业评级。规范修订专项奖励办法，系统梳理业绩考核方案。制订基层单位绩效工资二次分配指导意见，确保班组一体化考核投入额度不低于员工奖金20%，实现考核与奖金分配联动，精准激励。员工年收入稳步增长。依法合规治企持续加强。开展合规管理强化年工作，改革三年行动实施方案74项任务全部完成，对标世界一流管理提升活动的47项任务完成率100%。内控与风险管理体系有效运行，修订完善内控手册，梳理合规风险2394项，规范管控流程53项，未发生重大风险经营事件及其他风险事件。开展年度普法教育，促进普法教育进基层进班组，依法推进法律纠纷案件处理，营造依法合规营商环境。

【科技创新】 2022年，辽河石化加快转型、创新赋能，绿色发展动能不断增强。重点项目开发有序推进。"十四五"规划项目溶剂脱沥青、润滑油高压加氢、电力系统增容改造项目可行性研究报告通过初审。2号制氢装置二氧化碳回收利用项目完成可行性研究报告审查。编制《辽河石化碳达峰实施方案》，从产业结构优化调整、节能提效、清洁替代、新能源，以及二氧化碳捕集、利用、封存等方面分解重点任务，确定碳达峰目标。新产品开发取得成效。组织完成年度科技成果及科技论文评选，评选优秀科技成果19项。推进集团公司重大科技专项子项目的开发与应用，新产品钻井液基础液实现销量3000吨以上，形成集团公司级产品标准。辽河稠油减压馏分生产橡胶增塑剂A1220工业试验取得成功。制备出合格的电缆沥青样品，开发出ZN-20、ZN-30系列环保阻尼沥青，填补国内产品空白。信息化建设取得进步。完成新版门户2.0升级，进一步提升展示效果和使用体验。完善危险化学品安全风险监测预警平台，新增16套有毒有害气体报警，1300点数据上传至省市应急系统。编制网络安全智能监控平台、局域网和边缘计算平台3个项目可行性研究并上报。

【队伍建设】 2022年，辽河石化坚持党管干部原则，补充调整基层班子14个，调整中层领导39人，聘任基层领导37人，其中"80后"领导22人，建立五大类优秀年轻干部人才库。健全干部考核评价机制，中层领导人员考核退出占比12.9%。全面实施任期制和契约化管理，中层领导人员100%签订聘任协议和业绩合同。加快"双序列"改革步伐，选聘企业高级专家3人，一级、二级、三级工程师16人，3人入选集团公司青年科技人才培养计划，4人入选板块专业专家。

廉洁平安环境持续巩固。一体推进"三不"机制建设，建立党委主体责任和纪委监督责任"两个贯通"机制。紧盯"关键少数"，驰而不息纠"四风"树新风，高标准开展反"围猎"专项行动，建立行贿人"黑名单"制度，严防风腐交织。严肃查处违规违纪问题，组织处理26人，党政纪处分3人次。高质量完成5家单位政治巡察，梳理4方面11项共性问题，指导基层党组织对照自查未巡先改。发挥"免疫系统"功能，开展专项审计13个，其中自审9个、外委4个。深化"接访即办"机制，畅通诉求表达渠道，从源头防控化解矛盾纠纷。

【企业党建工作】 2022年，辽河石化党建引领、以人为本，和谐发展取得新成效。严格执行"第一议题"制度，全面学习、全面把握、落实党的二十大精神，深刻领悟"两个确立"的决定性意义，切实增强"四个意识"，坚定"四个自信"，做到"两个维护"。党史学习教育成果进一步巩固拓展，党员干部政治能力显著提升，工作作风持续转变，"红色引擎"动力澎湃。坚持大抓基层的鲜明导向，深化"三基本"建设与"三基"工作融合，实施党员积分制管理，共创共建党员责任区和安全生产责任区，146个生产班组实现"双组融合"。抓好党建带团建，长效化落地"青年精神素养提升工程"和"青马工程"。基层组织力有效提升，党组织带领党员突击队、青年突击队在装置检修、新冠肺炎疫情防控中发挥先锋模范作用。

【企业文化建设】 2022年，辽河石化以人为本凝心聚力。落实意识形态工作责任制，深化形势任务目标教育，开展主题教育和主题行动，讲好石化故事，传播石化声音。落实民主管理制度，职代会、执行董事民主联系人会议、"党委信箱"等形式多措并举，依法公示职代会提案落实情况，下情上达渠道畅通无阻。深化"暖心工程"，坚持精准扶贫，帮扶困难家庭125户，发放慰问金、慰问品168万元，工会消费帮扶156万元，完成基层单位休息室基础设施配置，"我为员工群众办实事"常态长效。关注女工权益，成立工会女工委员会。召开健康企业建设推进会，建成投用"健康小屋"，配置AED除颤仪，设立心理健康辅导室，对高风险人群实施分级分类健康管理和指导，健康企业建设持续深入。

（宁晓韦）

中国石油天然气股份有限公司长庆石化分公司

【概况】 中国石油天然气股份有限公司长庆石化分公司（简称长庆石化）位于陕西省咸阳市渭城区，始建于1990年，1992年投产。有固定资产原值64.56亿元，主要生产装置17套，辅助设施12套，具备年加工500万吨原油能力。长庆石化为燃料型炼厂，产品以国ⅥB标准车用汽柴油、航空煤油、液化石油气为主，有少量的丙烯、工业硫黄、石油苯、道路沥青等化工产品。2002年底，长庆石化下设10个机关职能处室、5个直属机构、9个二级单位和3个机关附属机构。员工1072人，平均年龄40.2岁，大专以上文化程度占82.6%。多年来，长庆石化获国家安全生产标准化一级企业、国家绿色工厂、国家智能制造标杆企业、中国石油和化工行业绿色工厂、第十八届全国质量奖鼓励奖、集团公司质量安全环保节能先进单位、改革开放四十年中国企业文化优秀单位等荣誉，成功打造国内首个"5G"智能炼厂。

长庆石化主要生产经营指标

指　　标	2022年	2021年
原油加工量（万吨）	484.33	490
汽油产量（万吨）	176.34	182.02
柴油产量（万吨）	209.1	173.58
航空煤油产量（万吨）	33.82	66.38
综合能耗（千克标准油/吨）	60.37	60.52
资产总额（亿元）	63.24	70.16
营业收入（亿元）	347.27	266.77
利润（亿元）	21.63	15.32
实现税费（亿元）	89.55	84.97

【计划经营】 2022年，长庆石化统筹推进新冠肺炎疫情防控、安全环保、长周

期运行、提质增效等工作，保持生产经营良好发展态势，主要生产指标稳定增长，经营业绩创历史新高。全年加工原油484.33万吨、同比减少5.67万吨，工业总产值354.95亿元、同比增加88.61亿元，税费89.55亿元、同比增加4.58亿元，利润21.63亿元、同比增加6.31亿元，营业收入利润率6.23%、全员劳动生产率992万元/人，净利润在炼化新材料公司排名第五。

【生产运行】 2022年，长庆石化严格以工艺管理为核心的生产受控管理，强化DCS报警管理和变更管理，推行平稳率指标、报警值设置与工艺卡片指标递增层级管理，统一规范公用介质质量指标，开展"手指口述"标准化操作；严肃三项纪律，持续修订操作规程、工艺卡片，全年操作平稳率99.99%，馏出口合格率99.75%、同比提高0.3个百分点；制订夏冬季运行方案，提前实现国ⅥB标准汽油生产，完成年度加工任务。强化长周期运行攻关，梳理影响长周期运行的问题，识别长周期运行风险，举一反三分析原因，定期组织召开长周期动态管控讨论会，有效保障装置运行末期平稳运行，装置运行周期从"三年一修"稳步迈上"四年一修"阶段。强化大机组"五位一体"特护，烟机运行周期再创新纪录。强化工艺设备联合防腐，组织开展保温层下腐蚀专项检查，加密定点测厚监测。实行"无泄漏装置"立体交叉创建管理，组织开展"一装置一策"防泄漏分析，12套装置达标。开展联锁投用率、联锁票证、现场急停按钮、机组联锁仪表失效等专项排查，联锁投用率连续三年保持100%。开展抗晃电排查及措施完善工作，重新对全厂高压110千伏继电保护定值进行核算，组织"必保设备抗晃电措施落实排查""继电保护与自动装置配置整定"等专项活动，全年未因电力运行出现生产波动事件。

【安全环保】 2022年，长庆石化坚持把员工生命健康放在第一位，严格落实新冠肺炎疫情防控责任，加强精准管控，实现疫情防控与生产经营"双胜利"，获评集团公司健康企业。靠实重大危险源安全包保三类负责人责任，印发主要领导安全环保责任正面清单及岗位员工安全行为负面清单。组织系列安全生产专项整治，完成安全生产专项整治三年行动任务。加强基层建设，完善HSE标准化班组管理，常态化开展标杆班组季度擂台赛。强化QHSE体系运行，发挥差异化精准化内审作用。深化双重体系建设，修订八大特殊作业安全规范，组织作业许可零差错"四不两直"专项监督检查，修订隐患排查奖励办法，鼓励全员查找隐患，现场风险有效受控。设立长庆石化环保警示日，修订完善重污染天气应急响应方案，层层分解年度污染物排放指标，完成年度减排任务。推进罐区、污水系统VOCs（挥发性有机物）深度治理，完成油气回收提标改造，开展地下水污染防治和噪声污染治理，土壤地下水管控工作入选全国10个全流程管控示范清单。推进环保创 A 工作,通过现场技术评审。

【科技创新】 2022 年,长庆石化强化公司科委会作用发挥,多层次论证技术路线,提升技改项目质量,确定催化裂化 MIP 及配套改造、加氢裂化增产航空煤油改造、连续重整装置加热炉隐患治理等重点技改项目技术路线,助力实现"油品总量不增,品质提升,化工品增量增效,结构更优化"的转型发展目标。实施"轻汽油改质副产低碳烯烃催化剂及工艺研究"等科技项目 6 个,"中间相碳微球负极材料生产技术开发"课题实现长庆石化新材料研究零突破,"60 万吨柴油加氢技术分析与应用"成果获陕西省石油学会科学技术进步奖三等奖。智能工厂建设深入推进,与华为公司合作,梳理数字化转型智能化发展顶层设计,提出数字化转型初步方案。制订数据治理专项行动工作计划。建成并投用综合报警集中管控平台,实现全公司生产运行过程中工艺、设备、安环等报警的统一集中管控,"工业互联网+危化安全生产"试点方案获评应急管理部"十佳"方案。

【提质增效】 2022 年,长庆石化坚持把提质增效作为战略举措,牢固树立"四精"理念,聚焦价值创造,制定分解可操作、可量化、可考核提质增效 11 方面 38 项 166 条措施,多措并举,闭环管理。一体化运营持续发力,强化计划、生产、财务一体化运行,统筹原油原料资源优化,为全年加工任务目标完成奠定坚实的基础。坚持以销定产、以产促销,形成高效信息互通和快速应对机制,守住生产运行安全平稳底线,全年生产计划执行率完成 99.5%,高于关键指标 0.5 个百分点。灵活高效调整产品结构,坚持以市场为导向,及时调整产品结构,保证产品适销对路,机场航空煤油市场占比实现 94%。开展催化气分联合操作,催化汽油烯烃由 37.8% 降低至 34%,丙烯收率增至 5.07%。优化氢气增产和富氢气体回收运行,优化烷基化装置原料,全面生产 F80 沥青,全年未外采氢气、异丁烷和沥青调和剂。定制各生产单位综商考核指标,综商提高至 94.3%。完善能源管控平台,精细化管控水、电、气、风、氮等公用工程,动态调整锅炉、加热炉负荷,提高加热效率;开展功率因数调整、高耗能电动机更换工作;投用新发电机组,组织催化气压机、重整增压机管线振动消减治理,有效降低蒸汽用量。争取西部大开发企业所得税 15% 的优惠政策,增厚企业经营效益。

【企业管理】 2022 年,长庆石化依法合规持续深化,落实"合规管理强化年"工作要求,重新搭建公司制度体系框架,建立"四单一库一册"合规管理工作落实机制;深化招标、合同标准文本应用,加强合规审查、专业培训力度,合同承办差错率明显减少,审批时长持续压减,质量效率显著提高。招标成功率维持在90%以上，电子化招标率100%；分批次、分领域开展内控自测，合规管理脉络更加清晰。完善重大涉法事项法律论证程序，制定发布长庆石化"十四五"法治建设实施方案，确保2025年实现创建集团公司"法治建设示范企业"目标。规范工程造价管理和预结算审核流程，全面造价管理理念逐步融入项目实施全过程。推进"七个专项治理"，业务运行进一步规范。

【队伍建设】 2022年，长庆石化优化人才队伍，成立"人才强企工程"领导小组，印发实施方案，出台人才培养与发展"十四五"规划，制定人才培养五大体系、三大机制、八大重点工程，以工程思维推进各项措施落地见效。出台优秀年轻干部发现培养选拔实施方案，成立安全环保、仪表电气和战略规划专项工作组，干部队伍结构进一步优化。加快复合型干部培养力度，组织第二批干部挂职锻炼，新提拔干部中80后占比45%，选聘公司高级专家2人、技能专家1人，首席技师6人，一、二、三级工程师20人，高技能人才占比26%；实施青年精神素养提升工程和"青马工程"，出台高技能人才管理实施细则，高质量组织长庆石化技术技能竞赛，培育首位集团公司技能专家，2名专业技术人才入选集团公司"青年科技人才培养计划"。加大培训方式转型，采用"五化法"构建培训矩阵，开展HSE标准化班组季度擂台赛、"岗位大练兵，素质大提升"、千字万字流程熟记、必备技能培训等活动，阶梯式提升员工应知应会和履职能力。

【企业党建工作】 2022年，长庆石化把学习宣传贯彻党的二十大精神作为重大政治任务，常态化举办党委理论学习中心组学习研讨、周末读书班、中国延安干部学院党性修养提升班，两级领导班子带头开展专题宣传、培训、研讨活动。健全深入学习贯彻习近平总书记重要指示批示精神及集团公司党组决策部署落实机制，完善"三重一大"决策机制，将创建"践行石油精神和大庆精神铁人精神示范"和实现"党建引领一流"完善到公司战略布局中，党委把方向、管大局、保落实的领导作用有效发挥。上线运行"党委信箱"，一体推进基层党建"三基本"建设与"三基"工作，组织开展"党建名片"创建、党建互联共建、"两组"融合等活动，发挥党员"1带N"作用。高质量完成"五个回头看"，具体化常态化开展服务保障"三个环境"政治监督工作，"三不腐"一体综合效能有效发挥。庆祝建厂30周年，开展"转观念、勇担当、强管理、创一流"主题教育和"我就是长庆石化"岗位实践等活动，用"忠诚、担当、实干、自强"的长庆石化精神激励全体员工接续奋斗，践行"为历史负责、为生存担当、为荣誉而战"的使命责任。

【和谐发展】 2022年，长庆石化基本完成危化企业就地改造内部45个改造项目和外部搬迁一期工作，提速方案获政府认可，就地改造取得关键性标志性重要成果，为下一步高质量发展拓展发展空间。发挥产业龙头作用，成为咸阳市"清洁低碳能化产业链"和"氢能产业链"双链主企业。通过陕西省生态环境厅组织的环境绩效 A 级企业现场技术评审，完成市政中水补充生产用新鲜水一期工程，推动"零碳"一体化供暖、制冷、发电项目建设，打造企地共建节能减碳循环经济的示范。

（罗　希）

中石油克拉玛依石化有限责任公司

【概况】　中石油克拉玛依石化有限责任公司（简称克拉玛依石化）前身是 1959 年建立的克拉玛依炼油厂，是中国石油的稠油加工基地和高档润滑油、沥青生产基地。经过 60 多年的发展，年加工能力达到 600 万吨。按照集团公司与新疆维吾尔自治区深化合资合作框架协议，2015 年 7 月克拉玛依石化完成合资公司组建，更名为中石油克拉玛依石化有限责任公司。2022 年底，克拉玛依石化有员工总量 2754 人（男员工占比 64%、女员工占比 36%），其中少数民族员工 425 人，平均年龄 44.7 岁。下设 12 个管理处室、3 个直属机构、18 个直属单位。主体生产装置 36 套，辅助装置 21 套。2022 年建成国内最大的高档白油生产基地，获集团公司"生产经营工作先进单位"称号。

2022 年，克拉玛依石化加工原油 503.4 万吨（其中稠油 328 万吨），超年计划 13.4 万吨；营业收入 313.4 亿元，同比增长 15%；上缴税费 71.87 亿元，其中留存地方 14.45 亿元，经济效益和盈利能力继续保持板块前列。

克拉玛依石化主要生产经营指标

指　　标	2022 年	2021 年
原油加工量（万吨）	503.4	570
汽油产量（万吨）	99	117.9
柴油产量（万吨）	164.4	178.2
航空煤油产量（万吨）	13.8	17.2

续表

指　　标	2022 年	2021 年
润滑油产量（万吨）	74.8	77.9
沥青产量（万吨）	61.5	93.5
资产总额（亿元）	118	121.82
收入（亿元）	313.4	272.23
利润（亿元）	22.13	25.71
税费（亿元）	71.87	88.7

【HSE 基础管理】　2022 年，克拉玛依石化强化"四全""四查"和"三管三必须"，79 项年度 HSE 重点工作全面完成。开展安全生产专项整治三年行动计划、危化品安全风险集中治理、自建房隐患排查治理等 12 项安全专项工作；排查整改隐患 1220 起，奖励 526 人次。开展应急演练 781 次，"三违"查处、"低老坏"整治、承包商 HSE 管理等取得新进步。实现安全生产无事故，整体管控水平全面提升。

【安全环保】　2022 年，克拉玛依石化绿色企业创建全面启动，第一批无异味装置创建按期完成，环境在线监测投用率 100%，危险废物全部合规处置，挥发性有机物治理深入推进，减污降碳节能指标全面完成；中央环保督察迎检再次做到"零投诉、零案件、零处罚"。结合集团公司文化引领战略，深化安全文化建设，安全环保理念宣贯、"6·5"环境日、公众开放日等开展，"我要安全"入心入行。

【设备管理】　2022 年，克拉玛依石化围绕装置长周期运行、消除设备隐患、抓好设备管理、强化危险作业管理，开展设备管理、技术双提升活动，"设备基础管理主题月"活动排名炼化新材料公司前列；全年完善实施设备管理制度 12 项，压缩机、重点机泵实现"一设备一检修"；设备计划维修与预知维修比例 50% 以上，设备完好率 99.96%、静密封点泄漏率 0.01‰，均优于提质增效目标。

【绿色减排】　2022 年，克拉玛依石化分解落实 4 项污染物排放控制指标，从源头控制污染物的产生和排放。各级党组织召开生态环境保护工作专题会议 232 次，克拉玛依石化党委两次召开专题会部署环境保护工作，推进集团公司督办项目实施，督办项目在 12 月 30 日之前全部完成，化学需氧量、氨氮、氮氧化物、挥发性有机物 4 项污染物全面完成，环境在线监测投用率 100%，危险废物全部合规处置，首次实现开停工加热炉全面达标。

【重点项目建设】 2022 年，克拉玛依石化 15 万吨 / 年白油加氢装置一次试车成功，国内最大的高档白油生产基地全面建成。聚焦新能源新材料及"双碳"目标，推进高质量发展项目。同时，与新疆油田签订新能源战略合作协议，上下游一体化绿色可持续发展迈出新步伐。

【科技创新】 2022 年，克拉玛依石化立项实施科研项目 26 项，获省部级科技成果 2 项，授权专利 5 项，获石油石化行业专利金奖 1 项。坚持"研产销用"一体化创新机制，深化科技服务生产与创新推动发展，组织实施技术改造 47 项，开发新产品 7 项、应用新工艺 7 项。深化科技创新体制机制改革，稠油加工技术中心建设进一步完善，"大科研"格局全方位巩固。制定实施克拉玛依石化《数字化转型智能化发展方案》，坚持"三横两纵"顶层设计，推进"7+1"场景设定、信息孤岛治理、网络安全智能监控平台等信息化项目，智能炼油厂建设取得新进展。

【市场营销】 2022 年，克拉玛依石化销售各类油品 486 万吨。聚焦服务保障国家重大战略需求和"为客户成长增动力、为人民幸福赋新能"，千方百计克服新冠肺炎疫情影响，有力保障"春运""冬奥"、党的二十大及农业、民生等领域油品稳定供应；与西北各省区交通建设投资集团企业战略合作深化拓展，做好新产品市场推广，特色产品市场竞争力、创效能力和品牌影响力增强。

【管理提升】 2022 年，克拉玛依石化对标世界一流管理提升行动任务完成率 100%。开展专项调研，优化精简基层记录 29 项，基层减负与管理效率提升实现双促进。落实"四个坚持"兴企方略、"四化"治企准则，董事会机构、制度及授权管理体系更加完善，外部董事占多数的法人治理机制有效运行，中国特色、石油特点的现代企业治理迈上新水平。改革三年行动收官，66 项改革任务全面完成；三项制度改革持续深化，基层活力动力有效激发，企业价值创造与员工利益维护高效协同发展。实施 182 项提质增效措施，累计增效 4.8 亿元。

【大修改造】 2022 年，"四年一修"后的首次大检修，克拉玛依石化 8000 余人，连续奋战 52 天，完成涉及 47 套装置和系统的 3075 项检修项目。检修全程绿色、安全、受控、高效；7 月 18 日全厂恢复正常生产，各装置快速达标达产并保持"安稳长满优"运行。实现停工、检修、开工"三个 100 分"和"零伤害、零污染、零事故、零疫情"目标，检修组织及安全环保质量创历次大检修最好水平。

【队伍建设】 2022 年，克拉玛依石化推进"三强"干部队伍锻造和人才强企工程，突出政治标准，坚持德才兼备，全年任免领导干部65人，其中提拔22人（二级副以上领导干部14人），调整交流14人，一批年轻干部走上领导岗位，各级班子年龄、结构、梯次进一步优化。落实人才强企工程行动方案及"人才强企推进年"部署，8个专项、4大机制、68条举措有序实施，16项重点计划全面完成，年内向集团公司总部推荐2名企业首席专家；2名企业高级专家获聘；5人入选集团公司"青年科技人才培养计划"；2人获"三新""双碳"人才在职博士培养，2人参加化工安全高级研修班；105人获职称晋升。

【企业党建工作】 2022年，克拉玛依石化组织"第一议题"学习26期、党委中心组学习17期；围绕迎接保障和学习宣贯党的二十大，精心组织"建功新时代、喜迎二十大"系列主题活动，开展习近平总书记重要指示批示精神再学习再落实再提升66场次；全员第一时间收听收看党的二十大盛况；制定5方面23项举措，推动学习贯彻党的二十大精神落地落实。召开党委会40次，党委前置研究审议（含审定）重大事项124项。评定"四好"领导班子12个、"示范党支部"6个、"优秀党支部"10个；按期完成4个基层党委换届；确立党员责任区187个、党员示范岗80个，成立党员突击队44个、党员服务队26个。

【生产运行】 2022年，克拉玛依石化坚持"大平稳出大效益"，落实"四精"要求，深化工艺、设备及生产问题24小时受控管理，推进生产波动"回头看"等专项工作，111项装置运行技术攻关成效显著。全年无非计划停工，装置平稳率99.92%、自控率99.96%，报警量同比大幅降低，出厂产品合格率保持100%。

【企业文化建设】 2022年，克拉玛依石化强化企业文化引领，制订文化引领专项行动方案，深入推进文化建设。围绕"绿色工厂"、健康企业建设，开展专题系列宣传报道；官方微信公众号开设"每周一案"专栏，常态开展廉洁文化宣传。宣传社会主义核心价值观等主流思想，增强员工对社会主义核心价值观的情感认同。加强理想信念教育，开展群众性精神文明创建工作，提升企业文明程度。弘扬石油精神和大庆精神铁人精神，组织参加集团公司石油精神论坛、先进典型事迹报告会等活动；建设企业精神教育基地，建设5个党建文化阵地示范点、党建文化长廊、设置14块大型党建宣传板。完善优化克拉玛依陈列馆讲解词，克拉玛依石化艰苦创业故事更加完整丰富。抓好思想政治工作，深入基层开展员工思想动态调研；强化政研管理，开展第七届政研课题的评审工作，24项课题参与评审；政研成果获集团公司二等奖1项、三等奖1项，中国石油第十一届党建思想政治工作优秀研究成果三等奖1项。

【社会责任】 2022年，克拉玛依石化落实"我为员工群众办实事""五必三关注"、大病救助、扶贫帮困机制,帮扶333人次。28名干部奋战南疆驻村一线,推动"访惠聚"、定点帮扶和助力示范乡村振兴开创新局面。全方位加强与政府及周边企业、兄弟单位沟通协作,支持带动地方经济发展,获评新疆维吾尔自治区产业工人队伍建设改革最佳实践单位、新疆维吾尔自治区民族团结先进单位;炼油化工研究院获评新疆维吾尔自治区工人先锋号;唐军获"新疆维吾尔自治区开发建设新疆奖章"等,担当尽责、造福地方的驻疆央企形象进一步提升。

【疫情防控】 2022年,克拉玛依石化召开新冠肺炎疫情防控领导小组会17次,制修订各类方案、通知130余份;摸排、流调、研判人员旅居史、密接等2万余人次;"三商"入厂防疫审批9981批次;核酸检测常态化落实;员工疫苗全程接种率98%。大检修及党的二十大等特殊敏感时段风险全面受控,为各项任务的完成提供坚实保障。

(刘 娟)

中国石油天然气股份有限公司庆阳石化分公司

【概况】 中国石油天然气股份有限公司庆阳石化分公司(简称庆阳石化)位于甘肃省庆阳市西峰区董志镇工业园区,占地面积1360亩。前身为庆阳石油化工厂,随着长庆油田开发于1971年9月成立,2001年8月整体划转中国石油天然气集团公司。2004年12月划转中国石油天然气股份有限公司。2010年10月原150万吨老厂关停,300万吨新厂建成开车,全体职工及家属整体搬迁至庆阳市西峰区。2016年5月25日甘肃省和集团公司认定庆阳石化加工能力370万吨/年。设机关管理部门10个,直属部门4个,二级单位10个,在册员工1152人。庆阳石化为燃料型炼油企业,主辅装置20套,主要产品汽油、柴油、航空煤油、聚丙烯、苯、硫黄、液化气4大类10种26个牌号。汽油、柴油全部实现国Ⅵ标准,并提前8个月实现国Ⅵ B标准。

2022年,庆阳石化坚持以习近平新时代中国特色社会主义思想为指导,全面贯彻党的十九大、十九届历次全会和党的二十大精神,坚持疫情要防住、经济要稳住、发展要安全的总要求,落实集团公司党组决策部署,持续树正气、严管理、提素质、增效益,统筹安全和发展两条主线,各项任务全部完成、重点项目持续推进、重要成果不断涌现,各项工作取得明显进步。全年加工原油305.04万吨,生产汽油131.62万吨、柴油128.63万吨、航空煤油1.60万吨、聚丙烯9.28万吨,实现营业收入221.52亿元,实现账面利润14.67亿元,吨油利润476.88元/吨,实现税费63.05亿元。有力保障庆阳革命老区财政大口径收入首次突破200亿元,为庆阳市GDP突破千亿元大关做出贡献,获甘肃省优秀企业"突出贡献奖"。

庆阳石化主要生产经营指标

指　标	2022年	2021年
原油加工量（万吨）	305.04	352.52
汽油产量（万吨）	131.62	162.52
柴油产量（万吨）	128.63	139.99
航空煤油产量（万吨）	1.60	6.6
有机原料产量（乙烯、丙烯、苯等）（万吨）	9.23	11.26
聚丙烯产量（万吨）	9.28	11.52
吨油利润（元）	476.88	513.09
资产总额（亿元）	70.36	68.39
营业收入（亿元）	221.52	205.97
利润（亿元）	14.67	18.21
税费（亿元）	63.05	73.08

【安全环保】　2022年,庆阳石化坚持以习近平生态文明思想和习近平总书记关于安全生产的重要论述为指引,统筹安全与生产、安全与效益、安全与发展三者之间的关系。严格执行法规、严抓现场监督、严肃查处"三违",现场违章率持续下降。高质量组织实施两次内部QHSE体系审核,整改率99.9%,审核综合排名在炼化新材料公司保持较好水平。隐患排查治理率100%。强化"质量是企业生命"理念,原辅材料进厂和产品出厂合格率100%。强化环保精细管理,高质量完成储罐、装卸系统、敞开液面等废气排放治理,污染物减排指标持续提升,挥发性有机物治理取得显著进展,在甘肃省、庆阳市生态环境监测中心

排污许可自行监测考评中取得综合量化97分的"优秀"成绩。制定发布《绿色企业创建实施方案》，完成二氧化碳捕集、利用和封存项目可行性研究报告初步评审。坚持将员工安全放在首位，及时调整新冠肺炎疫情防控方案，按时、按需配足防疫物资、医疗物资，最大限度解决员工就医和核酸检测等工作。全面开展员工差异化体检、健康风险评估和干预，健康企业建设取得初步成效。开展应急演练，成功应对"7·15"特大暴雨和销售后路不畅等问题。连续7年未发生一般B级及以上事故，2022年继续被集团公司评为质量健康安全环保节能先进企业。

【节能减排】 2022年，庆阳石化建立以温室气体减排指标为主的污染物减排指标体系，按装置和排污口下达控制指标，在年度业绩合同、提质增效减排方案中明确氮氧化物、二氧化碳等5项主要污染物减排考核目标，完善考核机制，突出污染减排考核比重，实行日通报、月度考核制，促进减排主体责任落实。制订下发2023年度环境监测计划、泄漏检测与修复计划，全方位开展源头、过程、末端监测工作，加强对重点外排口在线监测数据日均值及小时均值超标考核，建立在线数据日报制度，及时组织分析超标原因，及时处置，按规定启动排放超标等违法违规环保事件的调查追责，逐步向杜绝小时均值超标看齐。利用2022年大检修，实施完成常压、重整装置95+高效加热炉节能改造、污水回用装置扩能改造及富氢气体回收项目，项目实施后将进一步改善全厂能耗水耗结构，降低二氧化碳排放，加快形成节能节水、高效低碳的绿色发展新模式。优化机泵运行，最大限度降低电耗，大检修后主风机平均运行电流在183安，实现大幅下降；实施原油泵降压改造，改造后日耗电量下降约2000度。

【设备管理】 2022年，庆阳石化细化完善检维修策略编制，抓细抓实在线离线监测数据应用，推行预知性维修，预防预知性维修占86.12%以上，处于炼化新材料板块中上水平。强化大检修全流程管理，实现大机组一次开车成功、静设备检修零返工。完善腐蚀与状态监测系统，关键仪表系统远程监控平台与电动机监控中心建成投用。开展特种设备基础信息完善，智能化工厂建设实现新进步。推进"无泄漏装置"创建，大检修后静密封点泄漏率在0.03‰以下，创近年来最好水平。开展机泵"两监控一治理"，做实做细大机组联合检查和特护管理，全厂无运行振动在C/D区机泵。夯实基础管理工作，推进电仪隐患排查治理，抗晃电能力和自控率不断提升，电仪专业保障能力稳步提升。

【工程建设】 2022年，庆阳石化强力推进重点工程建设项目，10个重点项目建设有序推进。强化催化装置隐患治理，气分装置加工达到40万吨/年；MTBE加工能力达到5万吨/年；深入推进95+高效加热炉节能改造项目，排烟温度降低至 80℃左右；实施污水回用扩能改造，超滤总处理能力 500 米^3/时，反渗透总处理能力达到 400 米^3/时，进一步降低新鲜水单耗。对常压塔顶转油、低温省煤器及余锅吹灰、分馏油气管线等进行更换，重整板换管束改为绕管式结构、催化剂提升线减薄隐患彻底消除，为装置安全长周期运行提供保障。氢气回收改造项目完成工程中交；严格监管老厂污染场地修复工作，已经进入效果评估阶段。

【生产运行】 2022 年，庆阳石化加强生产受控管理，狠抓平稳运行。操作变动监控率、工艺变更设计确认率、报警处置率实现 100%。影响长周期运行瓶颈问题全部完成治理，实现"大平稳出大效益"。系统优化催化、重整等装置操作，国ⅥB 标准汽油产品提前 8 个月实现全产全销。开展技术攻关，彻底解决柴油馏出口水含量高问题，利用过剩航空煤油调和生产低凝柴油，实现"大优化出更大效益"。强化原油进厂质量、计量及各环节管控，扣除原油含水，坚持以销定产，柴汽比实现 0.76—1.07 灵活调整，全力增产高效产品，产品结构进一步得到优化。实施常压炉、重整"四合一炉"95+ 节能改造，加热炉效率提高到 95% 以上，全年节约燃料 4700 吨，减少二氧化碳排放 1.4 万吨。天然气进厂项目投产，实现能源清洁替代，提高全厂综合商品率，实现"大协作出大效益"。

【挖潜增效】 2022 年，庆阳石化坚持"低成本发展"战略，从优化运行、降低成本、强化管理 3 个方面入手，固化经验，激发全员节约意识，推进提质增效再上新台阶。全年提质增效累计创效 1.55 亿元。狠抓炼油产品结构优化，常压轻质油收率由 48.27% 提高至 49.64%，重整装置轻质油收率由 89.88% 提高至 90.61%，柴油加氢轻质油收率由 97.41% 提高至 97.72%，可比综合商品率完成 91.72%。重点关注内烷、液化气、苯小产品市场价差变化，苯产率同比提高 0.11%。进行三剂评价和对标，全年三剂消耗费用小于 21 元 / 吨原料。推进公开采购、框架、代储代销和电商采购，提高采购质量和效率，总节资率 8.81%。

【计划优化】 2022 年，庆阳石化面对成品油消费市场低迷，后路不畅等严峻形势，对外加强沟通协调，对内强化产销衔接，基本完成上级下达的生产任务。2022 年争取原油加工计划 305.70 万吨，超年度计划 0.70 万吨；争取成品油生产计划 259.40 万吨，交货计划 268.27 万吨，超年度下达计划 3.27 万吨，为生产经营工作奠定坚实基础，生产计划关键技术指标全面完成。为保证长庆石化对咸阳机场航空煤油供应，航空煤油销售 2.02 万吨，较年度计划少销售 7.98 万吨，有力保障西部地区航空煤油资源整体平衡。优化原油库存，2022 年，检修期间为确保长庆油田生产后路畅通，原油涨库至 5.8 万吨最高库存，较检修前涨库 3.5 万吨，全力保障长庆油田后路畅通。进一步优化装置操作，实施常压深拔,控制常三线95%馏程控制和汽油(石脑油)干点,优化催化装置操作,催化柴油收率达到31.82%,环比升高4.4%,油浆产率环比下降0.56%。优化燃料消耗,天然气成功并入燃料气管网,累计使用天然气225万立方米,减少丙烷消耗1500吨。增产高附加值产品,推进聚丙烯专用料及新开发产品销售推广,销售新产品QY66G-1、QY80G-1等7个牌号3.72万吨,占比40%历史新高,其中QY30S成功推广,得到市场广泛认可,形成产能。

【维稳安保】 2022年,庆阳石化深刻认识党的二十大召开的重要意义,深入贯彻各级政府及集团公司相关要求,始终把做好党的二十大维稳安保工作作为贯穿全年的主题主线,召开专题会议,对维稳安保、安全生产等重点工作进行安排部署,制定《党的二十大特别重点阶段维稳信访安保工作工作方案》,开展主题实践活动,严肃值班纪律,严格落实领导带班、24小时人防、物防措施到位,加强外来人员及车辆的管控,开展维稳信访工作,强化矛盾纠纷排查化解,及时处置、动态清零,完成为党的二十大胜利召开营造安全稳定的社会环境的任务。

【科技创新】 2022年,庆阳石化贯彻落实集团公司科技与信息化创新大会精神,完善创新机制,培育创新环境。与中国石油石油化工研究院持续开展科技项目"原油制低碳烯烃技术开发"研究,根据原油试验分析数据,优选催化剂体系,双烯收率50%。持续做好结题科技项目验收工作,加快科技成果评估,完成"满足国Ⅵ汽油标准催化汽油加氢改质技术(M-PHG)及配套技术工业试验""大型炼油关键技术升级与工业应用"两项科技项目验收评估。加大聚丙烯新产品开发力度,提升市场竞争力和占有率。开发高端聚丙烯新产品抗菌纤维料QY40S,抗菌率大于98%,防霉等级均达到最高等级0级,丰富聚丙烯新产品技术储备。组织推进涂覆聚丙烯专用树脂QY30S的研发生产工作,产品各项指标均优于内控指标,并稳定排产,实现聚丙烯新产品当年立项开发、当年试生产、当年稳定排产。

【技术成果展示】 2022年,庆阳石化组织开展中国石油自主知识产权的聚烯烃催化剂成果转化工作,完成中国石油自主研发的聚丙烯催化剂PSP-01A在庆阳石化聚丙烯装置的工业应用,成功产出聚丙烯产品2420吨,在聚丙烯催化剂选择上更加多元化。

(王增权)

中石油燃料油有限责任公司

【概况】 中石油燃料油有限责任公司（简称燃料油公司）前身是1997年1月成立的中油燃料油股份有限公司，2011年成为中国石油全资子公司，主要从事重质进口原油自加工及产品销售，集团公司沥青、船用燃料油、油浆等炼油特色产品统购统销，炼化企业二次原料互供，原油、沥青等套期保值工作。2010年设立研究院，进行特种沥青和重质原料加工研究工作；2019年新设浙江自贸区公司，专营船用燃料油业务。2022年底，员工1812人，在秦皇岛、佛山、温州有3个沥青生产企业，总加工能力425万吨／年；在江阴、湛江、青岛设3个仓储公司，库容总量282万立方米；在东北、华北、西北、华东、华中、华南、西南设7个区域销售公司，区域销售公司在各省（自治区、直辖市）设经营部。2022年，在广州、上海两地成立船用燃料油专业化经营公司。

燃料油公司主要生产经营指标

指　　标	2022年	2021年
在营油库数量（座）	3	3
油库库容（万立方米）	282	282
自加工原油（万吨）	85	233
销售油品（万吨）	1467	2112
统销直属炼油厂小产品（万吨）	1062	607
沥青销量（万吨）	561	865
燃料油销量（万吨）	94	236
船用燃料油销量（万吨）	763	246
吨油费用（元）	93.1	73.49
收入（亿元）	705	713
利润（亿元）	6.55	18.47

2022年，燃料油公司总销量1467万吨，其中沥青销量561万吨、燃料油销量94万吨、船用燃料油销量763万吨。营业收入705亿元，利润6.55亿元（剔除减值后9.47亿元），超年度预算4.95亿元，创成立以来同口径业务最好业绩。

【转型发展】 2022年，燃料油公司贯彻落实集团公司党组重要批示精神，紧抓船用燃料油业务统购统销、领导班子配齐配强等重要机遇，明确加快建设成为"世界一流综合型石油特色产品营销、贸易和服务商"的发展定位和发展成为集团公司党建、合规经营、安全生产、贸易营销、降本提质增效、科技创新方面排头兵企业的发展目标。优化完善业务事业部"矩阵式"管理运行模式，强化生产运行协同和库存经营管理，实现整体效益最大化，营销和贸易优化作用及价值进一步凸显。提升对干部考核的"颗粒度"，实施360度全方位考核，维度从10个增加到23个；完善末位淘汰和不胜任退出机制；全面推行与效益效率挂钩的差异化考核机制和净利润超额提成的工资总额增长机制，薪酬分配更加倾向业绩和价值贡献，干部员工绩效意识显著增强；全面实行二级副职公开竞聘，匡正选人用人风气，让优秀者优先、进取者进步、有为者有位，为转型发展创造公平竞争的干事创业环境。实施"十大人才专项工程"，推进营销、贸易、风控、财务等岗位资格培训和持证上岗，推进双序列、专业技术岗位改革；以学习、培训、考试为手段，全面打造学习型组织，2022年，燃料油公司被评为集团公司"人才强企工程推进年"先进单位。率先完成国企改革三年86项任务并巩固成果。

【合规经营】 2022年，燃料油公司开展"合规强化年"活动、"严肃财经纪律，依法合规经营"专项行动，建立两级工作任务清单，落实49项工作任务，753项具体工作。加强制度建设，优化规章制度体系，新制定制度36项，修订完善制度68项，完善制度制修订与转化跟踪机制。坚持推进管销分离、管办分离，加强前、中、后台建设，前台负责市场研判、市场拓展、营销和贸易；中台负责合规管理、客户管理、合同管理、风险管控、法律论证；后台负责合同执行、财务结算等共享服务，并完善支撑、监督、服务职能，实现"管销分离、管办分离"，形成更加完善的业务监督体系。严格执行业务"正面清单"，围绕"做什么、与谁做、怎么做"，明确业务类型及运行模式，动态管理供应商及客户资质、资信、背景审查，严禁"走单""过账"及融资性贸易行为，并制定严肃考核问责条例。开展合同示范文本集中梳理，加强合同履约情况跟踪和分析，强化合同签订及变更的依法合规审查力度。2022年，在集团公司内控风险管理评价中被评为"优秀"。

【QHSE管理】 2022年,燃料油公司深入宣贯"安全环保是公司最大的事、一切事故都可以避免""没有安全环保这个1,有再多的0都是0"的理念。高效利用"一机制两手段"妥善协调解决问题998项,第三方监督通报79次,通报问题2367项,完成典型违章行为分析报告31次;成立9个专业组开展管理提升,"百万工时"考评体系有效运行。推动生产单位每周半天、非生产单位每月半天集中安全经验分享和学习培训考试机制,员工QHSE履职能力平均成绩由2021年度72分上升至2022年的93.4分,体系审核成绩从炼化专业排名第33名上升到第15名,湛江仓储公司在炼化专业审核名列20家仓储库第3名。督促员工参加地方安全资格认证,激励两级安全管理人员考取注册安全工程师,2022年底有70名干部员工取得注册安全工程师资质。按照《炼化企业岗位员工安全行为负面清单》细化考核内容,月度绩效考核奖励398人次,奖励33万元;处罚391人次,扣罚21万元。以生产受控管理为主线,产品出厂合格率100%。严格落实集团公司新冠肺炎疫情防控要求,生产经营管理正常平稳运行。

【营销业务】 2022年,燃料油公司围绕船用燃料油、沥青两条核心业务线,推进高质量转型发展,提升经营管理水平,塑造和培育公司核心竞争力。实现船用燃料油销量763万吨,终端自有加注量突破100万吨,稳居小牌照首位,跃居全国供油企业第三位;广州、上海保税船用燃料油经营牌照相继获批,深圳、大连地方牌照申请加速推进。提高沥青营销和贸易运作水平,沥青产销比达到1:2,销量561万吨;采用淡储旺销、期货保值手段,提升特色沥青及终端市场占比,利润创历史最好成绩;在集团公司自产资源量少于主要竞合伙伴的不利情况下,在市场高点连续5个月销量反超,重交沥青销价高于主要竞合伙伴,终端销量占比53%,同比提高8个百分点。克服资源市场两头在外的实际困难,实现石油焦产品自营销量30万吨;为满足炼化企业二次原料需求提供优质互供量11万吨;与宁德时代达成长期合作协议,为提升石油焦价值开拓新渠道;主动开拓物流市场,盘活储运资产,实现对外储运量352万吨;期货业务为其他事业部市场研判、库存运作、规避风险发挥重要作用,为集团公司生产经营管理部、法律和企改部、炼化新材料公司提供专业人才支持。

【科技创新】 2022年,燃料油公司把科技创新作为发展的重要战略支撑,按照"快速突破"和"久久为功"两个层面加快科研布局,强化沥青、船用燃料油产品技术攻关,加速推进数字化转型。实现SBR改性乳化沥青、阻燃沥青等5个项目108吨的特种沥青产品推广应用;白炭黑复合橡胶改性沥青和石墨烯改性沥青成功铺筑在津蓟高速;助力独山子石化、四川石化等9家炼化企业减油增特，在西北、西南、东北地区增产防水沥青 40 万吨；推进西北地区改性沥青基质料开发项目，合理匹配渣油资源，开发符合标准的改性沥青原料，大幅降低长距离跨区调运成本；研究院跻身国家层面认可实验室行列，高性能环保防水沥青技术达到国际先进水平，开发融冰雪改性沥青胶浆等 4 类特种沥青新产品，形成专有技术；获得集团公司优秀标准一等奖一项，集团公司科学技术进步奖二等奖三等奖各一项；全年申报发明专利 7 件，授权 2 件；完成金融衍生业务信息系统建设，创新信息系统数据集成，提前完成炼化新材料公司"数据孤岛"治理工作，智能化支撑作用更加明显。

【协调保障】 2022 年，燃料油公司提出"服务围绕着炼厂转""营销围绕市场转"和"服务创造价值"的理念，打造差异化优势、竞争性优势，提高不可替代性，完善业务事业部、销售分公司、经营部、驻厂服务部上下联动机制，服务炼化企业"减油增特"和提质增效。全力保障广东石化芳烃原料油、石脑油、裂解调制油、石油焦等开工原料和轻石脑油、渣油产品后路畅通；服务广东石化完成 6 种原油评价，按照效益最大化和质量最优化提供定制化沥青生产方案；派驻技术服务小组现场服务，优化生产方案，帮助云南石化实现 F400 高端防水沥青量产，为炼厂增效 350 元 / 吨，协助乌鲁木齐石化增产 100 号沥青新产品，沥青产量 20 万吨，为炼油厂增效 2 亿元；协调大连西太及 M100 调和料等资源，制定标准调和方案，增效明显；组织互供辽阳石化、哈尔滨石化石脑油等，保障炼油厂原料需求。

【提质增效】 2022 年，燃料油公司进一步发扬"干毛巾拧出水""努力到无能为力，拼搏到感动自己"的精神，发挥事业部矩阵式管理优势，统筹实施立体联动配合，通过套期保值、择机锁价、库存运作等方式，有效降低原油成本，准确研判加工时机，提前研究落实产品销售方案，3 个沥青厂全面实现扭亏，根本性改变 2016—2020 年年均亏损 3.82 亿元的困境。财务价值导向作用得到有效发挥，"事前算赢"机制更加完善。停用成本运行较高的自有沥青库，退租部分租赁库，降低成本 3000 万元 / 年；压控自备车检修停摆费用，报废处置部分自备车，降本 1800 万元；极限压降非直接生产费，制定装置停工期间薪酬变动管理办法，将外委业务改为内部承担，全年成本较预算节约 4 亿元，效益"出血点"被坚决止住。率先完成国企改革三年任务，高标准开展对标一流管理提升行动。

【企业党建工作】 2022 年，燃料油公司党委坚持每周召开党委会、每月开展党委中心组学习，从 5 个学用维度，推进"第一议题"制度走深走实。深入落实集团公司党组喜迎党的二十大的 26 项重点措施，转化制订 24 条具体措施，结合党的二十大精神,开展4个主题全员研讨活动。编写党的十九届六中全会、党的二十大精神"口袋书",配发至每名党员;以中油e学为载体,组织以党的二十大精神"十九讲"的全员培训,1585名党员群众(其中群众681名)参加并取得证书,占全公司人数88%。党委班子带头参加党的二十大精神学习成果默写,有1094名干部员工参加(其中208名群众主动参加),均达到优秀。制订《文化引领专项方案》,开展集团新版《企业文化手册》学习宣贯,1706名干部员工参加学习测试81场,全部达到优秀。发挥党委把方向、管大局、促落实领导作用,严格落实"三重一大"决策机制,完善党委前置研究讨论重大经营管理事项清单和两级党委请示报告制度。树立大抓基层导向,面向230余名基层党务工作者,开展为期5天16个学时的专题培训,推动基层党建"三基本"建设和"三基"工作融合。推动党史学习教育常态化长效化,开展主题教育活动,各级党组织开展宣讲153次,受众2555人次,参与大讨论1574人、查摆问题短板537项,制定整改提升项260项,落实176项。开展典型选树工作,评选出56类179名工作标兵,营造"比学赶帮超"的浓厚氛围。筑牢廉洁从业防线,梳理816个廉洁风险事项,制定防控措施2548项,以匿名方式开展廉洁风险调查问卷,制订各类专项监督方案,开展"反围猎"专项行动和靠企吃企问题专项整治"回头看"。立足关口前移,搭建行之有效的廉洁风险防控监督检查和考评机制。实现二级单位巡察全覆盖,创新"自选动作",建立巡察通报会、季度廉洁经验分享机制,开展纪法警示教育,推进警示教育常态化长效化,风清气正的政治生态基本形成。2022年,燃料油公司在集团公司党建工作责任制考核得分99.84分,从2021年的"C级"上升至"A级"。

(刘珈麟)

中国石油天然气股份有限公司润滑油分公司

【概况】 中国石油天然气股份有限公司润滑油分公司(简称润滑油公司)2000年12月19日成立,是油剂脂液产、研、销一体化的专业公司。设兰州、大连

2大研发中心、1个产品设计中心，7个产销一体化公司，9个销售公司，4个专业公司，2个生产厂。2022年底，员工总数3605人，资产总额80.6亿元，净资产49.3亿元。2022年，营业收入127亿元，利润0.56亿万元，销售总量171万吨。

润滑油公司主要经营指标

指标	2022年	2021年
销售总量（万吨）	171	178
工业油销售（万吨）	28.8	31.6
车用油销售（万吨）	17	21.4
车辅销售（万吨）	49	49.7
特种油销售（万吨）	62	56.8
船用油销售（万吨）	3.6	3.8
润滑脂销售（万吨）	6.2	4.1
资产总额（亿元）	80.6	80.1
利润（亿元）	0.56	1.26
税费（元）	3.5	4.6
营业收入（亿元）	127	117

【深化改革】 2022年，润滑油公司深入贯彻国企改革三年行动和国务院国资委"双百行动"方案，71项改革三年行动任务收官，38项"双百行动"改革任务稳步推进，在国务院国资委考核中获得"良好"评价，先后3次在集团公司改革工作例会上做交流发言。持续深化体制机制改革，推进生产组织模式创新，调整工业行业事业部运行机制，稳妥实施"特种油""两兰""两大"组织机构优化和业务流程再造，机构数量、管理人员编制和领导人员职数分别压减70%、59%和56%。推进三项制度改革，所属单位及领导人员任期制和契约化管理全面落地，管理人员竞争上岗和不胜任退出机制有序运行，薪酬结构不断优化，全级次员工收入差距由2.2倍提升至2.8倍，全员劳动生产率和人工成本利润率持续提升。

【科技创新】 2022年，润滑油公司着力高水平科技自立自强，按照快速突破和久久为功两个层面，聚焦战略研究、基础研究、应用研究3个层次，完善"十四五"科技规划，部署并稳步实施专项攻关，航空用油等国家级重点项目取得积极进展；牵头制定首个自主柴油机油D1规格中国标准，制修订行业标准8项、集团公司企业标1项；申请专利73件，获授权专利26件；获集团公司科学技术进步奖二等奖1项、中国化工学会科学技术进步奖一等奖1项、中国内燃机学会科学技术进步奖三等奖1项；3款食品级润滑油正式上市，填补行业空白；无灰分散剂取得原创技术突破；变压器油首次应用于高能物理研究设备；国内首套万吨级PAO装置长周期运行取得积极进展。发挥"大科研"优势，突出市场导向，主动融入产研销协同，制定实施109个科研攻关项目，科技转化成效显著。开展CRM、ERP等信息系统应用评价，线上订单提报率增长25%，客户履约完整性提升35%。

【提质增效】 2022年，润滑油公司树立精益管理理念，落实"四精"要求，开展"转观念、勇担当、强管理、创一流"主题教育活动，坚持"低库存、低成本、保供给"原则，升级提质增效工作方案，采取超常举措，制定实施10大类42个项目110个网格化措施，实现提质增效3.7亿元，完成炼化新材料板块提质增效目标123%，为实现盈利奠定坚实基础。开展扩销增量和提质创效，工业油、车用油、船用油、润滑脂均价同比增加1081元/吨，特种油增量增效3248万元；优化库存管理、生产布局、物流运输，增效4695万元；加强成本费用管控、健全修理费管理机制和税收筹划，增效1.58亿元；优化产品包装设计、拓展检测评定业务，增效2593万元；深化亏损企业治理，明确减亏扭亏的有效治理路径，分类施策、精准发力，25个亏损项目19项实现边际贡献为正，快换站7家亏损降至1家，治亏成效显著。

【公司治理】 2022年，润滑油公司落实集团公司关于推进公司治理体系和治理能力现代化的指导意见，持续完善公司治理的"六大体系"建设，健全"三重一大"议事规则、流程机制，制定实施党委前置研究清单，党的领导融入公司治理进一步深化。遵循"四个坚持"兴企方略和"四化"治企准则，一体推进以案促改、严肃财经纪律、合规管理强化年工作，推动合规管理体系建设，规章制度、合同管理、招投标管理规范化，探索建立"三道防线"机制，聚焦10大风险和3个重点领域，实施防范措施913条，整改各类问题426个，制修订规章制度147项，依法合规治企和强化管理迈上新台阶。统筹推进QHSE体系审核和专项整治，推动15项硬措施落实到位，一批重大安全环保隐患得到整改清除，扭转安全环保管理的被动局面；重点时期和敏感时段安保防控精准推进，维稳信访安保特别重点时期，受到集团公司电报嘉勉，安全环保形势稳定向好。因时因势优化完善新冠肺炎疫情防控措施，有效保障生产经营稳定运行和员工生命安全。

【企业党建工作】 2022年,润滑油公司把迎接党的二十大、学习宣传贯彻党的二十大精神作为贯穿全年的重大政治任务,开展"建功新时代、喜迎二十大"系列主题活动,制定实施17条重点落实举措,以党的二十大精神为指引,组织召开第二次党代会、市场营销专题会、工作思路研讨会,谋划当前及今后一个时期重点工作,推动党中央和集团公司党组决策部署落实落地。推进基层党建"三基本"建设和"三基"工作有机融合,获2021年度集团公司党建考核A+,扎实开展"争先创优扛红旗"劳动竞赛,选树"昆仑润滑榜样"10个先进集体和20名先进个人;稳步推进人才强企十大工程,干部和人才队伍结构持续优化,1人入选第七批国家高层次人才特殊支持计划人员。对5家基层单位党委开展常规巡察,完成一轮常规巡察全覆盖,企业政治生态持续向好。

(任建伟)

中国石油天然气股份有限公司东北化工销售分公司

【概况】 中国石油天然气股份有限公司东北化工销售分公司(简称东北化工销售)是按照集团公司发展战略部署,在整合中国石油东北地区大庆石化、吉林石化、抚顺石化、辽阳石化、大连石化等5家生产企业化工销售业务的基础上,组建的具有集约化优势的区域性销售公司。2006年6月2日正式运营,主要负责中国石油东北地区11家炼化企业化工产品销售、东北区域外销售产品调运组织和区域产品互供管理等业务,销售产品应用于塑料、纺织、橡胶、石蜡深加工、化工、医药、农业等行业。东北化工销售机关驻地在辽宁省沈阳市。

2022年底,东北化工销售下设机关职能部门15个,基层分公司7个。合同化员工总数377人,固定资产总额9.14亿元。公司自成立以来,坚决贯彻落实党中央及集团公司各项决策部署,着眼企业发展和做大做强销售,深化战略管理和机制创新,实现了跨越式发展。截至2022年底,公司累计销售化工产品8800万吨,调运化工产品1.5亿吨,实现营业收入4800亿元,利润28.6亿元。经过不懈努力,公司在东北化工市场主导地位愈发稳固,企业发展迈上了新台阶。

东北化工销售主要经营指标

指标	2022年	2021年
化工产品销量（万吨）	854.7	841.6
调运量（万吨）	1376.6	1362.1
进销率（%）	100.55	100.19
直销率（%）	83.8	86.2
价格对标缩差（元/吨）	−105	−128
资产总额（亿元）	21.20	27.90
收入（亿元）	542	485
利润总额（亿元）	4.31	3.61
税费（亿元）	1.9	1.55

2022年，东北化工销售实现产品销量854.7万吨；营业收入542亿元；考核利润4.31亿元；调运量1376.6万吨；各项关键技术指标全部超额完成，考核利润、产品销量、调运量、营业收入等4项核心指标均创历史新高。

【市场营销】 2022年，东北化工销售围绕提升市场份额发力，狠抓渠道扁平化、价格市场化和服务一体化，营销主业发展规模和发展质量稳步提升。

资源管控更为高效。把握以销定产、以产促销原则，按照"M+3"生产计划滚动优化排产要求，做好各方对接、准确提供市场需求，需求计划波动率稳步下降。重点对橡塑、石蜡、苯乙烯、苯酚等即时定价产品进行均衡管控，并配套设定日、周时段计划指标，强化跟踪考核和讲评，主要产品均衡销售率提高5个百分点，量价配合率提升0.3个百分点。重新制定《扩销贸易业务管理办法》，召开东北化工销售扩销贸易工作专题会议，开展为辽阳石化采购乙二醇、混二甲苯业务，新增大庆亿鑫工业己烷、正庚烷、正戊烷，大唐公司硫酸铵等产品扩销业务，完成扩销量19.8万吨。

市场开发更为有力。围绕固体、液体两条主线，推进市场网格化建设，由近及远梯次饱和推进，新增辽宁恒旭、吉林宇通等工业直供户182家。2022年，大连石化、大连西太混苯实现区内的全产全销；苯乙烯在销售旺季实现东北市场就地消化；烷基苯实现量价齐升，并连续多月排名炼化新材料公司液体化工品盈利能力首位；橡塑产品在新冠肺炎疫情突发的不利形势下，合理调整库存结构，保证市场份额的相对稳定；石蜡产品加强与国内五大蜡烛加工企业联系，抓住时机分批、分类推涨价格16次，确保"一升一降"双目标的稳步实现。截至2022年底，聚烯烃类产品区内市场占有率52%，石油苯等芳烃产品区内占有率85%；烷基苯产品畅销全国，直销率始终维持在100%；石蜡产品逐步确立国内市场主导地位，并正在成为国际市场的风向标。

客户服务更为精细。优化营销渠道建设，开展"一品一策、一户一案、一地一策"差异化、定制化营销，推进甲基叔丁基醚（MTBE）等大宗液体产品线下销售试点模式。拓展行业标志性直销工厂客户，加强直供客户定制化开发，制定客户开发培育标准流程和专项激励机制，全力增加工厂客户占比，保证有限资源向优质市场、优质客户倾斜，2022年实现直销率83.77%。强化资源保供、技术支持和售后服务，高效解决销、用环节各类问题200余次，提升客户的合作信心，用户满意度96.5%。推进高端化、差异化专用料的立项落实，与生产企业合作开发新产品项目24项，开展新材料现场应用试验3起，新材料专题调研4项，新产品推介20余次，实现新产品增量1.5万吨，增效300余万元。

营销策略更为灵活。针对价格管理标准评价不一、量化不准的发展难题，在中国石油化工销售系统首创产品价格到位率、产品价格缩差及效益测算等3个维度分析模型。进一步强化智能分析模型的成果应用，完成量价配合周报告270份，价格到位率月报告12份，缩差专项分析87份。对各类长期执行的销售价格优惠政策进行年度核定，开展实用性和效用性分析，核定、调整销售政策30个。加大营销创新力度，申请获得集团公司工程和物装管理部"10项产品一级物资贸易商资质"，以"贸易商"的身份首次参与大庆炼化桶装乙二醇公开招标项目并实现中标交付，实现能源网贸易的零突破。推进"中油e化"平台上线运行，率先实现新平台全品种的上线销售，自主下单率、客户下单率实现"双达百"，新平台销售数量、客户数量、订单数量等多项指标位列化工销售系统首位。

【调运组织】 2022年，东北化工销售推进现代物流体系建设，突出产销运整体协同运作，以科学、高效的服务为营销工作助力。

物流优化卓有成效。深化与铁路、公路、海运等承运单位的战略合作，优化方式、减少环节，探索和尝试高效低成本的运输方式，2022年向区外调拨统销产品541.8万吨，公路、铁路、海运的运输比例为7∶54∶39。针对自备车数量逐年下降的工作实际，进一步加快对生产切换、产能变化、销售流向变化的联动反应，协调沈阳、哈尔滨两局强化车辆周转效率，有效缩短各编组站作业时间，自备车运行效率大幅提高。克服新冠肺炎疫情多发散发影响，密切与生产企业、地方政府和承运单位的沟通协调，及时逐车调整运输方式和流向，疫情期间累计下达调整计划16.2万吨，有效保证生产企业后路畅通和前沿大区资源需求。

销运配合持续加强。加强仓储库房管理，修订完善《仓储库房的评级评价管理细则》，9个市场库房实现吞吐量64.2万吨，有效发挥蓄水池重要作用。深化固体产品库存管理预警机制，根据企业库存、市场库存、销售节奏、生产计划、调拨计划等因素科学组织移库、发运，提升物流科学化水平。推进辽阳石化PX产品运输结构优化，大连逸盛方向由陆海联运调整为公路直达降低运费69元/吨，创效1478万元；恒力石化方向由铁海联运调整为公海联运降低运费50元/吨，创效1012万元。投用营口鲅鱼圈芳烃储罐改储燃料乙醇项目，累计转储乙醇13713吨，创效32.5万元。

运输质量巩固提升。继续在源头治理上下功夫，进一步强化商务纠纷高发、易发环节的现场监管，切实提高运输质量，有效控制商务纠纷。2022年，涉及商务量368.46吨，同比下降30.9%，商务发生率进一步降低至0.07‰。开展铁路棚车运空亏吨攻关整治，制订新的棚车装载方案，辽阳石化聚丙烯60吨棚车装载量提升7.8%，70吨棚车装载量提升8.5%。深化危险化学品运输管理，严格车辆运输资质和现场充装作业审查，动态更新运输单位资质178家，车辆信息动态更新6646台次。

【企业管理】 2022年，东北化工销售坚定"高标准、高效率、高水平"管理理念，改革创新、依法治企双轮驱动、持续发力，有效催生企业发展的新动能新优势。

全面深化改革迈上新台阶。推进改革三年行动，补短板、强弱项、激活力、抓落实，进一步高质量、高标准闭环销项，压紧压实各项工作责任，38项改革任务全面完成，工作取得阶段性、标志性成果。进一步修订完善绩效考核方案及配套细则，重点突出对工作效率、人才强企等指标的考核，强化人才培训，搭建信息平台，深化绩效考核，员工分配差距最高超过5%以上。推进人才强企工程，推行任期制和契约化管理，实施素质提升和实践锻炼计划，畅通人才成长通道，推进建立可操作、可量化的"三能"运行机制。

依法合规治企迈上新台阶。按照"点连成线、体系运行、闭环管理"原则，开展规章制度的集中修订2次，制修订规章制度102项。开展安全生产专项整治三年行动，推进安全生产大检查、危险化学品安全风险集中治理、QHSE体系审核等各项工作，7方面27项重点任务全部完成。推进审计工作转型创新，开展各类审计项目4项，发现问题26个、提出管理建议22条，审计建议意见采纳率100%。连续两年蝉联化工销售企业集团公司信息化工作第一名，并率先列为集团公司38家首批法治建设示范企业创建单位之一。

管理提升工作迈上新台阶。强化对标提升，突出全面覆盖、层层穿透，强化考核和评估结果应用，抓紧补齐短板、弥补差距，34项对标提升指标全部按计划高质量完成。强化合同管理问题源头治理，2022年签订合同1323份，合同三项审查率100%，平均审查用时1.68天、效率提升32.7%，年度事后合同数量持续清零。开展提质增效专项行动，靶向实施6大类26方面46项重点举措，2022年为东北化工销售创效0.18亿元，为生产企业创效1.04亿元，累计创效1.19亿元。

【新冠肺炎】 疫情防控工作迈上新台阶。面对3月以来东北地区多发散发的疫情态势，以"战时状态"统筹疫情防控和企业运营。在重点防控地区采取必须在岗人员单位留守、其他人员居家办公的封闭式防疫政策，并储备充足防疫用品和生活物资，在"全面放开"前实现"零疫情、零感染"。积极应对突发疫情对营销工作的影响，全力增加苯乙烯、环氧乙烷等生产企业本地客户的就地销量，加大橡塑产品的前沿移库量，并积极筹措公路车辆、寻找优质库房。在疫情严重的3—5月，利润总额均完成预算进度，产品库、罐存均较为正常，主要液体配置计划完成率99.6%，有力保障生产经营稳定运行。

【企业党建工作】 2022年，东北化工销售坚持全面从严治党，着力发挥党委作用，提升融合质量，为高质量发展提供坚强保证。

思想政治建设从严从紧。迅速出台喜迎党的二十大24条措施，组织开展"奋进新征程、喜迎二十大"系列活动，各级党支部学习党的二十大精神14次；专题研讨7次，参与96人次；专题宣讲2次；专题辅导报告1次。举办东北化工销售2022年党员轮训班，实现党员轮训全覆盖。及时跟进学习贯彻习近平总书记重要讲话和重要指示批示精神，常态化落实"第一议题"制度18次，做到学深悟透、融会贯通、真信笃行。

人才队伍建设有为有位。坚持德才兼备、以德为先的选人用人导向，加大优秀年轻干部的培养选拔使用力度，制定东北化工销售《发现培养选拔优秀年轻干部实施方案》《干部队伍梯队建设实施计划》，2020年调整、选拔二级正副职13名、三级正副职21名，其中"80后""90后"干部占比35.3%。实施人才队伍接替专项工程，将懂生产、懂业务、懂技术的优秀人才引入队伍，招聘高学历人才4人，横向交流引进年轻员工11人。

基层党建工作提质提档。突出比学考评、示范引领，广泛开展互联共建活动8次，围绕经营管理重点难点任务设立党建项目33个、党员责任区24个。

创新基层党建"三基本"建设与"三基"工作有机融合方式方法，通过"4+N"党建联盟、实践课题研究、党员积分评比、支部项目攻关等形式多样的"融合提升"，树立大抓基层的鲜明导向。修订《党组织建设》制度流程，制定《关于规范公司基层党总支职能职责的意见》，完成20个基层党组织换届选举工作。

纪律作风建设见行见效。巩固落实中央八项规定及其实施细则精神成果，深入纠治"四风"问题，组织廉洁从业"四不两直"检查，开展"违规吃喝问题""反围猎"等四风专项治理3项。推进运输费专项监督检查，提出意见建议9条，推动制修订相关制度5项，节约配送、移库、仓储成本145.5万元。组织开展机关党委巡察整改专项督导检查，推进2018年巡视反馈问题深化整改，做好巡视巡察"后半篇"文章。

企业文化宣传入脑入心。推进党史学习教育常态化长效化，组织开展"转观念、勇担当、强管理、创一流"主题教育活动，组织集中学习213次、研讨68次、开展主题宣讲48场。推进融媒体矩阵建设，2022年在凤凰新闻网、今日头条、《中国石油报》等30家网站和行业纸媒刊载新闻稿件52篇，媒体矩阵综合影响力在化工销售企业排名遥遥领先。

工会群团建设尽心尽力。开展"人才强企"合理化建议活动，关心关爱员工身心健康，征集合理化建议31条。推进"暖心"工程建设，开展扶贫帮困送温暖和丧葬、医疗、婚育、退休慰问64人次，投入慰问金9.54万元。组织东北化工销售第九套广播体操团体比赛、"我健康、我快乐"全员健康健身运动等文体活动，增强员工群众获得感、幸福感。开展青年大讲堂活动，讲授主题团课8场次，参观石油精神教育基地5场次，开展专项座谈会6次。

（倪　玉）

中国石油天然气股份有限公司西北化工销售分公司

【概况】 中国石油天然气股份有限公司西北化工销售分公司（简称西北化工销售）2006年6月8日成立，是中国石油6家化工销售企业之一，主要负责中国石油兰州石化、独山子石化、乌鲁木齐石化、宁夏石化、庆阳石化、塔里木石化、长庆石化、克拉玛依石化和玉门油田炼油化工总厂、青海油田格尔木炼油厂10家炼化企业化工产品在陕西、甘肃、新疆、宁夏、内蒙古、青海等省（自治区）的销售业务，以及西北地区炼油化工企业生产的化工产品向中国石油其他5家化工销售公司的运输、配送任务。主要经营合成树脂、合成橡胶、合成纤维、液体化工原料和尿素等大宗化工产品，牌号种类160余个，可用于生产农膜、包装膜、管材、容器等塑料制品，以及轮胎、胶管、胶带、密封件等橡胶制品和涂料、染料、聚酯切片、日用化工产品等，广泛应用于建筑、汽车、家电、医疗、军工、纺织和精细化工领域，承担着重要的工农业生产资料社会供给职责。总部设在甘肃省兰州市，设8个职能处室和6个分公司，其中，销售事业部设11个产品营销团队和1个技术支持团队。2022年底，有合同化员工335人、市场化员工69人。本科及以上学历占83%，中级及以上职称占66%。设党委8个，党支部25个，党员303人。2022年，西北化工销售产品销售量579.11万吨，调运量939.02万吨，创历史最好水平；营业收入313.98亿元，首次突破300亿元大关。利润5.15亿元，创历史最好水平，在6家化工销售单位中排名第一，获集团公司2022年度业绩考核A级单位。发展质量明显提升，综合实力持续增强，获集团公司"生产经营先进单位"称号。

西北化工销售主要经营指标

指标	2022年	2021年
化工产品销量（万吨）	579.11	556
购销率（%）	100.00	100.19
直销率（%）	68.50	67.24
调运量（万吨）	939.02	831
全员劳动生产率（万元/人）	205	191
营业收入（亿元）	313.98	274.00
利润（亿元）	5.15	4.91
税费（亿元）	1.80	1.71

【市场营销】 2022年，西北化工销售坚持以集团公司营销工作会议精神和"六个坚持"（坚持把市场战略作为行动指引，坚持把市场占有作为关键指标，坚持把量效齐增作为根本目的，坚持把数字化平台作为重要支撑，坚持把改革开

放作为关键一招,坚持把党的领导作为根本保证)"二十四字"(市场导向、客户至上,以销定产、以产促销,一体协同、竞合共赢)营销方针为指引,从营销管理全过程、全方位入手,细致梳理、深入查找差距短板,分析原因、找准切入点、制定整改措施,全面提升营销能力。加强与生产企业沟通协调,准确掌握生产变化,争取超产资源增配,提升初次配置资源保障能力。建立资源需求会商机制,每月两次研究确定M+3需求计划,确保满足西北化工销售整体资源要求。争取榆林和塔里木优质资源,协调排产不同阶段重点产品。全年争取两套乙烷制乙烯项目资源量72.69万吨,在榆林、塔里木乙烷制乙烯产品资源占比分别达到60%、47%,其中榆林乙烯产品较预算资源占比提高21个百分点。落实"陕西新疆两翼齐飞、甘青宁蒙巩固拓展"销售策略,细化销售运作,优化渠道布局,完善价格管理机制,灵活高效应对市场变化。成立青海销售团队,实现兰州石化聚丙烯、独山子管材在青海销售。加大直供客户开发力度,直销率68.5%,比关键技术指标提升2.54个百分点。成立产销研联合推广小组,协调客户开展加工应用评价,及时反馈评价结果和意见,促进产品改进提升,实现新材料销量13.34万吨,完成关键技术考核指标119%;实现新产品销量29.27万吨。按照"全产品、全客户、全面上线"原则,实现统销业务按期上线平稳运行,客户上线率、自主下单率100%。

【产品调运组织】 2022年,西北化工销售克服新冠肺炎疫情多点暴发、化工销售运输工作中货等车、无装车力量等罕见的运输困难和不利因素,沉着冷静、积极应对,确保生产企业后路畅通。加强化工产品运力组织,及时汇报运输存在困难,争取炼化新材料公司、铁路部门和地方政府支持,将独山子石化产品运输作为重点工作,每日组织由炼化新材料公司、生产企业参加的运输协调会,主要领导靠前指挥,业务、计划、运输各方联动,统筹制订落实应对方案,及时跟踪产品出厂情况、解决存在问题,实现平稳降库。综合考虑生产企业排产、疫情防控政策、铁路局运力等因素,优化调整公路铁路协调联动机制、产品调运方案和应急预案,协调地方疫情防控及铁路部门办理通行证,给予运输政策支持,保障运输顺畅。坚持"盯计划""盯车源""盯装车",高效处理铁路停限运导致的流向变更、计划调整,保障资源调度及时、运力不落空。利用成本最优的厂内专线方式发运产品。争取独山子石化SBS产品批量运费优惠政策及兰州铁路局15个到站的铁路运费下浮政策。开展SBS产品发往陕西区域的铁路"门到门"运输,在降低成本同时满足客户"点对点"运输需求。利用承兑汇票支付运费和自备车检修费7.44亿元,在减少资金占用的同时节约财务费用。动态封存富余自备车,优化车辆检修环节,减少返空费和清洗费。

【精益管理】 2022年，西北化工销售贯彻落实集团公司领导干部会议精神，一体推进"合规管理强化年""党建质量提升年""纪律教育年"和"提质增效"价值创造专项行动，完成企业改革三年攻坚行动51项任务。加强制度体系建设，制定和修订34项规章制度，编印规章制度汇编，建立制度宣贯学习"月公示"制度，督促各单位加强制度学习落实。3次修订综合管理体系手册，迎接集团公司管理层测试，开展内部控制自我测试，完成问题整改17项。成立风险管控小组，修订风险防控管理办法，梳理风险数据库，编制合规风险清单，完善风险控制措施，加强对业务资金风险管控，推进依法合规治企，优化业务流程42项。建立重大事项法律论证机制，严把贸易风险评估和客户准入的法律合规审查关。加强合同管理，网上审批率100%。坚持"管业务必须要管安全"，落实各级领导干部属地责任、直线管理、有感领导。开展"安全生产月"活动，组织开展安全生产大检查，将危险化学品安全风险、QHSE体系内部审核、房屋建筑物安全专项整治工作统一纳入安全生产大检查工作中，QHSE管理体系实现"两个全覆盖"。开展提质增效价值创造活动，两次制定下发方案，明确10个方面66项举措，全年增效9937万元，降费5115万元。

【队伍建设】 2022年，西北化工销售坚持党管干部、党管人才原则，注重干部人才队伍建设，选优配强中层领导人员，优化领导班子年龄结构，调整交流二级领导人员25人，其中提拔二级领导人员3人，机关部门与分公司双向岗位调整交流16人，退出领导岗位6人，新提拔干部中80后占比33.3%。按照"三个1/3"要求，选拔1名80后优秀年轻干部到二级副职领导岗位、4名80后优秀青年骨干到高级主管岗位，完成4个产品经理岗位80后年轻干部的公开竞聘，持续优化领导班子和干部队伍年龄结构。实现中层领导"任期制"管理全覆盖。选拔15名青年骨干参加"青马工程"政治理论系统培训。发挥考核指挥棒作用，完善西北化工销售"三纵四横"（职能部门、销售事业部、分公司，关键指标、专业考核、专项考核、事件奖惩）全面业绩考核体系，全面推行"大岗位"改革，有效解决设置过细、职责模糊、业务交叉、岗位冗员等突出问题。

【企业党建工作】 2022年，西北化工销售党委认真落实"第一议题"制度，把学习宣传贯彻党的二十大精神、十九届六中、七中全会作为首要政治任务，深刻领悟"两个确立"的决定性意义，学习贯彻习近平总书记重要讲话和对石油战线的重要指示批示精神，制定《学习宣传贯彻党的二十大精神实施方案》《学习贯彻习近平总书记重要指示批示精神落实机制》，组织两级党委理论学习中心组学习26次109个专题，开展专题学习研讨114次。组织集中学习贯彻党的二十大精神、十九届六中全会精神专题培训班6场次，牢固树立"四个意识"，坚定"四个自信"，做到"两个维护"，始终在政治立场、政治方向、政治原则、政治道路上同以习近平同志为核心的党中央保持高度一致。发挥党委的"把方向、管大局、保落实"作用，修订西北化工销售《"三重一大"决策制度实施细则》，把党委研究讨论作为决策重大问题的前置程序。召开西北化工销售党委会33次、集体决策176项，召开总经理办公会17次，集体决策29项，所属分公司召开党委会191次、决策事项309个，经理办公会14次、决策事项15个，确保决策方向正确、依法合规、风险可控。认真落实国有企业党的建设工作会议精神，始终保持"两个永远在路上"的清醒，坚持不懈抓好基层党建和党风廉政建设。制定《2022年党建质量提升年工作方案》《党委委员履行党建工作"一岗双责"清单》，落实各级党建工作责任制。围绕建立健全"八个机制"和24个党建融合项目，制定西北化工销售《推进基层党建"三基本"建设与"三基"工作有机融合工作运行表》，修订《党建工作责任制量化考核评价标准及评分表》，"线上+线下"全覆盖开展党建工作专项检查，检查整改12类87项问题。加强基层建设，规范党组织生活会、民主评议党员、"三会一课"等基本制度执行。完成2个党委、11个党支部换届选举工作，开展党支部达标考评定级，评定优秀党支部4个、示范党支部2个。开展以思想联抓、组织联建、业务联学、效益联创为内容的党建互联共建活动，线上线下开展主题党日、红色教育活动13次。组织69名基层党支部书记和党务干部参加专题培训，提升党务工作能力。组织全体党员开展决战"两个千万吨"岗位实践，广泛开展多要素"党建+"活动，引领党员在市场开拓、提质增效、疫情防控等工作中站排头、做表率、立标杆。表彰7个先进基层党组织、16名优秀共产党员、11名优秀党务工作者，彰显榜样力量。组织签订《党风廉政建设责任书》228份。制定《服务保障"三个环境"重点监督工作实施方案》，明确8个方面22项监督任务。编印《加强"一把手"和领导班子监督工作手册》，清单化推进7个方面34项年度重点工作任务。制定《纪检体制改革推进方案》，跟进落实重点任务69项。完成陕西、宁夏、库尔勒等3个分公司党委常规巡察任务，整改问题41项，实现两年一轮巡察全覆盖。细化《纪律教育年活动方案》，编制《党规党纪解答口袋书》和《试题库》，对17名新提任和交流干部发放廉洁提醒函、廉洁从业承诺书、家属助廉信，组织中层干部党纪党规知识测试，保持不逾底线、不碰红线的警醒。

【思想文化建设】 2022年，西北化工销售落实意识形态责任，把握意识形态工作主动权，突出抓好思想教育和舆论引导，修订《西北化工销售意识形态工作责任制实施细则》，增强各级党组织和广大党员干部维护意识形态安全的自觉性。制定下发《"转观念、勇担当、强管理、创一流"主题教育活动方案》《文化引领战略实施方案》《新时期加强和改进思想政治工作方案》，组织开展"围绕对标提升、深化主题教育"专项行动。全年在西北化工销售内网发布各类稿件 678 篇，同比增加 47 篇；在外部媒体发稿 111 篇，同比增加 55 篇；在西北化工销售微信公众平台发布微文 101 篇，同比增加 28 篇。制定实施《员工健康激励考核方案》，建设健康活动室，组织参加全国石油职工第二届广播体操网络公开赛，西北化工销售代表队获混合团体组三等奖、独山子分公司代表队获混合创编组三等奖。持续开展困难群体生活帮扶、医疗帮扶和一线慰问，元旦、春节、中秋国庆扶贫帮困和走访慰问困难员工 68 人次，帮扶重病员工及员工家属 3 人，金秋助学 13 人。开展"情暖夕阳红·关爱老人行"学雷锋志愿服务活动。巩固拓展脱贫攻坚成果，参与帮扶地区疫情防控，完成全年消费帮扶任务 54.30 万元。

【新冠肺炎疫情防控】 2022 年，西北化工销售坚决贯彻落实习近平总书记"疫情要防住、经济要稳住、发展要安全"总要求，始终坚持统筹新冠肺炎疫情防控和经营发展，修订完善《新冠肺炎疫情防控常态化工作方案》《新冠肺炎疫情防控特殊敏感时段升级管理方案》和《办公场所疫情防控应急预案》，全面落实疫情防控责任，组织全体员工核酸检测 11418 人次，疫苗接种率 100%，加强针疫苗接种率 96.3%；及时配发防疫口罩 6.76 万只，配备防疫药品、防护服等应急物资 6.2 万元，保障员工身体健康和生命安全。广大干部员工面对疫情迎难而上，始终以事业大局为重，无私忘我竭诚奉献，乌鲁木齐分公司、独山子分公司、库尔勒分公司连续封闭办公 110 余天，机关部门、兰州分公司、宁夏分公司、陕西分公司连续封闭办公 84 天，打赢疫情防控阻击战和效益实现保卫战。

（马红苍）

中国石油天然气股份有限公司华北化工销售分公司

【概况】 中国石油天然气股份有限公司华北化工销售分公司（简称华北化工销售）2006年2月成立，是在2000年成立的化工与销售华北分公司基础上整合升级而来，总部设在北京市，主要负责中国石油所属企业生产的石油化工产品在华北区域的统一销售业务，销售网络全面覆盖北京、天津、河北、河南、山东、山西、湖北、内蒙古8省（自治区、直辖市），主要经销合成树脂、合成纤维、合成橡胶、液体有机无机和化工新材料等数十个品种、上百个牌号化工产品及原料，产品销量和销售收入逐年增长。截至2022年底，累计销售产品3900万吨，实现盈利19亿元，曾获"中央企业先进集体"，集团公司"生产经营管理先进单位""信息化工作先进单位""抗击新冠肺炎疫情先进集团"，以及"北京市西城区A级纳税企业"等多项荣誉。

2022年底，华北化工销售机关设15个处室，下辖湖北、河南、山东、天津、内蒙古和任丘6个分公司（调运部）。员工总数198人，其中党员144人，本科及以上学历占88%，中级及以上职称占67%。

华北化工销售主要经营指标

指　　标	2022年	2021年
化工产品销量（万吨）	357.13	364.15
资产总额（亿元）	15.05	12.60
销售收入（亿元）	276.80	280.00
利润（亿元）	3.00	4.29
税费（亿元）	2.15	2.00

2022年，华北化工销售克服新冠肺炎疫情和化工市场震荡的不利影响，销售各类化工产品357.13万吨，销售收入276.8亿元，账面利润3亿元；购销率99.3%，综合直销率58.1%；经济增加值1.71亿元，账面利润3亿元，利润完成率111%、排名大区第二，各项工作均取得较好成绩。

【规划目标】 2022年,华北化工销售锚定建设国际知名、国内一流化工产品和有机材料贸易商奋斗目标,精心谋划部署,加强顶层设计。制定"十四五"发展目标体系,明确发展数量、发展质量、创新发展等12个定量化指标及高质量市场营销管理、客户渠道管理、仓储物流管理、高效治理体系、人力资源管理、党建引领保障等6个定性化指标:到2025年,销量较目前再翻一番,达到800万吨,利润总额达到4亿元以上。规划调整业务管理架构,将山东、天津区域核心客户划转总部管理,实行"三个1/3"机制,增强市场信息收集水平,提高市场反应速度和客户服务质量。优化调整定价机制,统筹市场、产销、库存等因素,规范区域间定价,合理制定指导价格。完善业绩考核架构,调整月度奖金发放基数和固浮比例,加大销售关键指标考核权重,规范专项奖励政策,突出精准激励、重点激励。调整费用管理架构,实行费用项目化管理,明确费用项目责任部门,理清各级审批权限,实施分公司费用专业化审批,按照谁主管谁负责的原则履行事前审批程序,逐步形成专业规范的费用管理体系。

【市场营销】 2022年,华北化工销售推进落实市场营销三年行动方案,补齐直销率、对标缩差、产品结构和量价配合等短板弱项,提升主营业务发展质量。实行市场开发台账机制和"网格化"区域摸排,加大直供客户开发力度,强化产品经理、客户经理协同,在"三个1/3"基础上补充"AB队"设置,组成"技术+销售"市场调研小组,开展走访750人次,走访客户2340多家,实现合成树脂直销量110.9万吨、直销率同比提升2.7个百分点。查找对标缩差问题根源,形成体现价格、销量和销量占比关系的有效对标推导公式,加大专用料、高附加值产品配置,扩大价格信息获取渠道,对标缩差水平较上半年缩窄11元。结合区域市场特点和中国石油新材料业务发展目标,加强高价值专用料开发推广力度,成立多部门联合工作小组,开展新材料市场调研,实现重点高效产品销量120万吨,新产品销售11.7万吨,新材料销售16.9万吨,完成预算目标129%,为增产上量奠定良好基础。实施均衡销售策略,保持低库存运行,有效应对市场下滑的跌价风险,实现高压产品4月同比增效872万元,苯、邻二甲苯等产品9月、10月、11月增效3669万元。

【创新驱动】 2022年,华北化工销售围绕数字化运营、智能化营销,务实开展创新工作,探索应用新技术、新模式、新方式驱动转型升级。组织自动化结算功能开发立项,2022年9月正式上线试运行,实现销售数据自动逻辑匹配和订单结算价格自动推送,结算工作信息化、智能化水平实现领跑。完成8家生产企业多式联运费用模拟测算,打通兰州石化榆林化工有限公司聚乙烯到山东东宏管业股份有限公司散装运输多式联运流程,实现公路散装运输常态化运行，聚丙烯散装运输量1.13万吨。制定商品类套期保值业务组织架构、交易规定、操作流程和风险防控措施，完成金融衍生品业务资质申请提报准备，套期保值实现零突破。统销橡塑产品及液体产品整体上线销售，实现客户自主下单率100%，电商加价销量17.8万吨，增效1753万元。与昆仑银行高层建立季度互访机制，开展买方付息银行承兑汇票贴现业务500万元；优化"信用证+福费廷"产品，上线"化销贷"功能，新增授信5.8亿元，助力产品销售18.1万吨。推动物流仓储管理信息化建设，上线物流平台App，实现在途产品位置实时查询，推广RPA机器人应用，产品出入库效率提高25%—30%。完成会议室视频网络升级、机房消防安全改造等8个信息化项目，推进协同办公平台数据深度共享应用。

【"三基"建设】 2022年，华北化工销售做实基础工作，提升基础管理，深挖价值创造能力，推动管理标准化、规范化、专业化转型。分类梳理岗位工作资料，建设形成涵盖各类工作内容、兼顾业务特色的基础资料库。开展全员基本功训练，建立岗位基本功训练清单，处室统筹抓好共性问题训练，常态化组织营销知识、产品知识培训，开展期现金融等专业培训，全面提升队伍专业知识和操作技能。加强资金管理，2022年资金收支625亿元，保持零差错，合理控制债务规模，实现自由现金流为正。开展资产分类评价工作，推进低效资产盘活和整体结构优化，完成15台车辆报废处置，实现资产负债率30.5%，优于考核指标。推进提质增效价值创造行动，物流仓储优化降费541万元，财务费用较预算降低2417万元，四项费用下降77%，"两利三率"、发展质量成本费用指标均超额完成。落实QHSE体系建设和安全生产专项整治三年行动计划，保障"两奥""两会""党的二十大"等重点时段危化品运输安全，全年安全"零事故"；抓好新冠肺炎疫情防控常态化和升级管理，做好突发疫情紧急处置，确保销售、调运有效运转。

【依法合规治企】 2022年，华北化工销售坚持依法合规治企，主动提高认识、转变观念，着力构建具有化工销售特点的风险防控体系。成立7个专项治理工作领导小组，建立运营管理、制度建设、风险防控、财务管理、战略管理等6个工作专班，贯彻落实集团公司领导干部会议精神，推进落实综合治理专项行动。开展规章制度年度评价立项，新建制度9项，修订制度17项，已有制度178项，实现运营环节全覆盖，保障各项业务有制可依、有序可循。完成合同标准文本修订，规范细化约束性、惩罚性合同条款，加强合同系统应用，有效规避合同风险。开展扩销贸易"走单""空转"问题整改"回头看"，健全扩销业务全过程管控机制，规范投资计划管理与执行问题；排查债务风险问题，梳理合同负债客户791家，多部门协同清理三年无动态客户223家，形成常态化工作机制；开展依法纳税问题专项治理和近三年税收自查自纠，减少涉税风险；发挥内控、审计、财务监督合力，有效堵塞投资管理、税收管理、产权管理、资本金融、会计信息等方面漏洞，及时消除问题隐患。严格执行重大业务合法合规前置审查程序，完成"合规管理强化年"专项治理；制定各部门、各单位和重点岗位合规职责清单，开展普法宣传和全员合规培训，举办"法治在我心中"主题演讲比赛，强化法治建设和合规文化教育。

【企业党建工作】 2022年，华北化工销售坚持以习近平新时代中国特色社会主义思想为指导，把党的政治建设摆在首位，发挥党委"把方向、管大局、保落实"作用。深入学习宣贯党的二十大会议精神，制订落实《学习宣传贯彻党的二十大精神实施方案》，推动党的二十大精神落地生根；严格落实"第一议题"制度，组织"第一议题"学习38次，开展党委理论学习中心组集中学习14次，专题研讨9次。加强党委班子建设，完成班子成员分工调整，集体研究决定重大事项45项。压紧压实"两个责任"，做好"反围猎"专项行动、违规吃喝专项治理及"影子公司""影子股东"和化公为私问题专项整治；全面开展服务保障"三个环境"17个具体监督项目和巡视巡察反馈问题整改情况专项督查，梳理整合123个廉洁风险点和225条防控措施，开展日常监督检查46次，党员干部日常廉洁谈话358人次。推进支部建设规范化、制度化，完成分公司（调运部）支部换届和6名党员的转正、入党工作；实施党建课题项目化管理，创建特色党支部9个，深化党员责任区18个、党员先锋岗14个。选优配强基层班子，完成3名正职岗位调整，分公司（调运部）3名正职、3名副职通过公开竞聘上岗。编制《企业文化手册》，构建"苦干实干、拼搏发展"的特色企业文化。开展党委书记讲团课、青年对标大讨论、青年大讲堂、主题团日等系列活动，激发青年团员干事创业新活力。积极履行工会职责，落实职代会提案建议，开展兴趣小组、文体比赛等活动，1名女职工获集团公司巾帼建功先进个人。做好扶贫帮困工作，协调解决员工"停车难"、退休人员异地体检等问题，切实增强员工群众的获得感、幸福感、归属感。

（王　颖）

中国石油天然气股份有限公司华东化工销售分公司

【概况】 中国石油天然气股份有限公司华东化工销售分公司（简称华东化工销售）始建于2000年，是中国石油天然气股份有限公司直属地区分公司，业务上由中国石油炼油与化工分公司垂直管理，党组织关系归属上海市经济与信息化工作党委。自成立以来，历经多次重组整合，业务版图由拓荒华东华南八省一市到深耕华东四省一市。深入推进产销研用一体化协作，以产品技术、经营模式和服务保障创新为支撑，开拓高端市场、开发高效产品、开发瓶盖料、水桶料、管材料、低压包装膜料、洗衣机专用料、汽车油箱料、油田输油管专用料等高端专用产品，持续优化产品结构，打造中国石油品牌。先后承担集团公司、炼油与化工分公司科技项目33项，获集团公司科学技术进步奖23项。优化销售渠道，与1300多家终端工厂及经销商开展业务往来，向市场提供优质高效产品服务，体现中国石油产业链终端价值。探索市场营销模式创新，践行"互联网+"行动计划，率先提出并承建中国石油化工产品电子商务平台，推动中国石油炼化销售模式升级。

截至2022年底，销售化工产品4485多万吨，营业收入3907多亿元，上缴税费25亿元；合成树脂产品销量占华东市场10%，合成橡胶产品销量占华东市场25%；电商平台自建成以来，完成上线客户3171家，累计成交491万吨，销售额330亿元。曾获全国企业文化建设优秀单位、上海市文明单位、上海市陆家嘴金融贸易区经济发展突出贡献企业奖等荣誉，基层党组织被国务院国资委授予"中央企业先进基层党组织"，企业文化展厅被集团公司评为首批"石油精神教育基地"，1人次获中央企业劳动模范、3人次获集团公司劳动模范、1人次获上海市劳动模范、1人次获上海市"三八红旗手"。

2022年底，华东化工销售公司设有8个职能处室、7个业务处室、3个直属单位，以及1个作为二级单位管理的上海中油石油交易中心有限公司，分别在上海、江苏、江西、安徽、杭州、宁波等贴近市场一线地区设有6个区域销售分公司，同时在以上6个区域内的主要消费集中地和物流集散地配备余姚、上海2个自有中转仓库和26个社会仓库，总库容22万吨，能够快捷方便地服务客户和满足为上游炼化生产企业保后路的需要。华东化工销售以市场为导向，以客户为中心，凭借中国石油的资源优势、品牌优势、上下游一体化优势，一品一策、一户一案，健全完善营销网络，厚植一站式服务客户，构建同向同行、共享共生的市场利益共同体，与众多知名的行业龙头、上市公司建立战略伙伴关系，产品广泛用于医疗、汽车、家电、建材、食品饮料等国计民生领域。

2022年，华东化工销售产品销售321.8万吨，销售收入272.2亿元，利润2.32亿元，比预算增加0.5亿元；经济增加值（EVA）0.78亿元，比预算增加0.47亿元。

华东化工销售主要经营指标

指　　标	2022年	2021年
化工产品销量（万吨）	321.8	338.1
购销率（％）	99.0	100.3
直销率（％）	64.3%	64
直发、断卖比例（％）	41.41%	39.8
资产总额（亿元）	26.2	31.0
营业收入（亿元）	272.2	297.4
利润（亿元）	2.32	4.6
税费（亿元）	2.5	1.6

【经营业绩】　2022年，华东化工销售全面较好完成集团公司下达的各项关键技术考核指标，利润完成率、直销率、价格对标缩差等指标在大区公司中排名靠前。直销率完成64.3%，比预算提高4.3个百分点；购销率99%；价格对标缩差 –27元/吨，比预算提高53元/吨；劳动生产率197万元/人，比预算提高30万元/人。连续8年实现盈利，连续22年保持应收账款、法律纠纷、公关危机、安全环保事故"四个为零"，为集团公司经营业绩增长和安全大局稳定做出积极贡献。

【营销工作】　2022年，华东化工销售以"日均衡、周达标、月平衡"为原则提升营销质量，制订以"稳龙头、树品牌、解难题"为宗旨的综合配套营销方案，从多维度为客户成长增动力，与合作伙伴共成长。做好承接、定型和增量推广，销售兰化榆林、独山子塔里木、辽阳石化等新装置产品。搭建线性高开口系列、高压电缆料产销研用云端交流平台，为中财管道等战略客户培训炼化生产工艺和应用技术。运用"托盘+冷套膜"方式运输兰州石化2240H等吨包装产品。激活"中油e化"竞拍、闪购、拼单等线上交易模块，平稳有序做好新老电商平台的业务切换。协助26家优质客户获得昆仑银行授信8.33亿元，为海外客户开通提供国际信用收付服务。全年客户综合满意度97.7%，同比提升0.8个百分点。

【改革创新】 2022年，华东化工销售明确提出华东市场四省一市区域化、特色化转型发展方向，逐步形成安徽白色家电和包装薄膜、浙江电缆改性和管道管件、上海及江苏汽车改性、江西医疗器械和光伏储能等特色经营区域。推进实施"五提质、五增效"等十大举措，制定35条具体措施，实现提质增效1.16亿元。完成国企改革三年行动29项改革任务。加快培养"四懂一会"营销队伍，举办化工产业知识、金融衍生业务基础等专题培训，让"云课堂"成为提能力、聚合力的"加油站"。落实集团公司"合规管理强化年"专项工作部署，成立9个工作小组，开展综合治理专项行动。梳理扩销业务流程，提升主营业务风险防范水平。推进落实化工产品金融衍生业务专项计划，完善管理办法和岗位设置，做好期货套期保值业务试点。举办"法治在我心中"主题演讲等系列活动，推动法治精神入脑入心。强化"三个界面"管理，跟进"举一反三"制度建设，压实双重预防责任机制，加强监督指导和安全巡视检查。开展"两个专题""两个专项"活动，将安全生产专项整治三年行动作为政治任务，落实到生产经营全过程，工作完成率100%。

【电子商务】 2022年，华东化工销售注重创新营销模式探索，依托中国石油化工品电商平台为中国石油6家化工销售企业开展互联网电子销售业务，截至2022年底平台注册客户数3200余家，销售产品80.5万吨，成交金额52亿元，其中竞拍销售实现推价金额6500万元，提升客户应用体验，促进提高市场占有率。

【厚植服务】 2022年，华东化工销售新开发终端客户95家，实现销量4.4万吨。落实广东石化项目营销方案，为回撤资源储备销售渠道。围绕吉化揭阳项目投产，加快ABS产品结构调整和客户开发，高流动、高冲击、箱包板材等专用料销量同比增长113%。抓好增量仓储选址选商，提前完成32个仓储服务项目公开招标。稳步开拓海外市场，出口销售拉丝丙、流延膜、抗冲共聚等3大类8个牌号产品。推广销售化工新材料产品9.57万吨，计划完成率111%。茂金属聚烯烃、ABS、高压涂覆、高压电缆等专用料推广均突破万吨大关。培育形成滚塑料产品稳定市场需求，在多家生产企业获得排产。打破PERT管材、薄壁注塑HPP1860E、高压医用LD26D、电子保护膜专用料2420H-H等产品市场销售空白。实现熔指1线性9047、聚乙烯管材TUB121N3000、聚丙烯透明

K4912、FR0525产品规模化销售。新增3个原创技术策源地、1个关键核心技术、1个重大技术现场试验等5项集团公司科研课题。"高腈SAN及板材ABS树脂成套技术开发与工业化应用"项目获2022年度集团公司科学技术进步奖二等奖,"PPR管材专用料的开发与生产"项目获中国化工学会科学技术进步奖三等奖。联合上海新材料研究院开展核电用聚乙烯管材专用料开发。调研高端新能源新材料和进口产品替代市场,为大连石化西中岛、塔里木石化二期、辽阳石化聚丙烯等集团战略项目反馈LDPE/EVA一体化、SBS热塑性弹性体、聚碳酸酯、多峰聚乙烯薄膜、系列化线性低密度聚乙烯、特色化聚丙烯等产品方案建议。参与的"中国石油利用平台经济提升发展能力研究"项目获得表彰,为集团公司建设中国特色世界一流新型企业智库做出贡献。

【人才建设】 2022年,华东化工销售健全完善领导人员任期制和契约化管理,有序开展两级领导班子成员契约文本再修订、再签约,签约完成率100%。加大年轻干部培养选拔力度,1名80后干部提拔进入公司领导班子,14名干部得到提拔使用,7名中层干部交流任职,80后中层干部占比提升至40%。

【企业党建工作】 2022年,华东化工销售把学习贯彻习近平新时代中国特色社会主义思想作为首要政治任务,制定《公司党委深入学习贯彻习近平总书记重要指示批示精神落实机制》,学习"第一议题"54项。坚持把党建工作同公司中心工作同部署、同推进、同落实,认真贯彻集团公司工作会议和党建工作部署会议精神,结合实际制定实施18方面42项党委工作要点、6方面27项党建工作要点。统筹开展党建工作责任制考评、基层单位党建工作责任制考评、基层党组织书记抓基层党建述职评议和党支部工作考核。1个党支部被评为上海市经信系统"党支部建设示范点"。推动常态化上党课、讲党史、过党日,打造党味足、油味浓的"党建墙",引导全体党员学党史、悟思想、强党性。探索开展党建互联共建,与陕西销售签订共建协议,促进互学互鉴。两个课题获中国石油党建思想政治工作优秀研究成果。在营造良好政治生态上加压发力,完善从严治党的制度机制,制定《华东化工销售落实"四责协同"机制任务清单》,将主体责任落实情况纳入党建工作责任制考核体系,常态化开展季度重点考核及年度全面考评。强化"一把手"和领导班子监督,完善党风廉政建设和反腐败协调小组运行机制,有效保障管党治党责任落实。深化政治巡察,组建全现职巡察队伍,完善一体化政治巡察清单,聚焦"四个落实",高标准启动换届后新一轮巡察全覆盖。坚持"三不"一体推进,深化"三转",支持华东化工销售纪委聚焦主责主业,优化主营业务廉洁风险筛查和合规风险防控监督模式,整治奢靡之风享乐主义,扎实开展违规吃喝专项整治和"反围猎"专项行动。

【企业文化】 2022年,华东化工销售将"家文化"建设内化于心外化于行,在新冠肺炎疫情防控、困难帮扶、办公环境优化等方面获得职工群众认可。织密员工健康的守护网。制定健康企业创建实施细则,树立大健康理念,差异化开展员工非职业健康体检,建立员工慢性疾病管理档案。建立防疫物资动态管理储备,向员工配发口罩12万只、N95口罩6万只,采购应急值班行军床、被褥寝具、洗漱包、消毒湿巾、预防性抗病毒药品等值班防疫用品。注重新时代石油先进文化培育,推进实施企业数字化展厅项目施工改造。常态化开展"我为员工群众办实事"实践活动,多渠道进行困难帮扶、心理疏导和思想动态调研。职工健康走、书法绘画摄影展、"三八"节女工、重阳节退休员工座谈等活动参与度显著提升。制定实施青年精神素养提升、"青马培养工程方案",评选第三届公司十大杰出青年,开展石油精神再教育、对标先辈大讨论大调研,吹响推进青年事业蓬勃发展的新号角。

(李文娟)

中国石油天然气股份有限公司华南化工销售分公司

【概况】 中国石油天然气股份有限公司华南化工销售分公司(简称华南化工销售)2004年5月18日正式成立。负责中国石油统销化工产品在广东、福建、广西、海南四省(自治区)的市场营销业务和区内生产企业化工产品的调运任务,主营合成树脂、合成橡胶、有机和无机化工产品。成立以来,被评为广东省500强企业、广东省大型骨干企业、广东省直通车服务重点企业和广州市纳税信用A级企业,为国家和地方经济社会做出贡献。

2022年底,设有14个部门,下设厦门、汕头、深圳、南宁、海口和钦州6个分公司。化工产品总销量285万吨,收入218亿元,上缴税费1.55亿元。

【营销工作】 2022年,华南化工销售强化市场运行动态分析和营销工作交流研讨,召开专题研讨会超过10次,加快推进解决工作中遇到的难题。在市场下行期采取偏快销售节奏,年末库存降至全年最低水平,全年销售统销产品278.2

华南化工销售主要生产经营指标

指　　标	2022 年	2021 年
化工产品销售量（万吨）	285	305.1
资产总额（亿元）	18.09	20.41
购销率（%）	100.9	99.5
直销率（%）	65.58	67.39
推价到位率（%）	101.19	101.11
收入（亿元）	218	232.69
利润（亿元）	1.52	3.15
税费（亿元）	1.55	1.66

万吨，购销率 100.9%；销售化工新材料 8.61 万吨，完成考核指标。坚持拓展销售渠道，开发统销用户 162 家，其中直供用户 135 家，占比 83.33%；实现直销率 65.58%，同比提升 0.5 个百分点。严格客户管理，施行半年考核评价和动态升降级管理，客户结构进一步优化。始终在合规、风险可控的条件下开展扩销业务，实现扩销销量 6.8 万吨。与国际事业公司紧密合作，抢抓窗口期开展出口业务，出口化工产品 2.1 万吨。稳步推进基础调研与专项研究有机结合，完成新能源汽车及动力电池领域涉及的新材料、ABS、茂金属聚烯烃、POE 等产品市场调研。加大新产品开发推广力度，与中国石油研究院所、生产企业和客户签订"锂电池隔膜创新联合体"合作开发协议，达成"电池用石油基碳材料创新联合体"开发意向；协助立项科技项目 3 个。推广销售新产品牌号 25 个，实现销量 6.56 万吨，其中独山子石化锂电池隔膜专用料 T98D 产品在深圳中兴小试合格，正在进行中试试验，在实现锂电池隔膜专用料的国产替代方面取得阶段性成果。加强运输过程管理，动态优化调整产品发运流向，保障生产企业后路畅通。坚持主动服务客户，对客户"不满意内容"和"意见与建议"组织专题研究并落实改进措施；及时处理质量问题反馈，促进产品质量提升。为重点客户发放"促销贷"、合理增加授信额度和减免贴息，探索实施银行承兑汇票贴现率市场化政策，增强客户黏性。

【提质增效】 2022 年，华南化工销售坚决落实集团公司提质增效和低成本发展战略举措，强化对标管理，通过实施 7 方面 30 项 81 条具体措施，实现提质增效 9642 万元，完成全年 2079 万元提质增效目标的 463%。加强价格运行体系相关环节的分析、考核和优化改进，实现对标缩差32元/吨，高于考核指标59元/吨；推价到位率101.19%；与中国石化华南价格对比的19个牌号中，14个牌号领先。调整断卖率考核为入库率指标考核，合理利用集装箱免费堆存期，在提升客户满意度的同时，降低产品入库率至30%。优化运输方式，加大厂内自提和直发配送力度，移库比例同比下降1个百分点。打通云南石化二甲苯铁路发运全流程，与公路直发相比，每吨节约流通费300元。对市场走势精准研判，以均衡销售为抓手，抓好销售进度的控制和考核。低压、聚丙、芳烃、线性和橡胶产品线均实现较好效益。根据市场供需实际、库存消化速度、潜盈潜亏等数据情况，深入分析，做好"M+3"需求计划提报工作，提出优化排产和配置计划调整建议，引导生产企业排产适销对路化工产品。科学调配资源适当向高效市场倾斜，促进效益提升。

【广东石化、吉化揭阳项目准备工作】 2022年，华南化工销售成立广东石化产品调运项目部，入驻现场靠前协调。坚持市场调研和结果应用，联合广东石化深入开展下游市场走访调研。在前期储备客户开发基础上，按客户分牌号、分阶段落实销售计划，全部完成购销协议签订。在与炼化新材料公司和广东石化沟通基础上，根据市场容量及下游行业发展情况，提出排产和结构优化建议；以销售半径最小化、企业效益最大化为原则，确定装置开工初期和稳定期两个阶段营销方案。探索研究广东石化、吉化揭阳产品销售新模式，对广西石化合成树脂产品试点"周均价＋全程配送"，打通全部流程，提前积累经验。发挥规模优势，开展运输市场化招标，控本降费，提升产品竞争力和服务水平，为推行全程配送运作方式奠定基础。筹划气体产品出厂各项准备工作，实现液氯、氧、氮等产品顺畅外运和销售盈利。完成互供料和试验料的供应。推进电子销售平台功能完善和新增工作，化工品物流管理系统出厂协同主要功能初步建成，仓储、库发配送模块实现上线运行。根据存量资源和增量资源不同的运作特点，结合新模式、新变化，向集团公司提出广东石化产品价格运行体系的建议，开展同行业流通费比对和压控，为保障广东石化、吉化揭阳产品实现销售和提升市场竞争力奠定坚实基础。

【基础管理】 2022年，华南化工销售三年改革行动收官，64项改革任务全部完成，三年改革行动工作台账被评为集团公司示范成果。三年对标提升推进任务进度和对标成果完成率均100%。推进"合规管理强化年"专项工作，开展经营业务合规风险和违法违规问题排查及回头看，制定完善公司标准合同文本，举办7期合规管理强化年系列讲座。根据集团公司批复，对内部组织机构进行调整，整合组建市场运营部、物流部，初步形成资源配置一体化管理、物流一体化统筹的运营模式；对职能处室和业务处室全部更名，机关部门压减机构一个，重新梳理部门职能和销售范围。推进"产品经理+客户经理"制，设立聚丙烯、聚乙烯、橡胶和ABS树脂3个专业线产品经理岗。根据机构调整和业务发展实际，全面梳理和制修订配套制度38项。坚持"四全"原则和"四查"要求，学习贯彻习近平总书记关于安全生产重要论述，统筹推进安全大检查、安全生产专项整治三年行动、QHSE体系审核、网络安全保障等专项工作。节假日、冬奥会、党的二十大等重要时点，对安全环保、维稳防恐等工作升级管控。及时实施新冠肺炎疫情防控措施，开展专项应急桌面演练，保障主营业务开展。坚持开展年度健康体检，建立员工健康档案，推进健康企业建设。积极响应广东省政府号召，派出志愿者队伍支援广州抗疫，彰显国有企业担当。

【人才队伍建设】 2022年，华南化工销售坚持党管干部原则，树立鲜明用人导向，完善干部选拔任用和退出机制，推进任期制和契约化管理，把优秀干部选出来、用起来。落实干部定期交流机制，2022年分3批交流调整干部18人。推进人才强企工程，加强队伍建设。稳妥完成公司首次高级主管岗位任期期满竞争上岗评聘。评先选优工作更加注重绩效和贡献，标杆模范作用更加突出。

【企业党建工作】 2022年，华南化工销售落实"第一议题"制度，及时跟进学习贯彻习近平总书记重要讲话和重要指示批示精神，深入学习贯彻党的十九届六中全会和党的二十大精神，不断增强"四个意识"，坚定"四个自信"，做到"两个维护"。制定党委前置研究讨论公司重大经营管理事项清单，严格执行民主集中制，发挥好党委把方向、管大局、保落实作用。落实意识形态工作责任制，坚持宣传阵地多样化，凝聚发展正能量。开展"转观念、勇担当、强管理、创一流"主题教育。落实全面从严治党主体责任并向基层延伸，促进党建工作与经营管理有机融合。推进党风廉政建设和作风建设，开展廉洁提醒、警示教育和"反围猎"专项行动，与派驻纪检组开展联合监督。推进巡视发现问题整改，167项整改措施全部完成，整改率100%。举办"喜迎二十大·奋进新征程"系列活动，坚持实施扶贫帮困送温暖和关爱员工政策，按乡村振兴要求开展驻镇帮镇扶村工作。

（叶婉英）

中国石油天然气股份有限公司西南化工销售分公司

【概况】 中国石油天然气股份有限公司西南化工销售分公司（简称西南化工销售）2001年按照中国石油化工统销战略部署整合成立，原名为中国石油天然气股份有限公司化工与销售西南分公司，2009年4月机构规格由处级调整为副局级。主要负责中国石油在四川、重庆、湖南、云南、贵州、西藏6省（自治区、直辖市）的化工产品统销业务，承担四川石化和云南石化的化工产品调运业务，经营中国石油所属炼化企业生产的合成树脂、合成橡胶、有机化工、无机化工4大类200多个牌号的化工产品。本部在四川省成都市，设有15个职能和业务处室，以及四川、重庆、湖南、云南、贵州5个销售分公司，彭州和安宁2个调运部。2022年底，员工总数226人，其中本科以上学历占88%，中高级职称人员占60%。党员162人，占员工总数72%。

2022年，西南化工销售积极应对新冠肺炎疫情影响、化工市场大幅波动的冲击，推进"十四五"规划落实，经营业绩再创新高，全年销售化工产品531.6万吨，利润总额4.01亿元；四川分公司、湖南分公司销量分别突破100万吨、20万吨，创历史新高。

西南化工销售主要经营指标

指　　标	2022年	2021年
化工产品销量（万吨）	531.6	502
资产总额（亿元）	35.8	32.5
收入（亿元）	362.8	319.8
利润（亿元）	4.01	3.85
税费（亿元）	1.83	1.62

【业务发展】 2022年，西南化工销售围绕"十四五"规划目标，立足市场供需、新材料行业发展态势和区域化工产业发展趋势，制定《未来三年橡塑产品结构调整及客户渠道建设工作方案》《高新专特产品三年销量提升滚动实施方案》等

专题方案，明确了到 2025 年公司橡塑、高新专特等产品线的发展目标、思路方向、实现路径和重点突破领域。

2022 年，西南化工销售橡塑产品销量同比增长 17%；有机产品销量同比增长 5%；橡胶、高压、聚丙烯、硬塑料等产品利润实现较好。积极争取资源配置，橡塑产品稳固四川石化资源，全力争取独山子、兰州石化等资源；东西北资源买断量增长 49%，保供能力进一步增强。有机产品克服下游终端大厂装置生产不稳、减产减负荷等不利影响，争取纯苯、混二甲苯等大宗资源，紧盯西部其他炼厂资源，全年买断同比增加 12 万吨。优化资源流向，推进四川石化资源向川渝回撤，乙烷资源向云贵湘倾斜，着力改善各区域产品结构。推进"减油增化"产品渠道建设，首次实现乙烯焦油销售、全年销量 3.69 万吨；四川石化、云南石化甲苯销量同比增长 43.4%。

落实"基础＋高端"业务发展路径，西南化工销售联合四川石化共同推进大宗基础产品品牌建设。在推进新产品开发推广上实行双项目长制，推广新产品 49 个牌号、新材料 32 个牌号，新材料实现销量 10.1 万吨。车用料、医用材料销量创新高，2022 年高新专特产品销量同比增长 20.5%，占橡塑产品销量比例达 65%。

【精益营销】 2022 年，西南化工销售践行"二十四字"营销工作方针，把握"六个坚持"基本遵循，深化营销机制改革，推动营销业务线职能转变，逐步形成以"趋势研判、营销策划、过程跟踪、风险防控、效果后评价、调整再优化"为主线的营销管理思路，激发"产品经理＋客户经理"营销模式活力，产品线综合统筹、区域精准调控初步实现。

加强市场调研，以渠道建设、终端开发、新产品推广等为重点，开展茂金属、EVA、SBS、PERT 管材等产品专题调研，以及新材料国内市场调研。强化行情研判和营销策划，通过日营销例会、周经营例会、月经济活动分析会及经营计划平衡会等，分析研判行情，注重价格和进度预警，制定差异化、精准化营销策略，努力与宏观趋势、市场形势同频共振。推行周计划管理模式，加强产销衔接、购销平衡，制定周需求、销售计划，与客户共同严格执行并及时考核评价，过程动态优化，初步形成日保周、周保月、月保年的运行机制。优化营销效果后评价工作，开展各产品线、各区域盈利能力分析，为业务单元提供问题"标靶"。应用皮尔逊系数、标准差等数学模型，多维度评判营销结果；改进复盘分析方式，透过表象深挖根源，低压管材、线性等产品线的销量、效益明显改善。

【客户服务】 2022 年，西南化工销售完善《客户服务管理办法》，建立首问负责、一站式服务机制。坚持开展送技术到基层、送服务到客户"双送双到"活动，走访客户193家（次），通过现场服务与线上服务结合，帮助解决加工应用、原料指标等问题186个，客户满意率98%以上。助力开展产融结合业务，协助客户开展昆仑银行"化销贷"业务，努力缓解客户资金周转难题。完善客户管理办法，规范客户准入程序，努力向橄榄型客户结构推进。克服新冠肺炎疫情影响，坚持多种形式跑市场找客户，全年开发终端直供客户34家；通过开发终端和深挖老客户需求，产品直销率77.6%。

【提质增效】 2022年，西南化工销售以质效双增、价值创造为主线，聚焦打造增量、提质、优化、降本、管理"五个升级"，制定六方面87条提质增效措施，每月收集、核实、汇总实施成效，按月通报完成进度、按季上报实施效果。践行"省一分钱比挣一分钱容易"的理念，加强资金运作、严细成本管控，择优择价开展票据贴现和顺转。全年提质增效行动超额完成目标任务。

【安全环保】 2022年，西南化工销售安全环保、新冠肺炎疫情防控扎实推进，完成71项安全生产专项整治三年行动目标任务，开展"危险化学品集中治理"等多次专项检查、65次"四不两直"监督检查，发现问题全部整改完毕。开展QHSE体系审核，整改问题89个。发布新版岗位安全职责和HSE岗位责任清单，开展多轮次安全培训，组织3次应急演练。新冠肺炎疫情发生三年来，始终把员工生命安全和身体健康放在第一位，建立完善疫情防控体系，实施常态化和应急状态下的防控举措，做到"人、物、环境"同防。全年未发生安全环保事故事件，质量体系外部审核保持"符合性"再认证。

【物流保供】 2022年，西南化工销售应对运输受限、装置波动、运力不足等困难挑战，采用多种运输方式协同、抢发抢运，多次完成应急运输任务。对固体前沿库、液体中转库、企业库实行动态监管，保障企业生产和前沿中转库库容合理。协调各区域仓储服务商最大限度准备应急库容，保障突发情况下的仓储业务正常运行。重庆仓储中心开展对外招商揽储，商业门面房出租率100%；完成货物吞吐量54.88万吨、同比增长6.8%。

【企业治理】 2022年，西南化工销售宣贯《中央企业合规管理办法》，开展"转观念、勇担当、强管理、创一流"主题教育、"合规管理强化年""严肃财经纪律、依法合规经营"综合治理行动等一系列专项工作。分头制订工作方案，有序推进实施，对标查摆并整改一批管理不够精细、制度不够完善、个别风险管控不够严格的问题；专项治理任务全面落实到位。优化推进法制建设、合规管理的工作机制，提高依法合规经营和"强管理"水平。

【改革创新】 2022年，西南化工销售完成国企改革三年行动和对标世界一流管理提升行动全部64项工作任务。推进"四化"制度体系建设,全年制修订融合制度102项,建立12项标准化合同文本。调整机构设置,将市场信息与价格处更名为营销管理处,将橡塑管理处更名为橡塑产品营销处,有机一处更名为有机产品营销一处,有机二处更名为有机产品营销二处,强化营销处室的营销策划和实施职能。实施人才强企工程,创新实施"1+2+3"优秀人才选拔培养模式,进一步激活人才队伍活力。推行干部任期制和契约化"双期"制管理,激励中层管理人员聚焦主业、担当尽责。

【企业党建工作】 2022年,西南化工销售党的领导党的建设全面加强。召开党员大会,制定未来五年发展纲要。严格落实"第一议题"制度,学习贯彻习近平总书记重要指示批示精神,党委会"第一议题"学习研讨11次、提出贯彻举措71条,理论中心组专题学习18次。贯彻"两个一以贯之",全年前置讨论研究"三重一大"事项108个。修订《全面从严治党主体责任清单》,压紧全面从严治党责任,推动各项工作有章可循,各责任主体责任落实全覆盖。

深入学习宣传贯彻党的二十大精神,推进"学习培训、专题研讨、层层宣讲、广泛宣传"各项工作,西南化工销售党委开展专题学习研讨6次,制定30条贯彻举措;党委委员宣讲6场次;各党支部组织全体党员干部员工学原文、悟原理,500余人次聆听4场专题宣讲报告,200余人参加15场次支部研讨,持续掀起学习宣贯热潮。

构建"4+N"抓党建工作体系,西南化工销售党委分年度、半年度、季度、日常等四个时段,部署各阶段性、常规性重点工作,强化过程督查;党群各部门与各党支部逐一对照推进落实,定期"回头看",及时改进补齐短板。

加强基层党支部建设,落实"一办法两标准"(《党支部工作考核评价办法》,考核评价标准、示范党支部工作考核评价标准),实施支部达标晋级考核评价,推进基层党建"三基本"建设和"三基"工作融合。开展支部书记抓基层党建述职评议,合理应用考评结果,压实支部书记抓党建"第一责任人"职责。各基层支部围绕改革发展、提质增效重点难点问题,开展党员承诺践诺、攻坚组等活动,推动重点工作和经营指标完成。

建设高素质专业化干部人才队伍。树立正确选人用人导向,按程序选拔中层干部5人。注重培养多岗位锻炼的复合型干部,跨部门、跨专业、跨区域交流中层干部20人,形成搭配合理、优势互补、人岗相适的班子结构。开展"员工上讲台"活动,加强营销理论、专业知识等培训,岗位交流21人次,员工业务能力得到进一步提升。

加强党风廉政建设。围绕学习宣传贯彻党的二十大精神、营销主业等重点工作，做实政治监督、做细日常监督、做深专项监督。狠抓作风建设，开展问卷调查，征求意见建议165条，督促部门抓整改，公示5类问题整改和32个意见答复情况。开展违规吃喝问题专项治理、"反围猎"专项行动等，锲而不舍纠治"四风"。强化监督执纪，下达监督建议书5份；跟进启动巡察共性问题自查整改验收。

【企业文化】 2022年，西南化工销售集中宣贯集团公司新版《企业文化手册》，弘扬石油精神和大庆精神铁人精神，推进西南化工销售企业文化体系建设。构建"一报一网一微"融媒体格局，围绕"学习宣传贯彻党的二十大、开展主题教育、营销经营"等重点工作，多渠道传递西南化工销售声音，营造出激扬奋进的舆论氛围。

【群团工作】 2022年，西南化工销售组织开展"冲刺创佳绩、奋进新征程"主题劳动竞赛，动员广大干部员工全力完成目标任务。推进"青马工程""青年精神素养提升工程"，增强青年员工的政治素养、理论水平、实践能力。履行社会责任，加大协调力度，向市场投放医卫原料超万吨，确保抗击新冠肺炎疫情所需化工产品增产保供。助力乡村振兴工作，采购扶贫农产品，为贵州开兴小学捐赠过冬衣物。发展成果惠及全体员工，开展办公楼维修、食堂改造等，员工工作、生活环境持续改善。

（梁　东）

中国石油天然气股份有限公司石油化工研究院

【概况】 中国石油天然气股份有限公司石油化工研究院（简称石化院）是根据集团公司党组和股份公司管理层的决定，于2006年6月在原股份公司炼油化工技术研究中心基础上组建的直属炼化科研机构。本部位于北京，下设兰州、大庆2个研究中心，北京院部设新材料、生物化工和氢能3个研究所，8个研究室、8个职能处室、5个支持服务中心。2019年12月，为适应发展需要，成功注册"中国石油集团石油化工研究院有限公司"，具备独立法人资质。2020年

12月，取得博士后工作站资格，2021年4月，被授予"中关村高新技术企业"证书，在炼化高新技术领域的科研能力、科研环境、科研平台等方面得到政府、市场和社会的广泛认可。

截至2022年12月底，石化院共1114名员工，54名教授级高级工程师（正高级职称），672名高级工程师（高级职称），高级职称占比60.32%；硕士以上学历占56.91%，博士占17.15%。设立院士工作室2个。

石化院主要从事炼油化工催化剂和工艺研发，新能源新材料技术研发，合成树脂和合成橡胶等新产品开发，清洁生产技术开发、标准化和质量检测、知识产权与决策支持研究等。建院以来，紧密围绕集团公司炼化业务发展需求，全力推进新技术研发、推广应用、新产品开发等工作，炼油全系列催化剂、化工重点催化剂、清洁生产技术取得突破，形成160项可推广应用技术，累计开发100余个高附加值化工新产品，新技术推广应用到国内外50余家企业170余套工业装置，有效支撑了炼化转型升级和高质量发展。

石化院固定资产原值25亿元。有包括原子级分辨球差校正透射电镜、24通道加氢催化剂制备系统等在内的高水平装置设备1000多台套；合作建设石油石化污染物控制与处理国家重点实验室，石化院设有催化裂化催化剂及制备工艺等5个石化行业重点实验室，清洁燃料等5个集团公司重点实验室，聚烯烃催化剂与工艺工程等5个关键领域实验基地，国家合成橡胶质量监督检验中心等4个国家级技术机构，炼化清洁生产中心等6个集团公司级技术机构，合成树脂检验中心、北京石油产品质量监督检验中心等5个CNAS/CMA双资质认证机构，世界知识产权组织（WIPO）认定"国家技术与创新支持中心（TISC）"。同时，与国内知名高校和科研院所开展合作研究，与炼化企业和工程设计单位构建技术合作联盟，与重点客户建立产品开发战略联盟，广泛开展国际交流，拓展国际业务，加快推进"世界一流石化院"建设进程。

2022年，获集团公司及省部级以上科技奖励12项；获中国专利优秀奖1项，集团公司专利金奖1项、银奖2项、优秀奖2项；获集团公司优秀标准特等奖1项。1人获集团公司突出贡献奖，2人入选中国化工学会会士，引进5名高层次人才，30人入选集团公司青年科技人才。申请PCT国外发明专利42件、中国专利632件；牵头制修订并发布国际标准2项、国行标和团体标准16项。

【科技创新】 2022年，石化院围绕炼化新材料业务发展需求，科技创新支撑引领作用有效发挥。

聚焦关键核心技术，攻克产业发展卡点。高端合成树脂方面，院"1号工程"聚烯烃弹性体（POE）项目取得阶段性进展；在大庆石化开展千吨级1-辛烯技术工业放大，研制耐热型 1-辛烯/1-己烯催化剂，提升了工艺稳定性和技术经济性；榆林 1-丁烯/1-己烯装置顺利转产 1-己烯，在国际上首次实现了在同一装置上灵活切换生产 1-丁烯/1-己烯，产品实现外销。高端合成橡胶方面，开发了具有自主知识产权的 12 万吨/年官能化溶聚丁苯橡胶成套技术，产品可满足新能源汽车轮胎发展需求；羧基丁腈橡胶具备工业试验条件。催化裂解制烯烃关键技术方面，开发的催化裂解（CTP）专用催化剂 LPS-67D 首次实现工业应用并完成标定；完成独山子石化 20 万吨/年催化裂解（ECC）工业示范装置改造建设可行性研究报告，具备了工业试验技术基础。高端碳材料方面，开发了催化油浆加氢催化剂，完成 40 万吨/年催化油浆加氢和 30 万吨/年高强度低膨胀针状焦工艺数据包编制。

聚焦"减油增化、减油增特"，加快技术升级换代。加氢技术方面，航空煤油加氢催化剂 PHK-102 在广东石化 120 万吨/年装置上一次开车成功，在劣质煤油加氢精制领域实现新的突破；免活化预硫化柴油加氢裂化催化剂 PHU-301 在玉门炼化首次工业应用，大幅缩短开工时间；开展了渣油加氢催化剂降成本、提性能和清洁化攻关，完成实验室制备；优化升级俄油蜡油加氢精制和加氢裂化催化剂，有效提升深度脱氮和高产重石脑油性能。炼油催化材料及关键载体方面，实现了气相超稳 Y 分子筛导向剂晶核可控生长，实现了高纯氧化铝小球载体成型制备。

聚焦产业发展，补有机原料技术短板。烯烃方面，碳三加氢催化剂 PEC-31 在兰州石化实现首次工业应用，实现了 C2—C9 系列加氢催化剂的全覆盖。聚合单体方面，采用"大兵团作战"模式开展 DMN 合成技术开发，确定了总体技术路线，开展了催化剂和分离工艺等研究，建立了关键组分分析方法。

聚焦产品高端化，支撑化工新材料发展。合成树脂方面，开发了聚乙烯催化剂 PGE-101H 和 PLE-01，分别在大庆石化、抚顺石化完成高氢调型催化剂首次工业试验和大中空容器聚乙烯专用料第二次优化生产；设计开发出高碳 α-烯烃共聚聚乙烯多相流化床等关键核心设备，产出 1-辛烯共聚的 POF 专用树脂中试产品；开发了电容膜聚丙烯助剂灰分及抗氧化性能协同调控技术，在兰州石化完成工业试验；完成高活性茂金属聚丙烯催化剂 MPP-S03 中试评价，中试产品完成熔喷布加工及水驻极试验。合成橡胶方面，在兰州石化完成宽温域环保丁腈橡胶工业试验，实现产品进口替代；完成低成本长链支化稀土顺丁橡胶稀土催化剂及支化剂开发。新材料方面，完成 COC/COP 环烯烃催化剂结构筛选与可控聚合工艺优化；聚酰亚胺（PI）、聚对二氧环己酮（PPDO）等实验室研究稳步推进。

聚焦双碳战略，绿色低碳技术开发有序推进。生物航空煤油方面，完成加氢脱氧和异构化催化剂放大制备，开展哈尔滨石化、四川石化装置预可研报告及工艺包编制。低浓度 CO_2 捕集方面，在格尔木 5 万吨/年工业装置完成第一阶段工业试验；完成万吨级新型超重力解析反应器详细设计。氢能与储能方面，完成炼化副产氢提纯吸附剂的中试制备和测试；开展了氨分解制氢、电解制氢-合成氨的建模仿真、关键设备选型等；完成了千瓦级固体氧化物燃料电池（SOFC）热电联供系统工艺和结构设计，以及质子交换膜（PEM）燃料电池低铂催化剂和膜电极小试制备。废塑料循环利用方面，开展了废塑料回收裂解动力学和裂解脱氯工艺与机理研究。

聚焦原创性引领性科技攻关，基础性前瞻性研究持续深入。新型催化及分离材料方面，完成 MOF 膜和有机分子筛膜合成优化研究，开展渗透汽化试验。微尺度分析表征技术方面，在世界上首次为载有正负离子对的团簇建立了质谱分析方法，联合美国普林斯顿大学电镜团队与美国阿贡国家实验室同步辐射光源团队等确定团簇结构，颠覆了传统上对材料生长初期的基础理论认知。分子设计与智能研发技术方面，运用量子化学方法优化了 12 种茂金属催化剂分子结构。开放创新方面，牵头成立锂电池隔膜材料创新联合体，推进与中国石油工程技术研究院、福州大学，以及常州大学创新联合体建设，全过程参与埃克森美孚等公司国际合作项目，成功承办中国工程院"新材料产业高质量发展"等 2 个高端论坛，有效利用外部智力促进自主创新。

【技术推广与服务】 2022 年，石化院坚持市场导向，技术推广与服务能力稳步提升。

重大项目自主技术供给能力增强。以集团公司重大建设项目为引领，担当支撑当前重任，PHG 汽油选择性加氢脱硫技术、航空煤油加氢催化剂、非贵金属碳四馏分选择加氢催化剂、乙烯裂解汽油加氢催化剂和裂解炉烟气脱硝催化剂 5 项技术在广东石化集中应用，为集团公司重大炼化一体化项目建设做出贡献。

成套技术推广取得突破。全力推进成套技术的开发与应用，5 万吨/年 1-己烯、12 万吨/年溶聚丁苯橡胶成套技术被广西石化选用；3 项技术与兰州石化、四川石化等多家炼化企业达成应用意向。

催化剂市场份额扩大。加强市场调研与推广力度，9 类催化剂在 27 套装置推广应用，3 类催化剂获境外订单，催化剂销售额创新高。聚乙烯、聚丙烯催化剂在兰州石化等批量应用；新一代镍基裂解汽油一段加氢催化剂在四川石化首次应用；裂解碳五加氢催化剂在浙江石化首次应用。GDS 催化汽油加氢催化剂首次替代Prime-G催化剂中标海外炼厂；裂解汽油二段加氢催化剂、催化裂化催化剂再次中标海外炼厂。

技术服务和决策支持能力提升。探索技术服务新模式，签订新产品开发技术许可与服务合同14个，汽油加氢催化剂首次中标呼和浩特石化、玉门炼化再生硫化服务项目。重油四组分自动分析系统在辽阳石化推广应用，乙烯裂解炉模拟优化软件首次实现系统外技术许可。3篇专题报告被中办、国办、国务院国资委采用。

新产品开发力度加大。紧跟市场需求，自主开发高密度双向拉伸聚乙烯薄膜料等15个D类产品，配合企业首次投产中腈特种丁腈橡胶等23个C类产品，持续改进20个B类产品，扩量扩销9个A类产品，累计产量超过40万吨。

【人才队伍建设】 2022年，石化院健全完善生聚理用机制，人才创新活力动力有效激发。

干部队伍结构不断优化。加大后备干部储备力度，建立了以89名优秀年轻干部为主体的后备干部人才库，以及36名培养人为主体的青马人才库；完成7名院领导、65名中层干部任期岗位聘任；完善干部退出机制，优化干部年龄结构。

科技人才队伍不断充实。加强高层次人才培养，2人当选中国化工学会会士；引进5名高层次人才，3名博士后进站；抢抓机遇，申报工程硕士、博士点；新聘任12名首席专家、30名高级专家、68名一级工程师，40岁以下占比接近50%；制定石化院《青年科技人才方案》，30人入选集团公司级青年科技人才，80人入选院级青年科技人才，打造支撑引领创新发展的高精尖人才队伍。

绩效考核和薪酬分配体系不断完善。突出价值导向，首次对石化院一级工程师统一考核，对3类院高层次专业技术岗位设立专项奖励，争取对重要技术岗位实行有吸引力的薪酬，薪酬杠杆导向和激励约束作用凸显。

【平台建设】 2022年，石化院持续推进创新平台建设，科研配套条件更加完善。

实验平台建设迈上新台阶。与中国石油大学（北京）重质油国家重点实验室、南开大学元素有机国家重点实验室签署合作协议。顺利启动百吨级降冰片烯、环烯烃聚合、电子化学品3个中试平台项目，有序推进平推流气相法聚丙烯中试装置建设。

智慧研究院建设取得新进展。完成智慧知识、智慧科研、智慧服务等3个方向13个场景主体开发，实验室信息管理系统全面上线，智慧安全实验室、

ELN 电子实验记录系统国产化攻关顺利起步。

【基础管理】 2022年，石化院做实做细基础管理，管理效能不断提高。

安全环保承压推进。汲取安全事故教训，制定石化院《安全隐患排查治理专项工作方案》，组织完成第一阶段整改，通过专业机构评估，实现逐步复工复产；开展大反思和教育培训，设立安全环保处，配齐11名安全管理人员，全面强化危化品管理和危害因素辨识，修订完善应急预案和20余项管理制度、1600余份操作规程，安全管理基础有效加强。全面落实新冠肺炎疫情防控要求，全力保障员工身体健康和生命安全。

科技改革走向深入。"人财物"着重支持重点领域。落实科研项目全成本核算要求，修订科研经费管理制度，简化新产品开发立项流程。厘清创新团队管理界面，完善科技奖励制度，加强对基础和储备技术研究等激励，激发创新活力动力。

提质增效纵深开展。围绕"科技创新、成果推广、成本管控、管理运营、风控合规"制定5大类24项106条措施，统筹协调推进目标落实。召开科研生产经营分析会，促进从严管理向精细管理转变。

知识产权管理成效显著。健全知识产权管理体系，在中国石油内部首家实现双认证。"集团公司炼化和新材料知识产权技术支持中心"挂牌运行，开展"中国石油专利质量对标与提升方法"等研究，知识产权保护水平与服务能力提升。

依法合规治院有序推进。编制落实石化院"合规管理强化年"实施方案，一体推进审计、内控、保密、合同管理，建立合规义务、风险、责任清单，制修订规章制度36项，总法律顾问100%参与重要涉法事项决策，风险管控能力不断增强；完成全部55项改革三年行动、26项对标世界一流行动任务，形成43项成果，获集团公司管理创新成果二等奖1项。

【企业党建工作】 2022年，石化院扎实开展党建工作，引领群团共促发展。

全面学习贯彻党的二十大精神。把学习宣贯党的二十大精神作为首要政治任务，石化院班子成员、中心党委、院部党支部以宣讲、培训、"三会一课"和主题党日活动等形式，持续学习贯彻二十大精神，做到全院员工学习培训全覆盖。

深入推进全面从严治党。配合集团公司来院巡视，完成4个方面11类29项巡视反馈问题、10项巡察反馈问题整改；开展廉洁风险点排查，逐级签订党风廉政建设责任书；严格落实中央八项规定精神，持续抓好"四风"纠治，开展"反围猎"专项行动，打造清正廉洁的科研队伍。

规范提升基层党建工作水平。深入开展"转观念、勇担当、强管理、创一流"主题教育,制定《充分发挥党员先锋模范作用的指导意见》,基层党建"三基本"建设和"三基"工作有机融合工作清单,开展岗位练兵,建立党员责任区、示范岗和突击队50余个,基层党支部战斗堡垒和党员先锋模范作用有效发挥。

充分释放团青力量。建立健全党建带团建工作长效机制,实施石化院"青年精神素养提升工程"和"青马工程"。获第一届"创青春"中国青年碳中和创新创业大赛全国金奖1项,集团公司第二届创新大赛青年科技创意比赛一等奖3项、二等奖3项,创历史佳绩。

(韦栋宝)

中石油(上海)新材料研究院有限公司

【概况】 中石油(上海)新材料研究院有限公司(简称上海新材料院)成立于2021年12月,是股份公司全资子公司,在中国(上海)自贸试验区临港新片区注册。上海新材料院定位于科研开发、技术孵化、产业布局、学术交流、技术服务为一体的新型综合性研发机构,是中国石油向综合性国际能源公司转型发展的战略举措,也是中国石油在中国市场经济最为活跃和发达的长三角区域落地起航的一个新起点。上海新材料院以建设世界一流新型研究院为目标,构建"开放、包容、创新、协作"的创新生态,整合集聚全球创新资源,吸纳、集聚海内外高层次科技创新人才,建设没有"围墙"的创新体系,推动产业链、创新链、人才链有效结合,打造科技创新与管理模式的示范、高端国际化人力资源引进与培养的示范、高端国际交流合作的示范。2022年,上海新材料院围绕国家重大战略需求和中国石油产业规划布局,聚焦医用高分子材料、高端碳材料、新能源材料、电子信息材料、弹性体材料等化工新材料领域,开展关键核心技术攻关,打造科技成果、项目、企业、人才"孵化器"。

【治理体系建设】 2022年,上海新材料院深入研究《华为基本法》,调研市场上新型研发机构、同类型企业的章程和内控管理制度,组织章程起草工作专班,对事关上海院未来命运、定位作用、发展效率等核心问题的公司章程进行顶层设计和编撰起草，按照"章程+章程实施细则"思路编制。其中，《章程》共10章58条，规范公司组织和行为，维护公司、出资人和债权人合法权益。《章程实施细则》6章35条，核心是建立"一管控五授权一报备"新机制。"一管控"指由股份公司管控，管理委员会代股份公司行使部分股东权利；"五授权"指股份公司在预算、科研、投融、人事、财务五大方面赋予授权内的自主管理；"一报备"指管理委员会决策后，向股份公司相关部门报备。与集团公司总部相关部门对接汇报，按照集团公司总部法律和企改部等部门反馈意见，修改完善公司章程，已经正式行文上报股份公司。

【"十四五"及中长期发展规划编制】 2022年，上海新材料院为超前部署、科学谋划"十四五"及2030年发展，加快推进科技、人才、基本建设等各项重点工作，按照集团公司统一部署，开展《"十四五"及中长期发展规划》（简称发展规划）的编制工作。《发展规划》于5月下旬向管理委员会、科技部、炼化新材料公司做专题汇报和书面征求意见，并被审批同意。《发展规划》分为科技规划、人才规划、建设规划3个部分。科技规划，主要围绕高端聚烯烃、高性能合成橡胶、特种纤维、新能源材料等7个领域，按照开发一批、储备一批、探索一批的思路布局28种新材料，优选出"十四五"重点攻关方向。人才规划，到"十四五"末形成一支总量适度、结构合理、素质优异、富有创新活力的人才队伍，构建"生聚理用"人才发展全链条闭环体系，规模总计200—300人，其中科技人才180—270人。建设规划，到2022年底前完成租赁办公场地、实验场地的建设并进驻，满足上海院科研工作快速启动需求。2022年10月，租赁的办公场地完成装修并进驻。2022年12月，租赁的试验场地完成装修；2023年2月，进驻开展实验。同步推进技术研发中心土地购置及智能化楼宇建设，力争2024年下半年建成投用。

【组织体系建设】 2022年，上海新材料院立足当下，精简高效，构建组织机构体系。初步建立以研发中心为主体，支持中心与合作中心为支撑的"三位一体"组织架构管理模式。研发中心实行"项目制"管理，形成专业人才各司其职、科研人员"零负担"的项目管理运行机制，充分激发科研人员创新动力；针对不同的研究方向，分别设置了工程塑料项目部、高端合成树脂项目部、高端弹性体项目部、高端碳材料项目部、新能源材料项目部及工艺开发部。合作中心整合双方优势，创建共同开展研发工作的创新平台，实现技术交流和联合研发、吸引人才和培养人才目的。支持中心实行综合支持管理，将政策调研、孵化转化、内控管理、党建人资、条件保障、科技管理、项目管理、技术合作、财务管理、法律事务及知识产权等工作统一归口综合支持平台，负责支撑和协同研发中心运作，其中部分人事、财务、法务的工作业务外包。

加强合规性工作，梳理上海新材料院运营发展制度清单，建立健全上海新材料院管理制度，完成《科技项目管理办法》《市场化招聘实施办法》等20项基本管理制度的制定和发布，管理流程和制度体系初步建立，为各项工作的合规管理打好基础。完成律师事务所和知识产权事务所备选单位调查及询比价，聘请锦天城律师事务所、上海科盛知识产权代理公司分别为法律服务机构和知识产权服务机构，确保上海新材料院合规经营。

【人才体系建设】 2022年，上海新材料院聚焦目标导向，精准靶向人才，加快推进团队建设。通过集团公司、中国国际技术智力合作集团有限公司、国投人力资源服务有限公司等网站发布高层次人才岗位需求，委托多家猎头公司，实现多方面招聘、全方位引才。2022年12月，党委书记、院长、成果与市场副院长、技术研发副院长等4位院级高级管理层正常履职；科技管理、成果转化、人资党建、财务管理、法务内控、条件保障等6位核心管理人员全部到位并在上海临港开展工作；完成首批31名科研人员选聘程序，确定拟聘人选15名，分批次开展谈薪工作，2022年12月，完成6名候选人谈薪，签订入职协议，12月科研人员已到岗开展工作；按照集团公司2022年高校毕业生秋季招聘工作要求，上海院综合考虑建设进展、业务布局、人才队伍建设规划等实际，编制秋季招聘工作方案，指标共计20人，招聘平台共报名硕士博士643人，完成20名高校毕业生双方协议签订和32名递补学生确定。经过一年的招募选聘，上海院从成立之时的1人公司，快速组建形成一个完备的管理与科研创新团队。

【科研体系建设】 2022年，上海新材料院提高科研效率，搭建高效科研管理体系和快速立项流程。在集团公司科技部及炼化新材料公司支持下，按照"三新三化"原则，探索简化立项流程、"科研经费包干制"等科研管理机制，加快推进科技开发和成果转化。根据科技部的要求，在"医用级环烯烃聚合物制备及加工技术开发"项目先行试行经费包干制，已完成上海院经费包干制管理办法初稿，经过专家审查修订完善，报送总部科技部备案。在炼化新材料公司支持下，梳理搭建快速科研立项流程、精简立项环节、缩短立项流程、提升科研效率。

【战略合作】 2022年，上海新材料院参与中国石油—上海市人民政府战略合作协议制定，推进上海院与在沪高校和企业密切开展产学研合作，充分发挥协同创新优势，加快推进新材料技术孵化与转化。2022年5月12日，签署"中国石油—华东理工大学战略合作协议"，充分发挥双方产学研用优势，强化企业与高校协同创新，促进产业链创新链深度融合。与昆仑资本开展战略合作，探讨制定战略合作协议，基于双方的科技和金融的能力，整合集团公司的"产用"实力，共同打造一体化的"研融产用"平台与品牌，促进双方在金融科技领域的共同发展和长期共赢。在管理委员会的领导下，编制"中国石油—华东理工大学新材料联合研发中心"合作协议和建设方案，双方经过5次深入对接，就项目合作、人才招聘及共同培养、共建实验室建设等事项初步达成合作意见；在LCP液晶聚合物、TPEE聚酯弹性体开发方面达成合作意向，纳入2023年项目开发计划。

【基建工作】 2022年，上海新材料院建院以来，基本建设工作主要围绕上海院技术研发中心选址筹建，临时办公、实验场地租赁装修等方面展开。研发中心已完成建设地块选址，位于上海临港新片区103区域顶尖科学家社区。上海院已完成与临港管委会签订《投资协议书》并根据临港管委会要求，提交购地所需的方案设计文本。8月20日，完成《中石油上海院技术研发中心可行性研究报告》编制。9月20日，发展计划部委托北京中陆咨询公司对可行性研究报告进行评审，按照专家及发展计划部的意见完成修改，增加智能化楼宇建设模块。12月9日，提交董事会授权决策会审议通过。12月22日，股份公司正式下达可研批复文件，上海院根据可研批复，加快推进后续建设工作。为落实董事长"边建设、边运营"的要求，在临港新片区数字大厦租赁1300平方米作为办公场地。10月初，完成办公室装修及办公家具、设备配置。10月17日，上海院建设团队及上海院技术研发中心项目管理承包商（PMC）团队共计20余人正式入驻，全面投入上海院的科研、建设工作。在临港新片区新侨园产业区租赁2200平方米作为实验场地，已投入使用，有序推进实验室所需仪器设备的招标、采购工作，其中橡胶、聚烯烃等研发领域的仪器设备已经完成采购到货。

【企业党建工作】 2022年，上海院时刻强化党的建设，充分发挥引领作用。在建设过程中同步落实党建工作，加强政治引领，指导创新实践。建院之初，成立了党的组织——上海院临时党支部，发挥好党的政治引领作用，做到业务工作开展到哪里，党的建设就延伸到哪里，确保党建工作和业务工作同谋划、同部署、同推动。在上海院建设过程中，发挥党组织"把方向、管大局、保落实"的作用，制定"三重一大"审议事项清单，切实提升政治保障作用，把党建工作和科研工作、业务工作深度融合，引领上海院建设发展。充分运用好"三会一课"这一有效载体，上海院临时党支部定期召开党员大会、支部委员会，给员工讲党课，开展"第一议题"学习，加强党员教育。党的二十大召开期间，组织全体党员干部观看"奋斗 新的伟业"二十大专题视频，开展二十大报告知识竞赛，多措并举掀起学习热潮并对学习成果沟通交流、总结，相互学习，把学习贯彻二十大精神同谋划上海院的工作紧密结合起来，立足科研工作实际逐项细化落实，推进高水平科技自立自强，完成上海院年度工作目标任务。

（何良好）